중간고사

중학 수학 3-1

Structure 구성과 특징

단원별 개념 정리

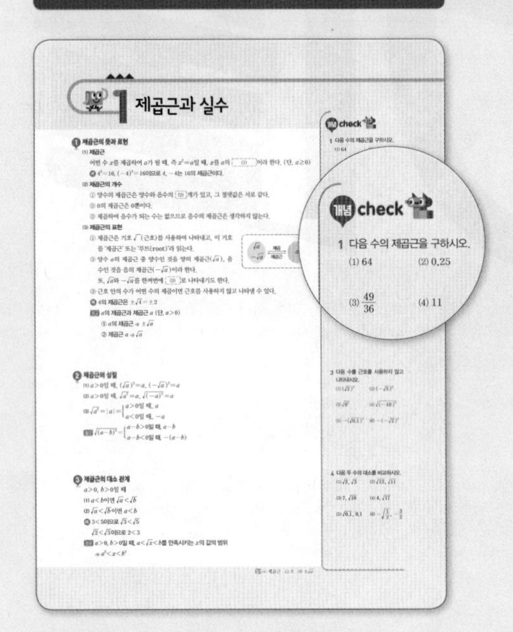

중단원별 핵심 개념을 정리하였습니다.

| 개념 Check |

개념과 1 : 1 맞춤 문제로 개념 학습을 마무리 할 수 있습니다.

기출 유형

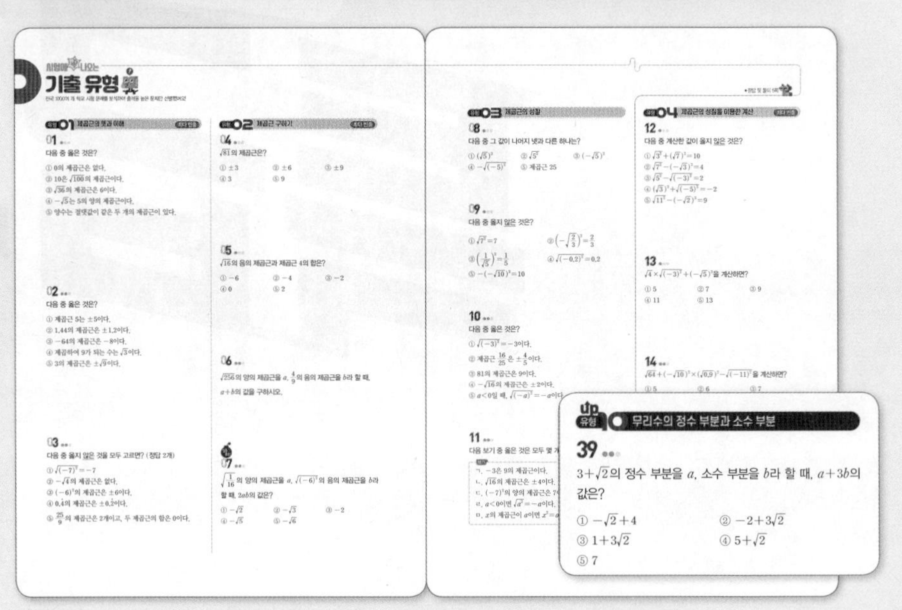

전국 1000여 개 학교 시험 문제를 분석하여 출제율 높은 문제만 선별해 구성하였습니다.
시험에 자주 나오는 빈출 유형과 난이도가 조금 높지만 중요한 up유형 까지 학습해 실력을 올려 보세요.

기출 서술형

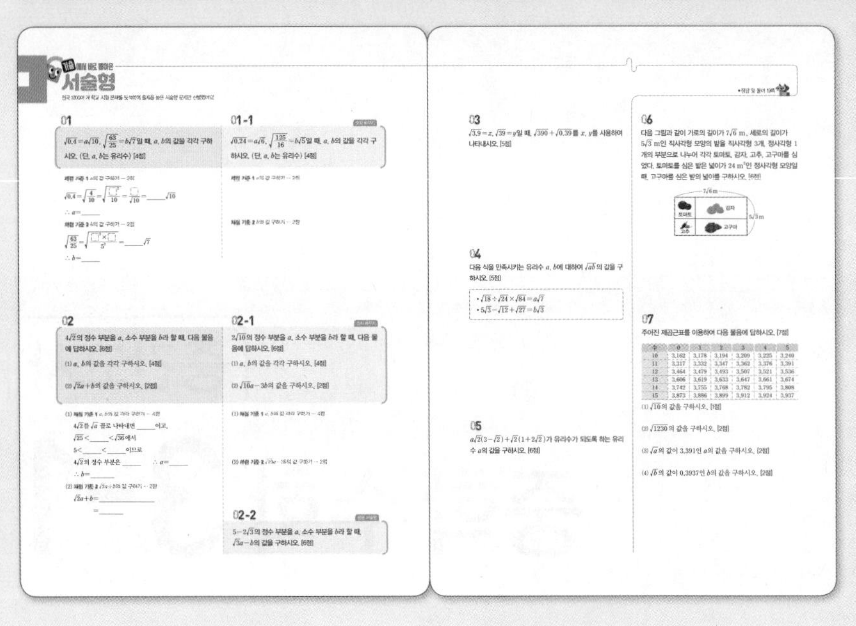

전국 1000여 개 학교 시험 문제 중 출제율 높은 서술형 문제만 선별해 구성하였습니다.
틀리기 쉽거나 자주 나오는 서술형 문제는 쌍둥이 문항으로 한번 더 학습할 수 있습니다.

"전국 1000여 개 최신 기출문제를 분석해
학교 **시험 적중률 100%**에 도전합니다."

모의고사 형식의 중단원별 학교 시험 대비 문제

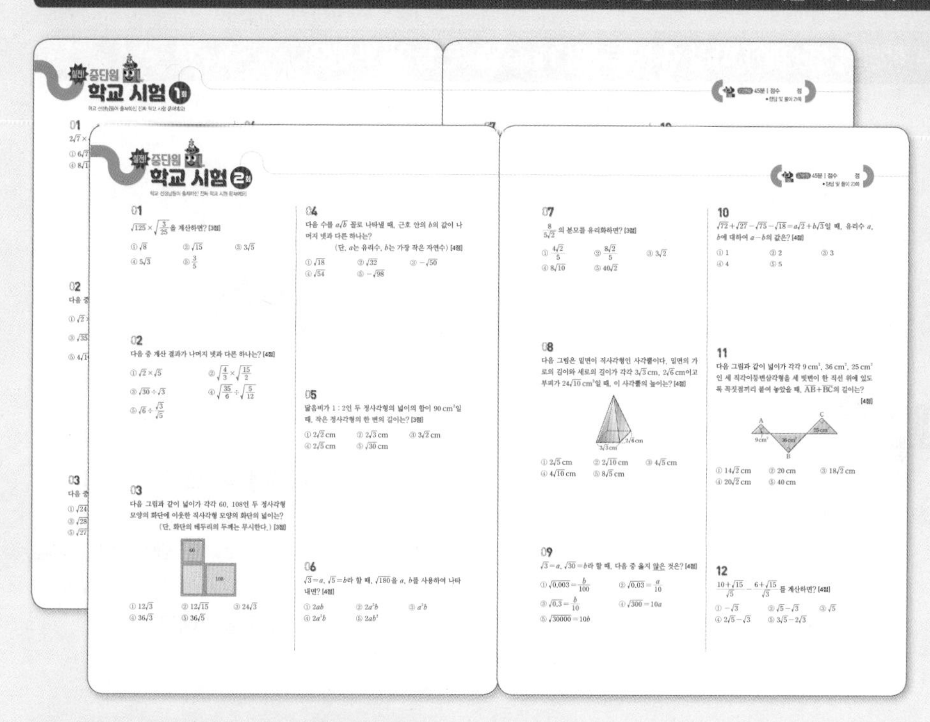

학교 선생님들이 직접 출제한 모의고사 형식의 시험 대비 문제로 실전 감각을 키울 수 있도록 하였습니다.

교과서 속 특이 문제

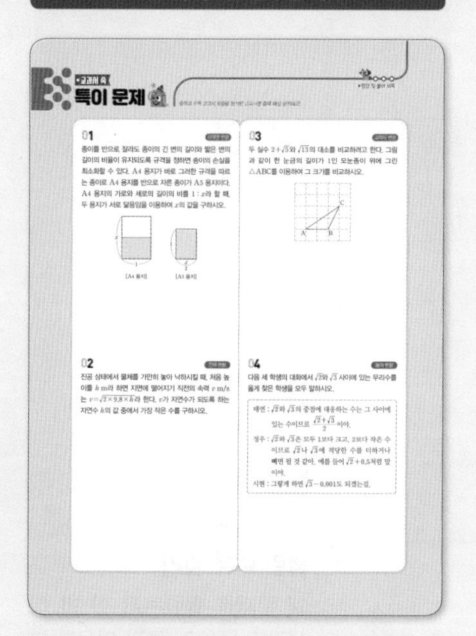

중학교 수학 교과서 10종을 완벽 분석하여 발췌한 창의·융합 문제로 구성하였습니다.

부록

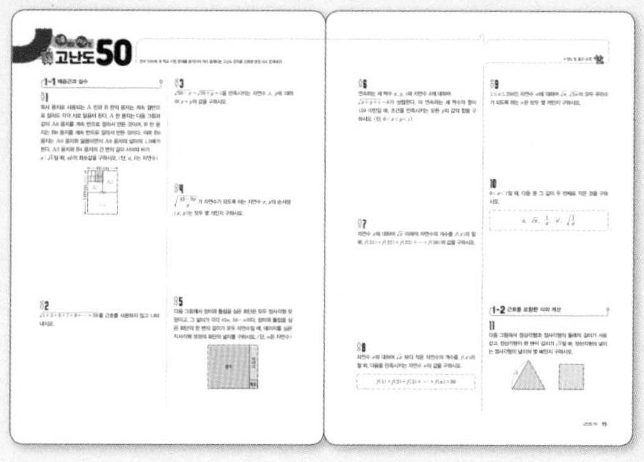

기출에서 pick한 고난도 50

전국 1000여 개 학교 시험 문제에서 자주 나오는 고난도 기출문제를 선별하여 학교 시험 만점에 대비할 수 있도록 구성하였습니다.

실전 모의고사 5회

실제 학교 시험 범위에 맞춘 예상 문제를 풀어 보면서 실력을 점검할 수 있도록 하였습니다.

특별한 부록
동아출판 홈페이지 (www.bookdonga.com)에서 실전 모의고사 5회를 다운 받아 사용하세요.

오답 Note를 만들면...

실력을 향상하기 위해선 자신이 틀린 문제를 분석하여 다음에는 틀리지 않도록 해야 합니다. 오답노트를 만들면 내가 어려워하는 문제와 취약한 부분을 쉽게 파악할 수 있어요. 자신이 틀린 문제의 유형을 알고, 원인을 파악하여 보완해 나간다면 어느 틈에 벌써 실력이 몰라보게 향상되어 있을 거예요.

오답 Note 한글 파일은 동아출판 홈페이지 (www.bookdonga.com)에서 다운 받을 수 있습니다.

★ 다음 오답 Note 작성의 5단계에 따라 〈나의 오답 Note〉를 만들어 보세요. ★

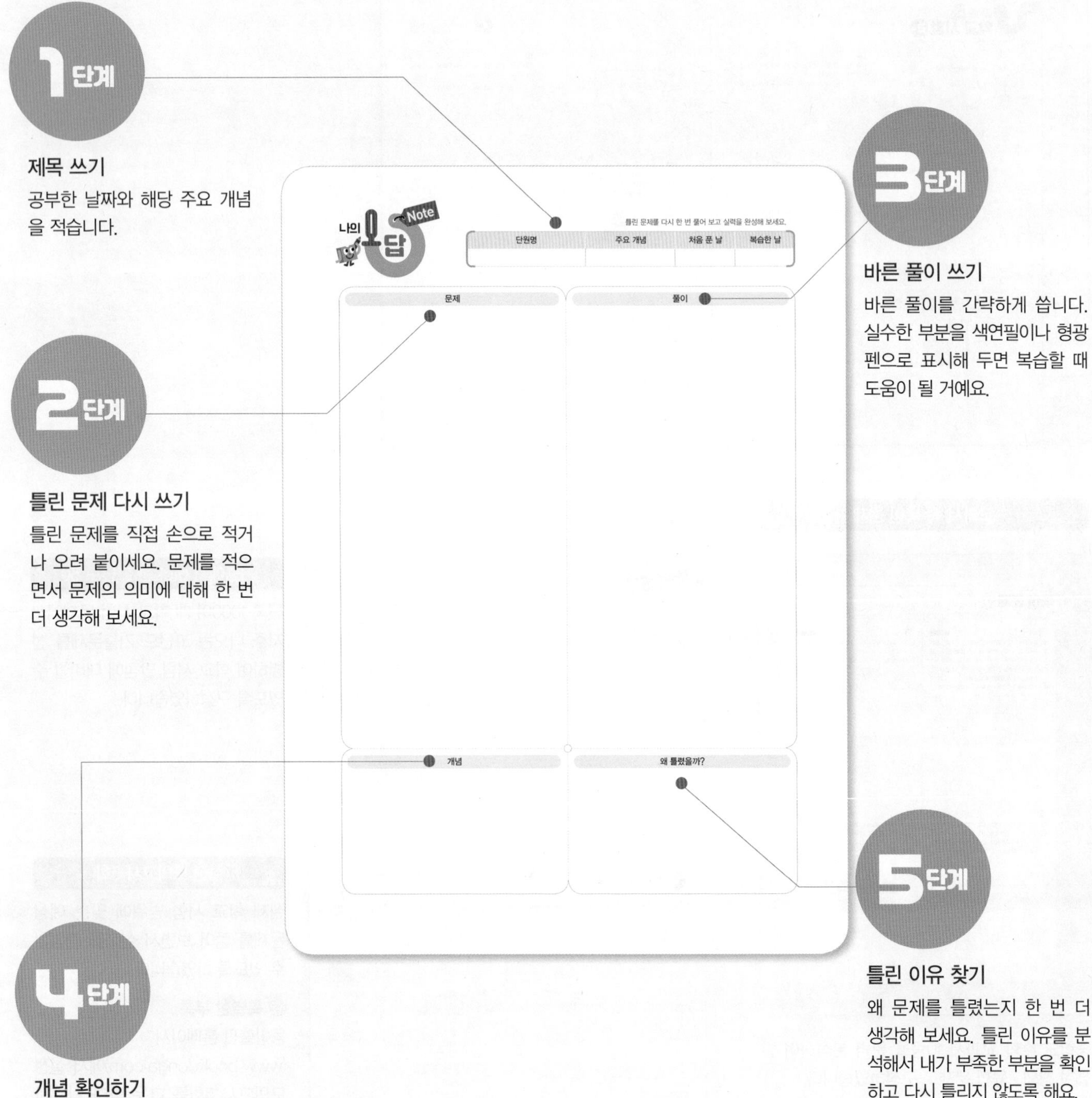

1단계

제목 쓰기

공부한 날짜와 해당 주요 개념을 적습니다.

2단계

틀린 문제 다시 쓰기

틀린 문제를 직접 손으로 적거나 오려 붙이세요. 문제를 적으면서 문제의 의미에 대해 한 번 더 생각해 보세요.

3단계

바른 풀이 쓰기

바른 풀이를 간략하게 씁니다. 실수한 부분을 색연필이나 형광펜으로 표시해 두면 복습할 때 도움이 될 거예요.

4단계

개념 확인하기

문제와 관련된 주요 개념을 정리하고 복습합니다.

5단계

틀린 이유 찾기

왜 문제를 틀렸는지 한 번 더 생각해 보세요. 틀린 이유를 분석해서 내가 부족한 부분을 확인하고 다시 틀리지 않도록 해요.

틀린 문제를 꼭 다시 한 번 풀어 보고 실력을 완성해 보세요.

단원명	주요 개념	처음 푼 날	복습한 날

문제

풀이

개념

왜 틀렸을까?

Contents 차례

Ⅰ 실수와 그 연산

Ⅱ 다항식의 곱셈과 인수분해

제곱근과 실수

② 근호를 포함한 식의 계산

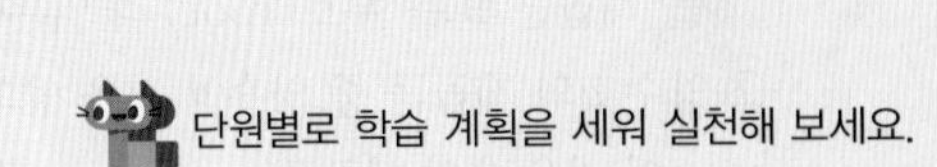

단원별로 학습 계획을 세워 실천해 보세요.

학습 날짜	월 일	월 일	월 일	월 일
학습 계획				
학습 실행도	0 100	0 100	0 100	0 100
자기 반성				

1 제곱근과 실수

① 제곱근의 뜻과 표현

(1) 제곱근

어떤 수 x를 제곱하여 a가 될 때, 즉 $x^2=a$일 때, x를 a의 [(1)]이라 한다. (단, $a\geq0$)

예 $4^2=16$, $(-4)^2=16$이므로 4, -4는 16의 제곱근이다.

(2) 제곱근의 개수

① 양수의 제곱근은 양수와 음수의 [(2)]개가 있고, 그 절댓값은 서로 같다.

② 0의 제곱근은 0뿐이다.

③ 제곱하여 음수가 되는 수는 없으므로 음수의 제곱근은 생각하지 않는다.

(3) 제곱근의 표현

① 제곱근은 기호 $\sqrt{\ }$ (근호)를 사용하여 나타내고, 이 기호를 '제곱근' 또는 '루트(root)'라 읽는다.

② 양수 a의 제곱근 중 양수인 것을 양의 제곱근($\sqrt{a}$), 음수인 것을 음의 제곱근($-\sqrt{a}$)이라 한다.
또, $\sqrt{a}$와 $-\sqrt{a}$를 한꺼번에 [(3)]로 나타내기도 한다.

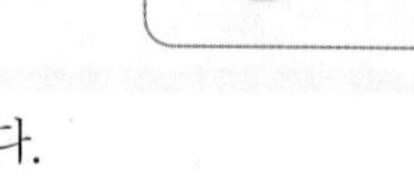

③ 근호 안의 수가 어떤 수의 제곱이면 근호를 사용하지 않고 나타낼 수 있다.

예 4의 제곱근은 $\pm\sqrt{4}=\pm2$

참고 a의 제곱근과 제곱근 a (단, $a>0$)

① a의 제곱근 → $\pm\sqrt{a}$

② 제곱근 a → $\sqrt{a}$

② 제곱근의 성질

(1) $a>0$일 때, $(\sqrt{a})^2=a$, $(-\sqrt{a})^2=a$

(2) $a>0$일 때, $\sqrt{a^2}=a$, $\sqrt{(-a)^2}=a$

(3) $\sqrt{a^2}=|a|=\begin{cases} a>0\text{일 때, } a \\ a<0\text{일 때, } -a \end{cases}$

참고 $\sqrt{(a-b)^2}=\begin{cases} a-b>0\text{일 때, } a-b \\ a-b<0\text{일 때, } -(a-b) \end{cases}$

③ 제곱근의 대소 관계

$a>0$, $b>0$일 때

(1) $a<b$이면 $\sqrt{a}<\sqrt{b}$

(2) $\sqrt{a}<\sqrt{b}$이면 $a<b$

예 $3<5$이므로 $\sqrt{3}<\sqrt{5}$
$\sqrt{2}<\sqrt{3}$이므로 $2<3$

참고 $a>0$, $b>0$일 때, $a<\sqrt{x}<b$를 만족시키는 x의 값의 범위
→ $a^2<x<b^2$

답 (1) 제곱근 (2) 2 (3) $\pm\sqrt{a}$

개념 check

1 다음 수의 제곱근을 구하시오.

(1) 64　(2) 0.25

(3) $\frac{49}{36}$　(4) 11

2 다음 표의 빈칸에 알맞은 수를 써넣으시오.

a	25	0.36
a의 양의 제곱근	(1)	(2)
a의 음의 제곱근	(3)	(4)
a의 제곱근	(5)	(6)
제곱근 a	(7)	(8)

3 다음 수를 근호를 사용하지 않고 나타내시오.

(1) $(\sqrt{2})^2$　(2) $(-\sqrt{5})^2$

(3) $\sqrt{8^2}$　(4) $\sqrt{(-10)^2}$

(5) $-(\sqrt{0.1})^2$　(6) $-(-\sqrt{2})^2$

4 다음 두 수의 대소를 비교하시오.

(1) $\sqrt{2}$, $\sqrt{3}$　(2) $\sqrt{13}$, $\sqrt{11}$

(3) 7, $\sqrt{10}$　(4) 4, $\sqrt{17}$

(5) $\sqrt{0.1}$, 0.1　(6) $-\sqrt{\frac{1}{2}}$, $-\frac{3}{2}$

4 무리수와 실수

(1) 무리수

소수로 나타낼 때, 순환소수가 아닌 무한소수로 나타낼 수 있는 수, 즉 유리수가 아닌 수를 [(4)]라 한다.

예 $\pi=3.14159265\cdots$, $\sqrt{3}=1.73205080\cdots$

(2) 실수

유리수와 무리수를 통틀어 [(5)]라 한다.

(3) 실수의 분류

- 실수
  - 유리수
    - 정수
      - 양의 정수(자연수)
      - 0
      - 음의 정수
    - 정수가 아닌 유리수
  - 무리수(순환소수가 아닌 무한소수)

5 실수와 수직선

(1) 모든 실수는 각각 수직선 위의 한 점에 대응하고, 수직선 위의 모든 점에 실수가 하나씩 대응한다.

(2) 서로 다른 두 실수 사이에는 무수히 많은 실수가 있다.

(3) 수직선은 실수에 대응하는 점들로 완전히 메울 수 있다.

참고 무리수를 수직선 위에 나타내는 방법

피타고라스 정리를 이용하여 무리수 $\sqrt{2}$, $\sqrt{5}$를 수직선 위에 나타낼 수 있다.

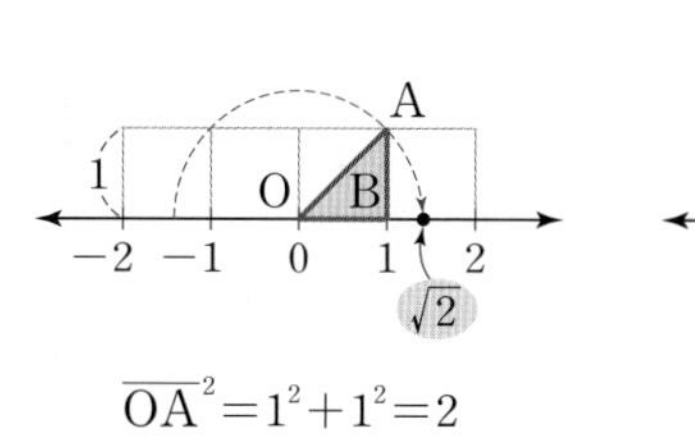

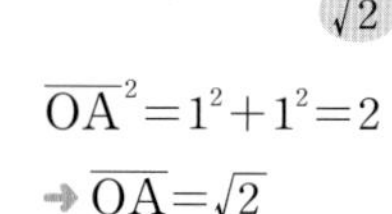

$\overline{OA}^2=1^2+1^2=2$

→ $\overline{OA}=\sqrt{2}$

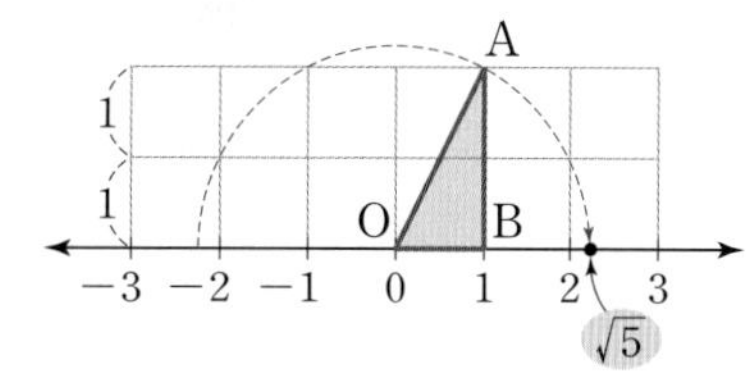

$\overline{OA}^2=1^2+2^2=5$

→ $\overline{OA}=\sqrt{5}$

6 실수의 대소 관계

(1) 실수를 수직선 위에 나타내었을 때, 오른쪽에 있는 실수가 왼쪽에 있는 실수보다 [(6)].

(2) a, b가 실수일 때,

① $a-b>0$이면 $a>b$

② $a-b=0$이면 $a=b$

③ $a-b<0$이면 $a<b$

예 $\sqrt{3}+1$과 2의 대소 관계는

$(\sqrt{3}+1)-2=\sqrt{3}-1>0 \quad \therefore \sqrt{3}+1>2$

개념 check

5 다음 수가 유리수인지 무리수인지 말하시오.

(1) $\sqrt{0.04}$ (2) $\sqrt{12}$

(3) $\sqrt{169}$ (4) $\sqrt{\dfrac{5}{49}}$

6 다음 중 옳은 것에 ○표, 옳지 않은 것에 ×표를 하시오.

(1) 유리수인 동시에 무리수인 수가 있다. ( )

(2) 유리수가 아닌 실수는 모두 무리수이다. ( )

7 다음 그림에서 모눈 한 칸은 한 변의 길이가 1인 정사각형이다. 두 점 P, Q에 대응하는 수를 각각 구하시오.

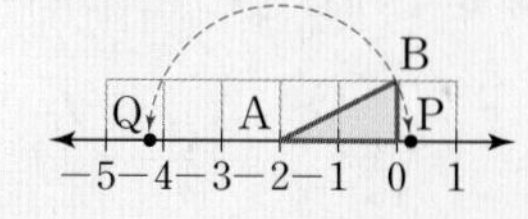

8 수직선 위의 세 점 A, B, C가 다음 수와 각각 대응할 때, 각 점에 대응하는 수를 구하시오.

$-\sqrt{3}$, $\sqrt{5}$, $\sqrt{2}$

A B C
−2 −1 0 1 2 3

답 (4) 무리수 (5) 실수 (6) 크다

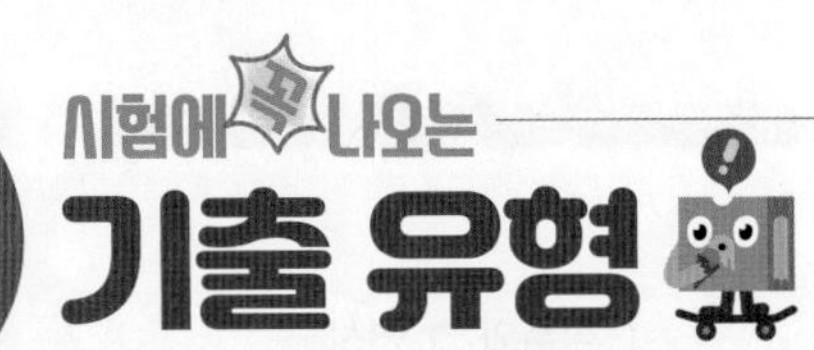

전국 1000여 개 학교 시험 문제를 분석하여 출제율 높은 문제만 선별했어요!

유형 01 제곱근의 뜻과 이해 최다 빈출

01

다음 중 옳은 것은?

① 0의 제곱근은 없다.
② 10은 $\sqrt{100}$의 제곱근이다.
③ $\sqrt{36}$의 제곱근은 6이다.
④ $-\sqrt{5}$는 5의 양의 제곱근이다.
⑤ 양수는 절댓값이 같은 두 개의 제곱근이 있다.

02

다음 중 옳은 것은?

① 제곱근 5는 ±5이다.
② 1.44의 제곱근은 ±1.2이다.
③ -64의 제곱근은 -8이다.
④ 제곱하여 9가 되는 수는 $\sqrt{3}$이다.
⑤ 3의 제곱근은 $\pm\sqrt{9}$이다.

03

다음 중 옳지 않은 것을 모두 고르면? (정답 2개)

① $\sqrt{(-7)^2}=-7$
② $-\sqrt{4}$의 제곱근은 없다.
③ $(-6)^2$의 제곱근은 ±6이다.
④ $0.\dot{4}$의 제곱근은 $\pm0.\dot{2}$이다.
⑤ $\frac{25}{9}$의 제곱근은 2개이고, 두 제곱근의 합은 0이다.

유형 02 제곱근 구하기 최다 빈출

04

$\sqrt{81}$의 제곱근은?

① ±3 ② ±6 ③ ±9
④ 3 ⑤ 9

05

$\sqrt{16}$의 음의 제곱근과 제곱근 4의 합은?

① -6 ② -4 ③ -2
④ 0 ⑤ 2

06

$\sqrt{256}$의 양의 제곱근을 a, $\frac{4}{9}$의 음의 제곱근을 b라 할 때, $a+b$의 값을 구하시오.

실수 주의

07

$\sqrt{\frac{1}{16}}$의 양의 제곱근을 a, $\sqrt{(-6)^2}$의 음의 제곱근을 b라 할 때, $2ab$의 값은?

① $-\sqrt{2}$ ② $-\sqrt{3}$ ③ -2
④ $-\sqrt{5}$ ⑤ $-\sqrt{6}$

●정답 및 풀이 5쪽

유형 03 제곱근의 성질

08

다음 중 그 값이 나머지 넷과 다른 하나는?

① $(\sqrt{5})^2$　② $\sqrt{5^2}$　③ $(-\sqrt{5})^2$
④ $-\sqrt{(-5)^2}$　⑤ 제곱근 25

09

다음 중 옳지 않은 것은?

① $\sqrt{7^2}=7$　② $\left(-\sqrt{\frac{2}{3}}\right)^2=\frac{2}{3}$
③ $\left(\frac{1}{\sqrt{5}}\right)^2=\frac{1}{5}$　④ $\sqrt{(-0.2)^2}=0.2$
⑤ $-(-\sqrt{10})^2=10$

10

다음 중 옳은 것은?

① $\sqrt{(-3)^2}=-3$이다.
② 제곱근 $\frac{16}{25}$은 $\pm\frac{4}{5}$이다.
③ 81의 제곱근은 9이다.
④ $-\sqrt{16}$의 제곱근은 ±2이다.
⑤ $a<0$일 때, $\sqrt{(-a)^2}=-a$이다.

11

다음 보기 중 옳은 것은 모두 몇 개인지 구하시오.

보기
ㄱ. -3은 9의 제곱근이다.
ㄴ. $\sqrt{16}$의 제곱근은 ±4이다.
ㄷ. $(-7)^2$의 양의 제곱근은 7이다.
ㄹ. $a<0$이면 $\sqrt{a^2}=-a$이다.
ㅁ. x의 제곱근이 a이면 $x^2=a$이다.

유형 04 제곱근의 성질을 이용한 계산 최다 빈출

12

다음 중 계산한 값이 옳지 않은 것은?

① $\sqrt{3^2}+(\sqrt{7})^2=10$
② $\sqrt{7^2}-(-\sqrt{3})^2=4$
③ $\sqrt{5^2}-\sqrt{(-3)^2}=2$
④ $(\sqrt{3})^2+\sqrt{(-5)^2}=-2$
⑤ $\sqrt{11^2}-(-\sqrt{2})^2=9$

13

$\sqrt{4}\times\sqrt{(-3)^2}+(-\sqrt{5})^2$을 계산하면?

① 5　② 7　③ 9
④ 11　⑤ 13

14

$\sqrt{64}+(-\sqrt{10})^2\times(\sqrt{0.9})^2-\sqrt{(-11)^2}$을 계산하면?

① 5　② 6　③ 7
④ 8　⑤ 9

15

다음 중 계산 결과가 가장 작은 것은?

① $-(\sqrt{3})^2+\sqrt{(-4)^2}$　② $(-\sqrt{5})^2-\sqrt{4}$
③ $\sqrt{16}\times\sqrt{\left(-\frac{1}{2}\right)^2}$　④ $\sqrt{(-9)^2}\div\sqrt{\frac{9}{4}}$
⑤ $\sqrt{(-4)^2}\times\sqrt{0.36}$

유형 05 $\sqrt{a^2}$의 성질

16

$a>0$일 때, 다음 중 그 값이 나머지 넷과 다른 하나는?

① $\sqrt{a^2}$　② $(\sqrt{a})^2$　③ $\sqrt{(-a)^2}$
④ $-\sqrt{a^2}$　⑤ $(-\sqrt{a})^2$

17

$a<0$일 때, 다음 중 옳지 않은 것은?

① $\sqrt{a^2}=-a$　② $\sqrt{(-5a)^2}=-5a$
③ $-\sqrt{(3a)^2}=-3a$　④ $-\sqrt{25a^2}=5a$
⑤ $\sqrt{36a^2}=-6a$

유형 06 $\sqrt{a^2}$, $\sqrt{(a-b)^2}$ 꼴을 포함한 식을 간단히 하기 (최다 빈출)

18

$a<b<0$일 때, 다음 식을 간단히 하면?

$$\sqrt{a^2}+\sqrt{(-b)^2}-\sqrt{(a-b)^2}$$

① $-2a$　② $-2b$　③ 0
④ $2a$　⑤ $2b$

19

$-3<x<1$일 때, 다음 식을 간단히 하시오.

$$\sqrt{(x+3)^2}+\sqrt{(x-1)^2}$$

20

$-1<a<4$일 때, $\sqrt{(2a+3)^2}-\sqrt{(a-5)^2}$을 간단히 하면?

① $a+8$　② $3a-2$　③ $3a-8$
④ $-a+16$　⑤ $-2a+16$

21

세 실수 a, b, c에 대하여 $ac<0$, $a-c<0$, $bc<0$일 때, 다음 식을 간단히 하면?

$$\sqrt{a^2}+\sqrt{b^2}-\sqrt{c^2}-\sqrt{(b-c)^2}$$

① $-2a+c$　② $-a-2c$　③ $-b-2c$
④ $a-2b$　⑤ $b+2c$

유형 07 $\sqrt{Ax}$, $\sqrt{\frac{A}{x}}$가 자연수가 되도록 하는 자연수 x의 값 구하기 (최다 빈출)

22

$\sqrt{150n}$이 자연수가 되도록 하는 두 자리의 자연수 n은 모두 몇 개인가?

① 2개　② 3개　③ 4개
④ 5개　⑤ 6개

23

$\sqrt{\frac{180}{x}}$이 자연수가 되도록 하는 자연수 x는 모두 몇 개인가?

① 1개　② 2개　③ 3개
④ 4개　⑤ 5개

유형 08 $\sqrt{A \pm x}$가 자연수가 되도록 하는 자연수 x의 값 구하기

24

$\sqrt{15-n}$이 자연수가 되도록 하는 자연수 n은 모두 몇 개인가?

① 1개 ② 2개 ③ 3개
④ 4개 ⑤ 5개

25

$\sqrt{10+n}$이 자연수가 되도록 하는 가장 작은 자연수 n의 값을 구하시오.

26

$\sqrt{20-2n}$이 정수가 되도록 하는 자연수 n은 모두 몇 개인가?

① 1개 ② 2개 ③ 3개
④ 4개 ⑤ 5개

New
27

$\sqrt{50-a}-\sqrt{5+b}$가 가장 큰 자연수가 되도록 하는 자연수 a, b에 대하여 $a+b$의 값은?

① 1 ② 2 ③ 3
④ 4 ⑤ 5

유형 09 제곱근의 대소 관계

28

다음 중 두 수의 대소 관계가 옳지 않은 것은?

① $3>\sqrt{8}$ ② $0.2<\sqrt{0.2}$
③ $\sqrt{17}>4$ ④ $-\sqrt{\frac{3}{4}}>-\frac{1}{2}$
⑤ $-\sqrt{\frac{2}{3}}<-\sqrt{\frac{1}{4}}$

29

다음 중 두 수의 대소 관계가 옳은 것을 모두 고르면? (정답 2개)

① $8>\sqrt{70}$ ② $-2<-\sqrt{3}$
③ $\sqrt{\frac{1}{30}}<\frac{1}{6}$ ④ $-\sqrt{5}>-\sqrt{\frac{24}{5}}$
⑤ $-\frac{1}{2}>-\sqrt{\frac{7}{2}}$

유형 10 제곱근을 포함한 부등식 (최다 빈출)

30

부등식 $2<\sqrt{3x}<4$를 만족시키는 자연수 x는 모두 몇 개인지 구하시오.

New
31

자연수의 양의 제곱근 $1, \sqrt{2}, \sqrt{3}, 2, \sqrt{5}, \sqrt{6}, \sqrt{7}, \sqrt{8}, 3$에 대응하는 점을 수직선 위에 나타내면 다음 그림과 같다.

$1 \quad \sqrt{2} \quad \sqrt{3} \quad 2 \quad \sqrt{5} \quad \sqrt{6} \quad \sqrt{7} \quad \sqrt{8} \quad 3$

위의 그림에서 1과 2 사이에는 2개의 점이 있고, 2와 3 사이에는 4개의 점이 있다. 이와 같은 방식으로 계속 점을 나타낸다고 할 때, 9와 10 사이에 있는 점은 모두 몇 개인지 구하시오.

32

$\sqrt{5a+2}$의 값이 5보다 크고 7보다 작거나 같도록 하는 정수 a는 모두 몇 개인가?

① 5개　② 6개　③ 7개
④ 8개　⑤ 9개

33

부등식 $6<2\sqrt{x-1}<7$을 만족시키는 자연수 x의 값 중에서 가장 큰 수와 가장 작은 수의 합은?

① 20　② 21　③ 22
④ 23　⑤ 24

유형 11 유리수와 무리수의 구별

34

다음 중 무리수는 모두 몇 개인가?

$\sqrt{\frac{9}{4}}$, $\sqrt{5}$, $3.\dot{3}$, $\sqrt{49}$, π, $\sqrt{14^2}$, $\sqrt{0.1}$

① 3개　② 4개　③ 5개
④ 6개　⑤ 7개

35

다음 중 옳은 것은?

① 순환소수가 아닌 무한소수는 유리수이다.
② 근호를 사용하여 나타낸 수는 모두 무리수이다.
③ 무리수는 순환소수로 나타낼 수도 있다.
④ 유리수는 분수 $\frac{a}{b}$(a, b는 정수, $b\neq0$) 꼴로 나타낼 수 있다.
⑤ 넓이가 5인 정사각형의 한 변의 길이는 무리수가 아니다.

유형 12 실수의 이해

36

다음 중 옳은 것은?

① $\sqrt{2}$와 $\sqrt{11}$ 사이에는 정수가 1개 있다.
② $\sqrt{5}$와 $\sqrt{6}$ 사이에는 유리수가 없다.
③ 3과 4 사이에는 무리수가 없다.
④ $\frac{1}{2}$과 $\frac{1}{7}$ 사이에는 무리수가 없다.
⑤ 1.41과 2 사이에는 무수히 많은 실수가 있다.

37

다음 수를 아래와 같이 분류할 때, □ 안에 해당하는 것은 모두 몇 개인지 구하시오.

실수
- 유리수
  - 정수
    - 양의 정수 (자연수)
    - 0
    - 음의 정수
  - 정수가 아닌 유리수
- □

$-\sqrt{16}$, $\sqrt{0.\dot{4}}$, $\sqrt{1.44}$, $\sqrt{\frac{4}{81}}$, $\sqrt{2.5}$

38

다음 중 옳지 않은 것은?

① 실수는 유리수와 무리수로 이루어져 있다.
② 순환소수가 아닌 무한소수는 실수이다.
③ 무리수는 무한소수이므로 수직선 위의 한 점에 대응시킬 수 없다.
④ 서로 다른 두 정수 사이에는 무수히 많은 유리수가 존재한다.
⑤ 수직선은 실수에 대응하는 점으로 완전히 메울 수 있다.

유형 13 무리수를 수직선 위에 나타내기 최다 빈출

39

다음 그림에서 □ABCD는 한 변의 길이가 1인 정사각형이고, $\overline{BD}=\overline{BP}$일 때, 점 P에 대응하는 수를 구하시오.

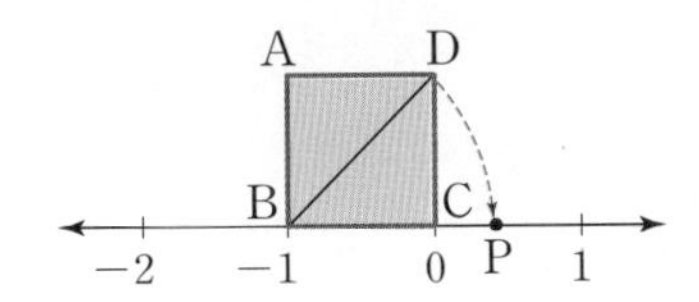

40

다음 그림에서 □ABCD는 한 변의 길이가 1인 정사각형이고, $\overline{BD}=\overline{BQ}$, $\overline{CA}=\overline{CP}$이다. 점 P에 대응하는 수가 $4-\sqrt{2}$일 때, 점 Q에 대응하는 수는?

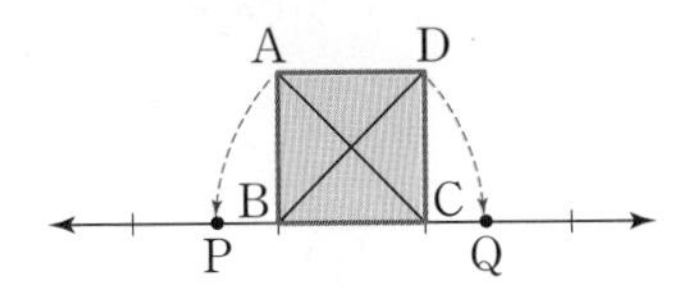

① $3-\sqrt{2}$ ② $5-\sqrt{2}$ ③ $2+\sqrt{2}$
④ $3+\sqrt{2}$ ⑤ $4+\sqrt{2}$

41

다음 그림에서 모눈 한 칸은 한 변의 길이가 1인 정사각형이다. 수직선 위에 놓인 정사각형 OABC의 꼭짓점 O를 중심으로 점 A를 지나는 원을 그려 수직선과 만나는 점을 P라 할 때, 점 P에 대응하는 수는?

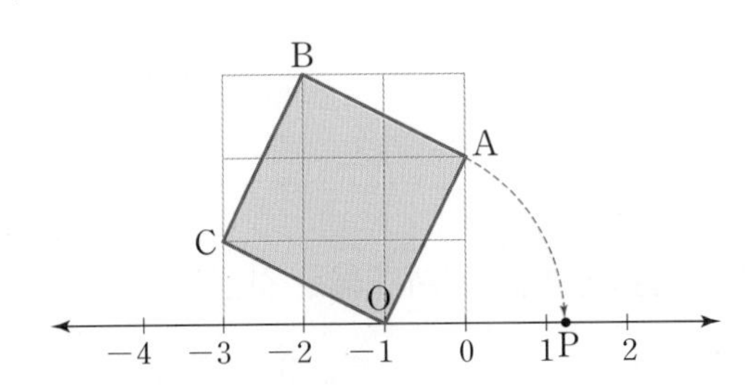

① $-1-\sqrt{2}$ ② $-1+\sqrt{5}$ ③ $\sqrt{5}$
④ $1+\sqrt{2}$ ⑤ $2+\sqrt{5}$

42

아래 그림에서 모눈 한 칸은 한 변의 길이가 1인 정사각형일 때, 다음 조건을 만족시키는 유리수 a, b, c, d에 대하여 $a+2b+3c+4d$의 값을 구하시오.

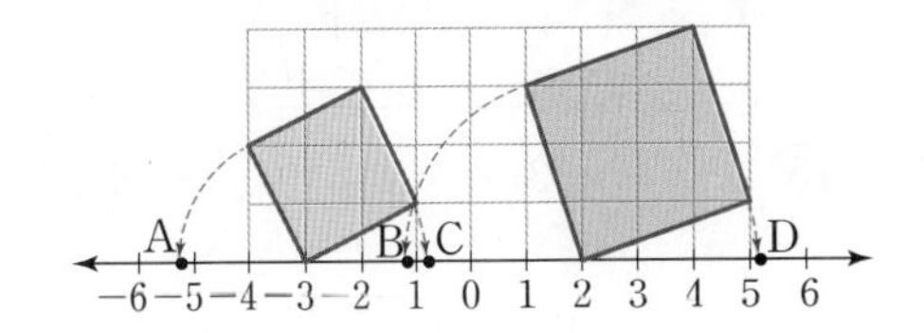

(가) 점 A에 대응하는 수는 $-3-\sqrt{a}$이다.
(나) 점 B에 대응하는 수는 $b-\sqrt{c}$이다.
(다) 점 C에 대응하는 수는 $d+\sqrt{a}$이다.
(라) 점 D에 대응하는 수는 $2+\sqrt{c}$이다.

유형 14 수직선에서 무리수에 대응하는 점 찾기

43

다음 중 수직선 위의 ㉠ 구간에 대응하는 점이 있는 수는?

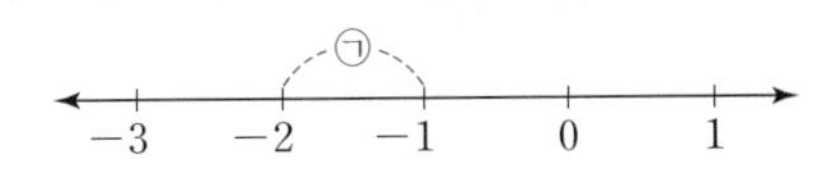

① $\sqrt{6}$ ② $-\sqrt{5}$ ③ $-\sqrt{10}$
④ $-2+\sqrt{2}$ ⑤ $1-\sqrt{5}$

44

수직선에서 $3-\sqrt{8}$에 대응하는 점이 정수 a와 $a+1$에 각각 대응하는 두 점 사이에 있을 때, a의 값은?

① -1 ② 0 ③ 1
④ 2 ⑤ 3

●정답 및 풀이 9쪽

실수 주의

45

다음 보기의 수는 수직선 위의 세 점 A, B, C에 각각 대응한다. 세 점 A, B, C에 대응하는 수를 차례대로 적은 것은?

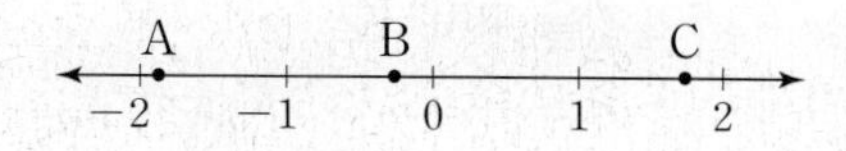

보기
ㄱ. $2-\sqrt{15}$　　ㄴ. $\sqrt{3}$　　ㄷ. $-2+\sqrt{3}$

① ㄱ, ㄴ, ㄷ　② ㄱ, ㄷ, ㄴ　③ ㄴ, ㄷ, ㄱ
④ ㄴ, ㄱ, ㄷ　⑤ ㄷ, ㄴ, ㄱ

유형 15 두 실수 사이의 수

46

다음 중 두 수 $\sqrt{5}$와 $\sqrt{6}$ 사이에 있는 수는?

① $\sqrt{5}+1$　② $\sqrt{6}+0.6$　③ $\sqrt{5}+\sqrt{6}$
④ $\dfrac{\sqrt{5}+\sqrt{6}}{2}$　⑤ $\sqrt{5}-1$

47

다음 중 두 수 $\sqrt{3}$과 $\sqrt{10}$ 사이에 있는 수가 아닌 것은?

① $\sqrt{7}$　② 3　③ $\sqrt{10}-1$
④ $\sqrt{5}+2$　⑤ $\sqrt{3}+1$

48

두 수 $2-\sqrt{3}$과 $7-\sqrt{7}$ 사이에 있는 정수는 모두 몇 개인지 구하시오.

New

49

두 정수 a, b에 대하여 $a+\sqrt{2}<n<b-\sqrt{2}$를 만족시키는 정수 n의 개수가 4일 때, $b-a$의 값은?

(단, $a+\sqrt{2}<b-\sqrt{2}$)

① 5　② 6　③ 7
④ 8　⑤ 9

유형 16 실수의 대소 관계

50

다음 수에 대응하는 점을 수직선 위에 나타낼 때, 오른쪽에서 두 번째에 있는 수는?

① $-\sqrt{2}+4$　② 2　③ $1+\sqrt{5}$
④ $-\sqrt{5}$　⑤ $\sqrt{6}-3$

51

다음 중 두 실수의 대소 관계가 옳은 것은?

① $4<5-\sqrt{2}$　② $\sqrt{13}-1>3$
③ $\sqrt{15}-\sqrt{3}<4-\sqrt{3}$　④ $\sqrt{12}+1>\sqrt{18}+1$
⑤ $2+\sqrt{18}<2+\sqrt{15}$

전국 1000여 개 학교 시험 문제를 분석하여 출제율 높은 서술형 문제만 선별했어요!

• 정답 및 풀이 9쪽

01

$\sqrt{54x}$가 자연수가 되도록 하는 가장 작은 자연수 x의 값을 구하시오. [4점]

채점 기준 1 54를 소인수분해하기 … 1점

54를 소인수분해하면 $54=$ ___ $\times$ ___

채점 기준 2 $\sqrt{54x}$가 자연수가 되는 x의 꼴 찾기 … 2점

$\sqrt{54x}$가 자연수가 되려면

$x=$ ___ $\times$ ___ $\times$(자연수)^2 꼴이어야 한다.

채점 기준 3 x의 값 구하기 … 1점

따라서 가장 작은 자연수 x의 값은

$x=$ ___ $\times$ ___ $=$ ___

01-1

숫자 바꾸기

$\sqrt{140x}$가 자연수가 되도록 하는 가장 작은 자연수 x의 값을 구하시오. [4점]

채점 기준 1 140을 소인수분해하기 … 1점

채점 기준 2 $\sqrt{140x}$가 자연수가 되는 x의 꼴 찾기 … 2점

채점 기준 3 x의 값 구하기 … 1점

01-2

응용 서술형

x가 자연수이고 $1<x<100$일 때, $\sqrt{3x}$가 자연수가 되도록 하는 x는 모두 몇 개인지 구하시오. [6점]

02

아래 그림에서 모눈 한 칸은 한 변의 길이가 1인 정사각형이다. $\overline{AB}=\overline{AP}$, $\overline{AD}=\overline{AQ}$일 때, 다음 물음에 답하시오. [6점]

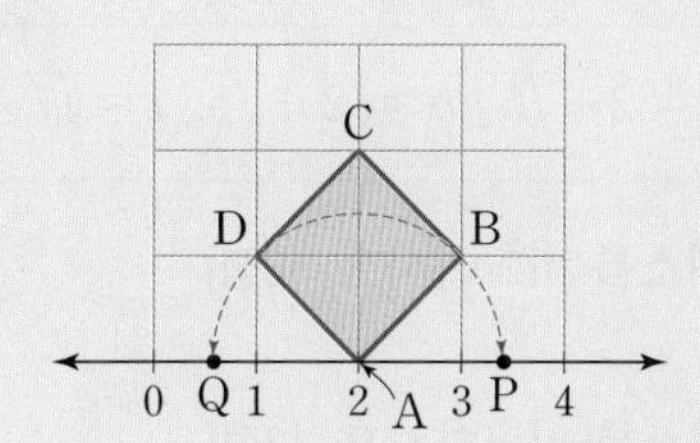

(1) 정사각형 ABCD의 한 변의 길이를 구하시오. [2점]

(2) 두 점 P, Q에 대응하는 수를 각각 구하시오. [4점]

(1) **채점 기준 1** □ABCD의 한 변의 길이 구하기 … 2점

(□ABCD의 한 변의 길이)$=\sqrt{\square^2+\square^2}=\sqrt{\square}$

(2) **채점 기준 2** 두 점 P, Q에 대응하는 수 각각 구하기 … 4점

점 P는 점 A의 좌표인 ___에서 $\overline{AB}$의 길이만큼 오른쪽에 있으므로 점 P에 대응하는 수는 ______이다.

또, 점 Q는 점 A의 좌표인 ___에서 $\overline{AD}$의 길이만큼 왼쪽에 있으므로 점 Q에 대응하는 수는 ______이다.

02-1

조건 바꾸기

아래 그림에서 모눈 한 칸은 한 변의 길이가 1인 정사각형이다. $\overline{AB}=\overline{AP}$, $\overline{AD}=\overline{AQ}$일 때, 다음 물음에 답하시오. [6점]

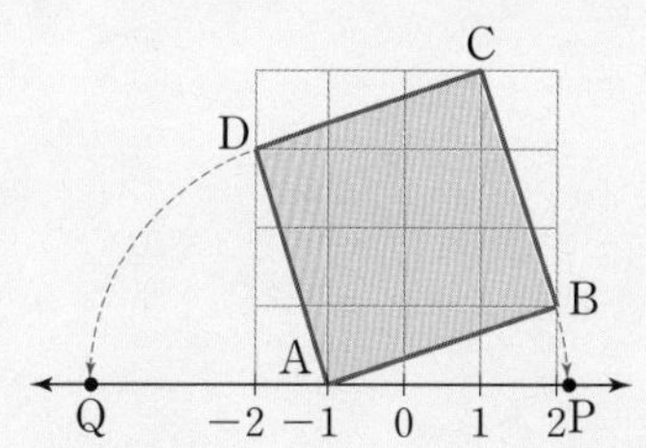

(1) 정사각형 ABCD의 한 변의 길이를 구하시오. [2점]

(2) 두 점 P, Q에 대응하는 수를 각각 구하시오. [4점]

(1) **채점 기준 1** □ABCD의 한 변의 길이 구하기 … 2점

(2) **채점 기준 2** 두 점 P, Q에 대응하는 수 각각 구하기 … 4점

03

$A=\sqrt{\frac{25}{9}}\times(-\sqrt{6})^2\div\sqrt{(-2)^2}$일 때, A의 음의 제곱근을 구하시오. [4점]

04

두 실수 a, b에 대하여 $\sqrt{a^2}=-a$, $\sqrt{(-b)^2}=b$일 때, $\sqrt{(-3a)^2}-\sqrt{4b^2}+\sqrt{(a-b)^2}$을 간단히 하시오. [6점]

05

부등식 $2<\frac{\sqrt{3x}}{2}<4$를 만족시키는 자연수 x는 모두 몇 개인지 구하시오. [6점]

06

다음 그림과 같이 액자의 넓이가 각각 $(48-x)\ \mathrm{cm}^2$, $75x\ \mathrm{cm}^2$인 정사각형 모양의 액자가 2개 있다. 두 액자의 각 변의 길이가 모두 자연수로 나타내어질 때, 자연수 x의 값을 구하시오. (단, 액자의 테두리의 두께는 무시한다.) [6점]

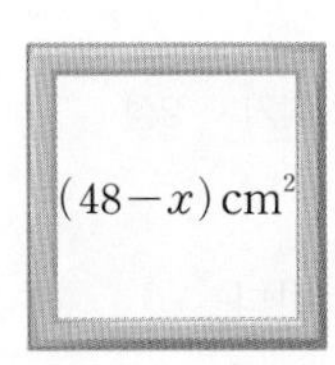

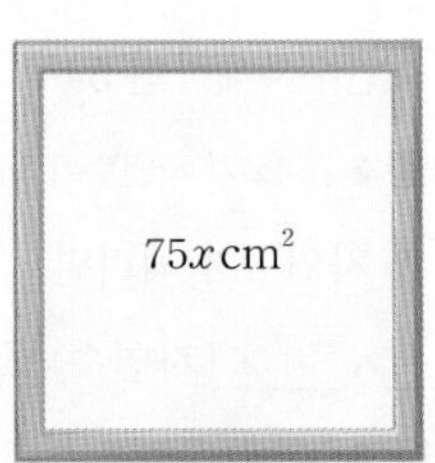

07

세 수 a, b, c에 대하여 다음 물음에 답하시오. [7점]

$$a=2+\sqrt{5},\ b=\sqrt{2}+\sqrt{5},\ c=\sqrt{7}+2$$

(1) a, b의 대소를 비교하시오. [3점]

(2) a, c의 대소를 비교하시오. [3점]

(3) a, b, c의 대소를 비교하시오. [1점]

학교 선생님들이 출제하신 진짜 학교 시험 문제예요!

23문항 45분 | 점수 점

• 정답 및 풀이 11쪽

01

다음 중 옳은 것은? [3점]

① 제곱근 7은 $\pm\sqrt{7}$이다.
② 0의 제곱근은 없다.
③ 제곱근 3과 3의 제곱근은 서로 같다.
④ $(-8)^2$의 제곱근은 ±8이다.
⑤ $-\sqrt{2}$는 -2의 제곱근이다.

02

$\sqrt{25}$의 제곱근은? [3점]

① 5 ② ±5 ③ -5
④ $\sqrt{5}$ ⑤ $\pm\sqrt{5}$

03

다음 중 근호를 사용하지 않고 나타낼 수 없는 것은? [3점]

① $\sqrt{0.81}$ ② $\sqrt{0.4}$ ③ $-\sqrt{36}$
④ $\sqrt{\frac{49}{100}}$ ⑤ $\sqrt{\frac{121}{4}}$

04

다음 중 옳은 것은? [3점]

① $-\sqrt{(-8)^2}=8$ ② $(-\sqrt{9})^2=9$
③ $\sqrt{\frac{1}{16}}=-\frac{1}{4}$ ④ $\sqrt{\left(-\frac{1}{2}\right)^2}=-\frac{1}{2}$
⑤ $\sqrt{4^2}=16$

05

$\sqrt{64}\times\left(-\sqrt{\frac{1}{4}}\right)-\sqrt{(-5)^2}$을 계산하면? [4점]

① -11 ② -9 ③ -7
④ -1 ⑤ 9

06

$a>0$, $b<0$일 때, $\sqrt{(3a)^2}+\sqrt{(-a)^2}-\sqrt{(5b)^2}$을 간단히 하면? [4점]

① $2a-5b$ ② $2a+5b$ ③ $4a-5b$
④ $4a+5b$ ⑤ $8a-5b$

07

$0<a<3$일 때, 다음 식을 간단히 하면? [4점]

$$\sqrt{a^2}+\sqrt{(a-3)^2}-\sqrt{(-a)^2}$$

① $2a+3$　② $a-3$　③ $-a+3$
④ $a+3$　⑤ $-a-3$

08

다음 그림과 같이 한 변의 길이가 $\sqrt{a}$ cm인 정사각형 모양의 종이를 각 변의 중점을 꼭짓점으로 하는 정사각형 모양으로 접어나갈 때, [4단계]에서 생기는 정사각형의 넓이가 8 cm^2이다. 이때 a의 값은? [5점]

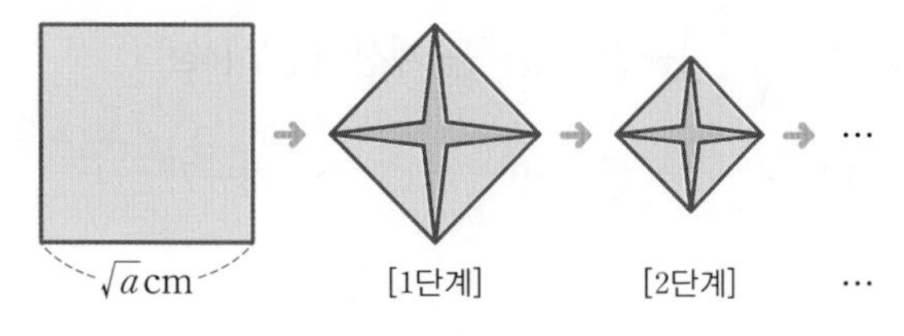

① 16　② 24　③ 32
④ 64　⑤ 128

09

다음 중 두 수의 대소 관계가 옳지 않은 것은? [4점]

① $\sqrt{10}>3$　② $-\sqrt{7}<-2$
③ $-\sqrt{6}>-\sqrt{11}$　④ $0.3>\sqrt{0.2}$
⑤ $\sqrt{\frac{1}{5}}>\frac{1}{3}$

10

$\sqrt{\frac{300a}{7}}$가 자연수가 되도록 하는 가장 작은 자연수 a의 값은? [4점]

① 3　② 7　③ 9
④ 21　⑤ 49

11

$\sqrt{15+x}$가 자연수가 되도록 하는 가장 작은 두 자리의 자연수 x의 값은? [4점]

① 10　② 11　③ 12
④ 13　⑤ 14

12

다음 중 무리수는 모두 몇 개인가? [3점]

$$-\sqrt{36},\quad \sqrt{2}+1,\quad \sqrt{0.25},\quad \sqrt{20},$$
$$\sqrt{1.6},\quad 2-\sqrt{9},\quad \pi,\quad \sqrt{\frac{1}{2}}$$

① 2개　② 3개　③ 4개
④ 5개　⑤ 6개

13

$4<\sqrt{2a}<6$을 만족시키는 자연수 a는 모두 몇 개인가? [4점]

① 8개 ② 9개 ③ 10개
④ 11개 ⑤ 12개

14

다음 중 실수에 대한 설명으로 옳지 않은 것은? [4점]

① 1과 2 사이에는 무수히 많은 무리수가 있다.
② -1과 $\sqrt{5}$ 사이에는 무수히 많은 정수가 있다.
③ $\sqrt{2}$와 $\sqrt{3}$ 사이에는 무수히 많은 유리수가 있다.
④ 실수 중에서 유리수이면서 동시에 무리수인 수는 없다.
⑤ 수직선은 실수를 나타내는 점들로 완전히 메울 수 있다.

15

자연수 x에 대하여 $\sqrt{x}$ 이하의 자연수의 개수를 $f(x)$라 할 때, $f(x)=10$인 자연수 x는 모두 몇 개인가? [5점]

① 19개 ② 20개 ③ 21개
④ 22개 ⑤ 23개

16

다음 그림과 같이 수직선 위에 한 변의 길이가 1인 5개의 정사각형이 있을 때, $1+\sqrt{2}$에 대응하는 점은? [4점]

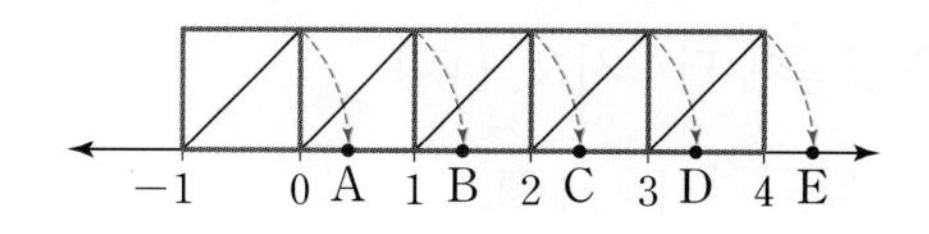

① 점 A ② 점 B ③ 점 C
④ 점 D ⑤ 점 E

17

다음 중 □ 안에 알맞은 부등호의 방향이 나머지 넷과 다른 하나는? [4점]

① $3\ \square\ \sqrt{10}-1$ ② $2-\sqrt{3}\ \square\ \sqrt{5}-\sqrt{3}$
③ $6-\sqrt{2}\ \square\ 4$ ④ $\sqrt{20}-3\ \square\ 1$
⑤ $\sqrt{5}+3\ \square\ \sqrt{5}+\sqrt{8}$

18

아래 그림과 같이 $\overline{AB}=2$, $\overline{BC}=1$인 직각삼각형 ABC를 수직선을 따라 한 바퀴 굴려 점 A가 A′의 위치에 오도록 하였다. 다음 중 -1과 점 P에 대응하는 수 사이에 있는 수가 아닌 것은? [5점]

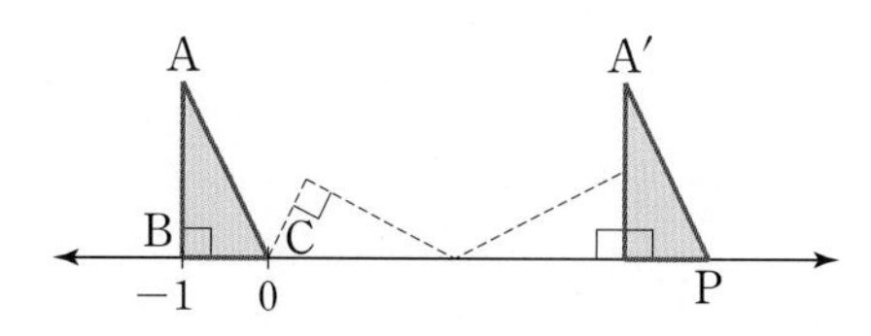

① $1-\sqrt{3}$ ② $\sqrt{5}-1$ ③ $2+\sqrt{5}$
④ $\sqrt{5}+\sqrt{10}$ ⑤ $\dfrac{2+\sqrt{5}}{2}$

서술형

19

$\sqrt{16}$의 양의 제곱근을 a, $\frac{25}{4}$의 음의 제곱근을 b라 할 때, 다음 물음에 답하시오. **[4점]**

(1) a의 값을 구하시오. **[1점]**

(2) b의 값을 구하시오. **[1점]**

(3) ab의 값을 구하시오. **[2점]**

20

다음 그림에서 모눈 한 칸은 한 변의 길이가 1인 정사각형이다. $\overline{AD}=\overline{AP}$, $\overline{AC}=\overline{AQ}$이고, 점 A에 대응하는 수가 1일 때, 두 점 P, Q에 대응하는 수를 각각 구하시오. **[6점]**

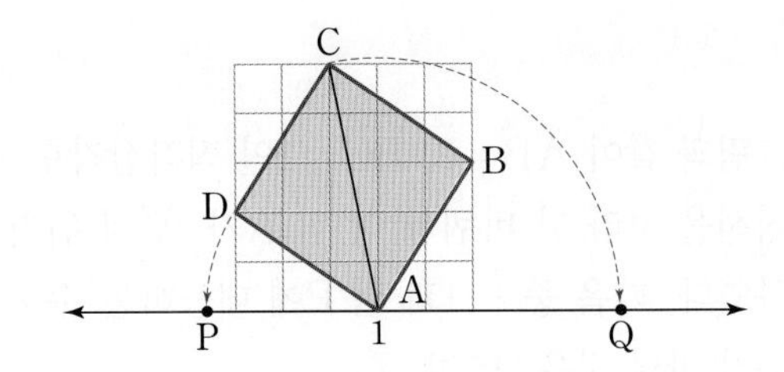

21

$a-b>0$, $ab<0$일 때, $\sqrt{25a^2}-\sqrt{b^2}+\sqrt{(b-3a)^2}$을 간단히 하시오. **[6점]**

22

$5<\sqrt{3x}<7$을 만족시키는 모든 자연수 x의 값의 합을 구하시오. **[7점]**

23

$\sqrt{400-x}-\sqrt{200+y}$가 가장 큰 정수가 되도록 하는 자연수 x, y에 대하여 $x+y$의 값을 구하시오. **[7점]**

23문항 45분 | 점수 점
• 정답 및 풀이 13쪽

01

다음 중 옳지 않은 것을 모두 고르면? (정답 2개) [3점]

① -1의 제곱근은 없다.
② 제곱근 10은 $\sqrt{10}$이다.
③ 4의 제곱근은 $\pm\sqrt{2}$이다.
④ 9의 음의 제곱근은 -3이다.
⑤ 음수가 아닌 모든 수의 제곱근은 2개이다.

02

225의 제곱근은? [3점]

① -15 ② $-\sqrt{15}$ ③ $\sqrt{15}$
④ $\pm\sqrt{15}$ ⑤ ±15

03

다음 그림과 같이 한 변의 길이가 각각 3, 5인 두 정사각형의 넓이의 합과 같은 정사각형을 만들 때, 새로 만든 정사각형의 한 변의 길이는? [3점]

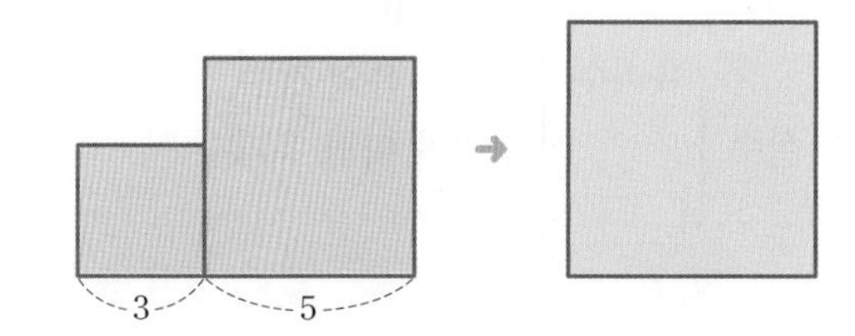

① $\sqrt{17}$ ② $\sqrt{32}$ ③ $\sqrt{34}$
④ $\sqrt{35}$ ⑤ $\sqrt{37}$

04

다음 수의 제곱근 중 근호를 사용하지 않고 나타낼 수 있는 것은 모두 몇 개인가? [3점]

$\frac{25}{81}$, 0.01, 144, $\frac{9}{20}$, $0.\dot{1}$

① 1개 ② 2개 ③ 3개
④ 4개 ⑤ 5개

05

다음 중 가장 작은 수는? [3점]

① $\sqrt{\frac{1}{9}}$ ② $\sqrt{\left(\frac{1}{5}\right)^2}$ ③ $\left(\sqrt{\frac{1}{10}}\right)^2$
④ $\sqrt{\left(-\frac{1}{2}\right)^2}$ ⑤ $\left(-\sqrt{\frac{1}{6}}\right)^2$

06

$\sqrt{81}-\sqrt{(-3)^2}+(-\sqrt{4})^2$을 계산하면? [4점]

① 8 ② 10 ③ 12
④ 14 ⑤ 16

07

다음 중 계산한 값이 옳지 않은 것은? [4점]

① $\sqrt{7^2}-\sqrt{(-2)^2}=5$
② $(-\sqrt{3})^2+\sqrt{6^2}=3$
③ $\sqrt{121}+\sqrt{(-3)^2}=14$
④ $\sqrt{(-2)^4}\times\sqrt{(-5)^2}=20$
⑤ $-\sqrt{\frac{1}{16}}\times\sqrt{3^2}=-\frac{3}{4}$

08

$a<0$일 때, $\sqrt{a^2}-\sqrt{25a^2}+\sqrt{(-7a)^2}$을 간단히 하면? [4점]

① $-5a$　② $-4a$　③ $-3a$
④ $3a$　⑤ $4a$

09

$-1<a<2$일 때, 다음 식을 간단히 하면? [4점]

$$\sqrt{(a+1)^2}+\sqrt{(a-2)^2}$$

① -3　② -1　③ 0
④ 1　⑤ 3

10

$\sqrt{\frac{45}{2}a}$가 자연수가 되도록 하는 가장 작은 자연수 a의 값은? [4점]

① 10　② 20　③ 30
④ 35　⑤ 40

11

$A=\sqrt{27-x}-\sqrt{12y}$일 때, A가 가장 큰 정수가 되도록 하는 자연수 x, y에 대하여 $x+y$의 값은? [5점]

① 4　② 5　③ 6
④ 7　⑤ 8

12

다음 중 □ 안에 해당하는 것은? [4점]

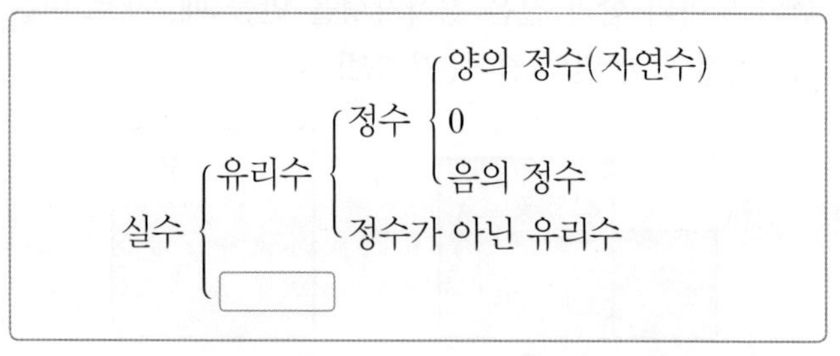

① $\sqrt{4}-1$　② $-\sqrt{25}$　③ $\sqrt{\frac{9}{49}}$
④ $\sqrt{15}+1$　⑤ $2.\dot{3}$

13

$5<\sqrt{5x}<10$을 만족시키는 자연수 x의 값 중에서 가장 큰 수를 A, 가장 작은 수를 B라 할 때, $A-B$의 값은? [4점]

① 11 ② 12 ③ 13
④ 14 ⑤ 15

14

다음 보기에서 옳은 것을 모두 고른 것은? [4점]

보기
ㄱ. $\sqrt{2}$와 $\sqrt{10}$ 사이에는 2개의 정수가 있다.
ㄴ. $\sqrt{3}$은 순환하는 무한소수로 나타내어진다.
ㄷ. $\sqrt{7}$과 $\sqrt{8}$ 사이에는 유리수가 없다.
ㄹ. 수직선 위의 한 점에는 한 실수가 반드시 대응한다.

① ㄱ, ㄴ ② ㄱ, ㄷ ③ ㄱ, ㄹ
④ ㄴ, ㄷ ⑤ ㄴ, ㄹ

15

다음 수직선에서 $\sqrt{60}$에 대응하는 점이 있는 구간은? [4점]

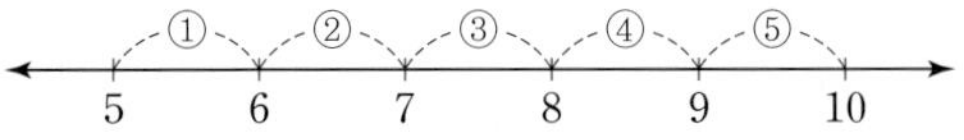

16

자연수의 양의 제곱근 $\sqrt{1}$, $\sqrt{2}$, $\sqrt{3}$, $\cdots$, $\sqrt{150}$에 대응하는 점을 수직선 위에 다음과 같이 차례대로 나타내려고 한다.

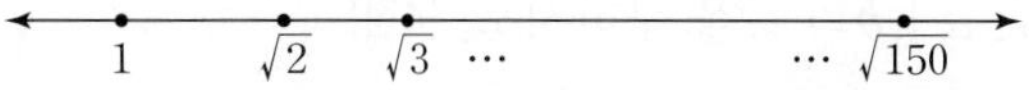

이때 무리수에 대응하는 점은 모두 몇 개인가? [5점]

① 134개 ② 136개 ③ 138개
④ 140개 ⑤ 142개

17

아래 그림은 수직선 위에 한 변의 길이가 1인 정사각형 ABCD를 그린 것이다. $\overline{BD}=\overline{BP}$, $\overline{AC}=\overline{AQ}$이고 점 Q에 대응하는 수가 $\sqrt{2}-2$일 때, 다음 중 두 점 P, Q에 대응하는 수 사이에 있는 수가 아닌 것은? [5점]

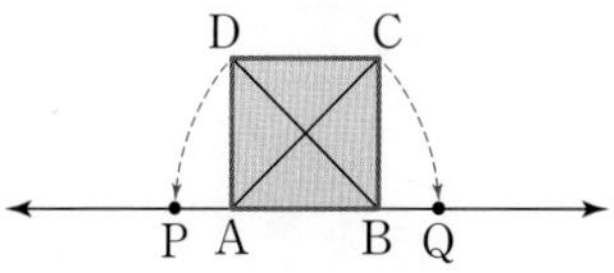

① $-2-\sqrt{2}$ ② $-1-\frac{\sqrt{2}}{2}$ ③ $-\frac{3}{2}$
④ -1 ⑤ $-2+\frac{\sqrt{2}}{2}$

18

다음 중 두 실수의 대소 관계가 옳지 않은 것은? [4점]

① $\sqrt{3}<\sqrt{5}$ ② $4-\sqrt{3}<2$
③ $\sqrt{15}-2<3$ ④ $1+\sqrt{2}>2$
⑤ $-1>-\sqrt{7}+1$

●정답 및 풀이 14쪽

서술형

19

$(-5)^2$의 양의 제곱근을 a, $\sqrt{256}$의 음의 제곱근을 b라 할 때, $a+b$의 값을 구하시오. [4점]

20

$0<a<b<1$일 때,
$\sqrt{(a-1)^2}-\sqrt{(1-b)^2}-\sqrt{(a-b)^2}$을 간단히 하시오.
[6점]

21

다음 중 가장 큰 수를 a, 가장 작은 수를 b라 할 때, a^2+b^2의 값을 구하시오. [6점]

$\sqrt{7}$, 0.3, $\sqrt{\frac{5}{2}}$, $-\sqrt{1.2}$, $-\sqrt{10}$

22

$\sqrt{x}$ 미만인 자연수의 개수를 $n(x)$라 할 때, 다음 물음에 답하시오. [7점]

(1) $n(5)$의 값을 구하시오. [2점]

(2) $n(x)=2$인 자연수 x의 값을 모두 구하시오. [2점]

(3) $n(1)+n(2)+n(3)+\cdots+n(9)+n(10)$의 값을 구하시오. [3점]

23

다음 그림에서 모눈 한 칸은 한 변의 길이가 1인 정사각형이고, $\overline{AB}=\overline{AP}$, $\overline{CD}=\overline{CQ}$이다. 점 A에 대응하는 수가 -2, 점 C에 대응하는 수가 1이고, 두 점 P, Q에 대응하는 수를 각각 a, b라 할 때, $(a+2)^2+(b-1)^2$의 값을 구하시오. [7점]

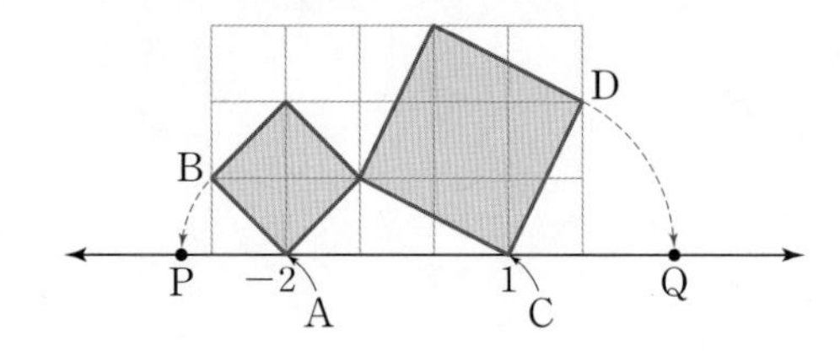

• 교과서 속

특이 문제

• 정답 및 풀이 14쪽

중학교 수학 교과서 10종을 분석한 교과서별 출제 예상 문제예요!

01

미래엔 변형

종이를 반으로 잘라도 종이의 긴 변의 길이와 짧은 변의 길이의 비율이 유지되도록 규격을 정하면 종이의 손실을 최소화할 수 있다. A4 용지가 바로 그러한 규격을 따르는 종이로 A4 용지를 반으로 자른 종이가 A5 용지이다. A4 용지의 가로와 세로의 길이의 비를 $1:x$라 할 때, 두 용지가 서로 닮음임을 이용하여 x의 값을 구하시오.

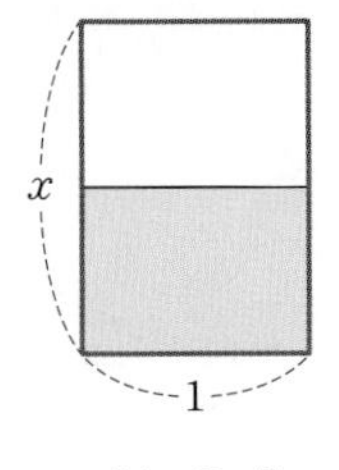

[A4 용지]

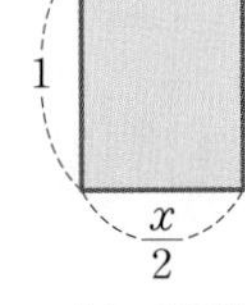

[A5 용지]

02

천재 변형

진공 상태에서 물체를 가만히 놓아 낙하시킬 때, 처음 높이를 h m라 하면 지면에 떨어지기 직전의 속력 v m/s는 $v=\sqrt{2\times9.8\times h}$라 한다. v가 자연수가 되도록 하는 자연수 h의 값 중에서 가장 작은 수를 구하시오.

03

교학사 변형

두 실수 $2+\sqrt{5}$와 $\sqrt{13}$의 대소를 비교하려고 한다. 그림과 같이 한 눈금의 길이가 1인 모눈종이 위에 그린 $\triangle$ABC를 이용하여 그 크기를 비교하시오.

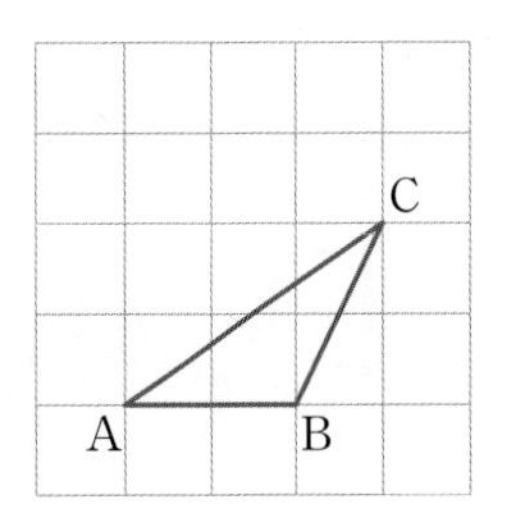

04

동아 변형

다음 세 학생의 대화에서 $\sqrt{2}$와 $\sqrt{3}$ 사이에 있는 무리수를 옳게 찾은 학생을 모두 말하시오.

태연 : $\sqrt{2}$와 $\sqrt{3}$의 중점에 대응하는 수는 그 사이에 있는 수이므로 $\frac{\sqrt{2}+\sqrt{3}}{2}$이야.

정우 : $\sqrt{2}$와 $\sqrt{3}$은 모두 1보다 크고, 2보다 작은 수이므로 $\sqrt{2}$나 $\sqrt{3}$에 적당한 수를 더하거나 빼면 될 것 같아. 예를 들어 $\sqrt{2}+0.5$처럼 말이야.

시현 : 그렇게 하면 $\sqrt{3}-0.001$도 되겠는걸.

I 실수와 그 연산

① 제곱근과 실수

근호를 포함한 식의 계산

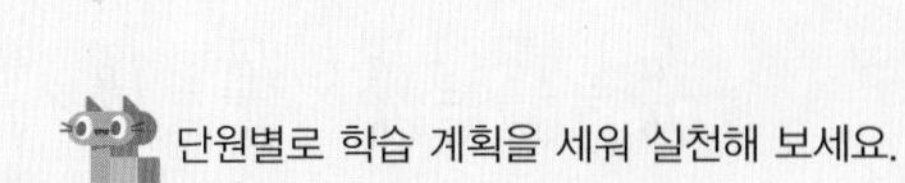

단원별로 학습 계획을 세워 실천해 보세요.

학습 날짜	월 일	월 일	월 일	월 일
학습 계획				
학습 실행도	0 100	0 100	0 100	0 100
자기 반성				

2 근호를 포함한 식의 계산

❶ 제곱근의 곱셈과 나눗셈

(1) 제곱근의 곱셈

$a>0$, $b>0$이고 m, n이 유리수일 때

① $\sqrt{a}\times\sqrt{b}=\sqrt{a}\sqrt{b}=\sqrt{ab}$

② $m\sqrt{a}\times n\sqrt{b}=mn\sqrt{ab}$

(2) 제곱근의 나눗셈

$a>0$, $b>0$, $c>0$, $d>0$이고 m, n이 유리수일 때

① $\sqrt{a}\div\sqrt{b}=\dfrac{\sqrt{a}}{\sqrt{b}}=\sqrt{\dfrac{a}{b}}$

② $m\sqrt{a}\div n\sqrt{b}=\dfrac{m}{n}\sqrt{\dfrac{a}{b}}$ (단, $n\neq0$)

③ $\dfrac{\sqrt{a}}{\sqrt{b}}\div\dfrac{\sqrt{c}}{\sqrt{d}}=\dfrac{\sqrt{a}}{\sqrt{b}}\times\dfrac{\sqrt{d}}{\sqrt{c}}=\sqrt{\dfrac{a}{b}}\times\sqrt{\dfrac{d}{c}}=\sqrt{\dfrac{ad}{bc}}$

❷ 근호가 있는 식의 변형

$a>0$, $b>0$일 때

(1) $\sqrt{a^2b}=\sqrt{a^2}\sqrt{b}=a\sqrt{b}$

예 $\sqrt{12}=\sqrt{2^2\times3}=2\sqrt{3}$

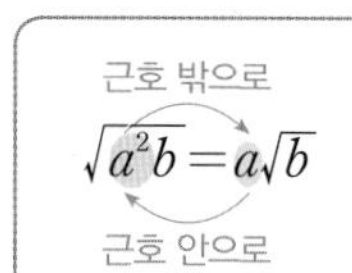

(2) $\sqrt{\dfrac{a}{b^2}}=\dfrac{\sqrt{a}}{\sqrt{b^2}}=\dfrac{\sqrt{a}}{b}$

예 $\sqrt{\dfrac{3}{4}}=\dfrac{\sqrt{3}}{\sqrt{2^2}}=\dfrac{\sqrt{3}}{2}$

참고 근호 안의 수를 소인수분해하여 제곱인 인수가 있으면 근호 밖으로 빼낸다. 이때 근호 안에 남는 수는 가장 작은 자연수가 되도록 한다.

❸ 분모의 유리화

(1) 분모의 유리화

분수의 분모에 근호가 있을 때, 분모와 분자에 0이 아닌 같은 수를 각각 곱하여 분모를 유리수로 고치는 것을 [(1)]라 한다.

(2) 분모를 유리화하는 방법

$a>0$, $b>0$이고 m, n이 유리수일 때

① $\dfrac{a}{\sqrt{b}}=\dfrac{a\times\sqrt{b}}{\sqrt{b}\times\sqrt{b}}=\dfrac{a\sqrt{b}}{b}$

② $\dfrac{m\sqrt{a}}{n\sqrt{b}}=\dfrac{m\sqrt{a}\times\boxed{(2)}}{n\sqrt{b}\times\boxed{(3)}}=\dfrac{m\sqrt{ab}}{nb}$ (단, $n\neq0$)

참고 근호 안에 제곱인 인수가 있으면 먼저 제곱인 인수를 근호 밖으로 꺼낸 다음 분모를 유리화하면 편리하다.

예 $\dfrac{3}{\sqrt{20}}=\dfrac{3}{\sqrt{2^2\times5}}=\dfrac{3}{2\sqrt{5}}=\dfrac{3\times\sqrt{5}}{2\sqrt{5}\times\sqrt{5}}=\dfrac{3\sqrt{5}}{10}$

답 (1) 분모의 유리화 (2) $\sqrt{b}$ (3) $\sqrt{b}$

1 다음을 계산하시오.

(1) $\sqrt{3}\sqrt{13}$

(2) $\sqrt{\dfrac{7}{5}}\sqrt{\dfrac{5}{3}}$

(3) $3\sqrt{3}\times2\sqrt{7}$

(4) $\sqrt{72}\div\sqrt{2}$

(5) $6\sqrt{\dfrac{6}{5}}\div2\sqrt{\dfrac{2}{5}}$

2 다음을 $a\sqrt{b}$ 꼴로 나타내시오.

(1) $\sqrt{18}$　(2) $\sqrt{75}$

(3) $\sqrt{120}$　(4) $\sqrt{600}$

3 다음을 $\sqrt{a}$ 꼴로 나타내시오.

(1) $3\sqrt{6}$　(2) $2\sqrt{5}$

(3) $\dfrac{1}{3}\sqrt{20}$　(4) $\dfrac{1}{2}\sqrt{\dfrac{7}{5}}$

4 다음 수의 분모를 유리화하시오.

(1) $\dfrac{2}{\sqrt{5}}$　(2) $\dfrac{8}{\sqrt{2}}$

(3) $-\dfrac{3}{\sqrt{3}}$　(4) $\dfrac{\sqrt{5}}{\sqrt{7}}$

4 제곱근의 덧셈과 뺄셈

$a>0$이고 m, n이 유리수일 때

(1) $m\sqrt{a}+n\sqrt{a}=(m+n)\sqrt{a}$

(2) $m\sqrt{a}-n\sqrt{a}=(m-n)\sqrt{a}$

5 근호를 포함한 복잡한 식의 계산

근호를 포함한 복잡한 식의 계산은 다음 순서로 계산한다.

❶ 괄호가 있으면 [(4)]을 이용하여 괄호를 푼다.

❷ 근호 안에 제곱인 인수가 있으면 근호 밖으로 꺼낸다.

❸ 분모에 근호를 포함한 무리수가 있으면 분모를 유리화한다.

❹ 곱셈, 나눗셈을 먼저 계산한다.

❺ 근호 안의 수가 같은 것끼리 모아서 덧셈, 뺄셈을 계산한다.

6 제곱근표를 이용한 제곱근의 값

(1) 제곱근표

1.00부터 99.9까지의 수의 양의 제곱근을 반올림하여 소수 셋째 자리까지 구한 값을 나타낸 표를 [(5)]라 한다.

(2) 제곱근표 읽는 방법

처음 두 자리 수의 가로줄과 끝자리 수의 세로줄이 만나는 곳에 있는 수를 읽는다. 예를 들어, $\sqrt{1.22}$의 값은 제곱근표에서 왼쪽의 수 1.2의 가로줄과 위쪽의 수 2의 세로줄이 만나는 곳의 수인 [(6)]이다.

수	0	1	2	3
1.0	1.000	1.005	1.010	1.015
1.1	1.049	1.054	1.058	1.063
1.2	1.095	1.100	1.105	1.109
1.3	1.140	1.145	1.149	1.153
⋮	⋮	⋮	⋮	⋮

(3) 제곱근표에 없는 수의 제곱근의 값

제곱근의 성질을 이용하여 제곱근표에 있는 수로 변형하여 구한다.

① 100 이상인 수 : $\sqrt{100a}=10\sqrt{a}$, $\sqrt{10000a}=100\sqrt{a}$, $\cdots$

② 0 이상 1 미만인 수 : $\sqrt{\dfrac{a}{100}}=\dfrac{\sqrt{a}}{10}$, $\sqrt{\dfrac{a}{10000}}=\dfrac{\sqrt{a}}{100}$, $\cdots$

7 무리수의 정수 부분과 소수 부분

(1) 무리수는 정수 부분과 소수 부분으로 나눌 수 있다.

(2) 소수 부분은 무리수에서 정수 부분을 뺀 값이다.

즉, $n<\sqrt{a}<n+1$(n : 정수, $\sqrt{a}$: 무리수)일 때, $\sqrt{a}$의 정수 부분은 n, 소수 부분은 $\sqrt{a}-n$이다.

답 (4) 분배법칙 (5) 제곱근표 (6) 1.105

개념 check

5 다음을 계산하시오.

(1) $3\sqrt{2}+4\sqrt{2}$

(2) $-3\sqrt{6}+2\sqrt{6}$

(3) $3\sqrt{3}-5\sqrt{3}+12\sqrt{3}$

(4) $4\sqrt{7}-\sqrt{54}+2\sqrt{6}$

6 다음을 계산하시오.

(1) $\sqrt{2}(\sqrt{6}-3\sqrt{2})$

(2) $6\sqrt{3}-\sqrt{3}(2\sqrt{3}+5)$

(3) $\sqrt{18}\times\dfrac{5}{\sqrt{6}}-\sqrt{15}\div\dfrac{\sqrt{5}}{2}$

(4) $(\sqrt{21}-\sqrt{35})\div\sqrt{7}$

7 아래 제곱근표를 이용하여 다음을 구하시오.

수	1	2	3	4
5.5	2.347	2.349	2.352	2.354
5.6	2.369	2.371	2.373	2.375
5.7	2.390	2.392	2.394	2.396
5.8	2.410	2.412	2.415	2.417
5.9	2.431	2.433	2.435	2.437

(1) $\sqrt{5.62}$의 값

(2) $\sqrt{5.94}$의 값

(3) $\sqrt{562}$의 값

(4) $\sqrt{0.0594}$의 값

8 다음 수의 정수 부분과 소수 부분을 각각 구하시오.

(1) $\sqrt{2}$

(2) $\sqrt{10}$

전국 1000여 개 학교 시험 문제를 분석하여 출제율 높은 문제만 선별했어요!

유형 01 제곱근의 곱셈과 나눗셈

01

$-3\sqrt{2}\times\sqrt{15}\times\left(-\frac{1}{\sqrt{5}}\right)$을 계산하면?

① $-3\sqrt{6}$ ② $-\sqrt{3}$ ③ $\sqrt{2}$
④ $3\sqrt{6}$ ⑤ $6\sqrt{6}$

02

다음 중 옳지 않은 것은?

① $-\frac{\sqrt{80}}{4}=-\sqrt{5}$
② $2\sqrt{3}\times4\sqrt{2}=8\sqrt{6}$
③ $2\sqrt{6}\times\frac{\sqrt{5}}{\sqrt{2}}=\sqrt{30}$
④ $3\sqrt{15}\div\sqrt{3}=3\sqrt{5}$
⑤ $\sqrt{120}\div(-\sqrt{12})=-\sqrt{10}$

03

오른쪽 그림과 같이 넓이가 각각 3 cm^2, 12 cm^2인 두 정사각형의 각 변을 사용하여 직사각형 A를 만들었다. 이때 직사각형 A의 넓이는?

① $4\sqrt{2}\text{ cm}^2$ ② $4\sqrt{3}\text{ cm}^2$
③ $5\sqrt{2}\text{ cm}^2$ ④ $5\sqrt{3}\text{ cm}^2$
⑤ 6 cm^2

04

$a=\frac{\sqrt{7}}{\sqrt{3}}\times\frac{\sqrt{9}}{\sqrt{7}}$, $b=\sqrt{10}\div\sqrt{2}$일 때, ab의 값은?

① $\sqrt{10}$ ② $\sqrt{11}$ ③ $\sqrt{14}$
④ $\sqrt{15}$ ⑤ $\sqrt{18}$

05

다음 중 그 값이 나머지 넷과 다른 하나는?

① $\sqrt{30}\div\sqrt{5}$ ② $\sqrt{\frac{5}{3}}\times\sqrt{\frac{18}{5}}$
③ $\sqrt{15}\div\frac{\sqrt{5}}{\sqrt{2}}$ ④ $2\sqrt{42}\div4\sqrt{7}$
⑤ $\sqrt{\frac{15}{2}}\div\frac{\sqrt{5}}{\sqrt{2}}\div\frac{1}{\sqrt{2}}$

유형 02 근호가 있는 식의 변형 (최다 빈출)

06

다음 중 □ 안에 알맞은 수가 가장 작은 것은?

① $2\sqrt{6}=\sqrt{\square}$ ② $\sqrt{153}=\square\sqrt{17}$
③ $\frac{1}{3}\sqrt{5}=\sqrt{\frac{5}{\square}}$ ④ $-\sqrt{\frac{9}{48}}=-\frac{\sqrt{3}}{\square}$
⑤ $\sqrt{3}\sqrt{5}\sqrt{10}=\square\sqrt{6}$

07

$3\sqrt{3}=\sqrt{a}$, $\sqrt{63}=b\sqrt{7}$일 때, 유리수 a, b에 대하여 $a-b$의 값은?

① 23　② 24　③ 25
④ 26　⑤ 27

08

$\sqrt{\frac{28}{25}}=a\sqrt{7}$, $\sqrt{0.05}=b\sqrt{5}$일 때, 유리수 a, b에 대하여 ab의 값은?

① $\frac{1}{25}$　② $\frac{1}{5}$　③ 1
④ 5　⑤ 25

09

$\sqrt{5}\times\sqrt{6}\times\sqrt{7}\times\sqrt{8}\times\sqrt{9}\times\sqrt{10}=A\sqrt{42}$일 때, 유리수 A의 값은?

① 20　② 30　③ 40
④ 60　⑤ 120

10

$a>0$, $b>0$, $ab=4$일 때, $a\sqrt{\frac{9b}{a}}+b\sqrt{\frac{49a}{b}}$의 값은?

① 12　② 14　③ 16
④ 18　⑤ 20

유형 03 문자를 사용하여 제곱근 표현하기 최다 빈출

11

$\sqrt{2}=a$, $\sqrt{5}=b$라 할 때, $\sqrt{90}$을 a, b를 사용하여 나타내시오.

12

$\sqrt{2}=a$, $\sqrt{3}=b$라 할 때, $\sqrt{48}-\sqrt{72}$를 a, b를 사용하여 나타내면?

① $-6a-4b$　② $-6a+4b$　③ $-4a-6b$
④ $6a-4b$　⑤ $6a+4b$

13

$\sqrt{5}=a$, $\sqrt{7}=b$라 할 때, $\sqrt{0.0175}$를 a, b를 사용하여 나타내면?

① $\frac{a^2b}{100}$　② $\frac{ab^2}{100}$　③ $\frac{ab^2}{10}$
④ $\frac{a^2b}{10}$　⑤ ab^2

실수 주의

14

$\sqrt{2.3}=a$, $\sqrt{23}=b$라 할 때, $\sqrt{23000}+\sqrt{0.23}$을 a, b를 사용하여 나타내면?

① $10a+\frac{1}{100}b$　② $10a+\frac{1}{10}b$
③ $\frac{1}{100}a-\frac{1}{10}b$　④ $100a+\frac{1}{100}b$
⑤ $100a+\frac{1}{10}b$

유형 04 분모의 유리화 최다 빈출

15

다음 중 분모를 유리화한 것으로 옳지 않은 것은?

① $\frac{1}{\sqrt{3}}=\frac{\sqrt{3}}{3}$ ② $\frac{\sqrt{3}}{\sqrt{5}}=\frac{\sqrt{15}}{5}$

③ $\frac{8}{\sqrt{2}}=2\sqrt{2}$ ④ $\frac{\sqrt{11}}{\sqrt{5}}=\frac{\sqrt{55}}{5}$

⑤ $\frac{3}{2\sqrt{6}}=\frac{\sqrt{6}}{4}$

16

$\frac{\sqrt{a}}{2\sqrt{3}}=\frac{\sqrt{15}}{6}$일 때, 자연수 a의 값을 구하시오.

17

$\frac{4\sqrt{6}-6\sqrt{3}}{\sqrt{2}}=a\sqrt{3}+b\sqrt{6}$일 때, 유리수 a, b에 대하여 $a-b$의 값은?

① 3 ② 4 ③ 5
④ 6 ⑤ 7

18

다음 그림에서 모눈 한 칸은 한 변의 길이가 1인 정사각형이고, $\overline{AD}=\overline{AQ}$, $\overline{BC}=\overline{BP}$이다. 두 점 P, Q에 대응하는 수를 각각 a, b라 할 때, $\frac{a}{\sqrt{2}}+\frac{20}{b-\sqrt{2}}$의 값을 구하시오.

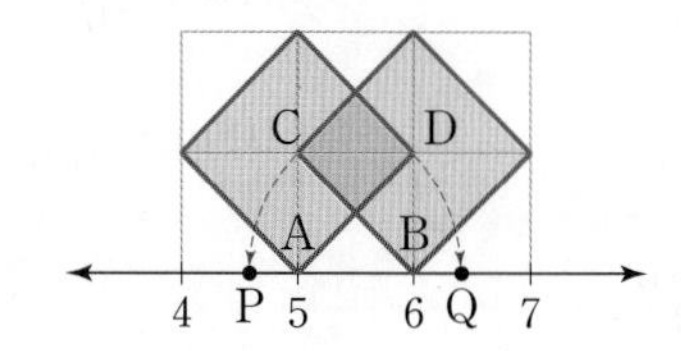

유형 05 제곱근의 곱셈과 나눗셈의 혼합 계산

19

다음을 계산하시오.

$$\frac{\sqrt{28}}{\sqrt{10}}\div\frac{\sqrt{7}}{\sqrt{35}}\times\sqrt{12}$$

20

$\frac{\sqrt{18}}{\sqrt{5}}\times\frac{\sqrt{10}}{4}\div\frac{\sqrt{20}}{\sqrt{12}}=a\sqrt{15}$일 때, 유리수 a의 값은?

① $\frac{1}{20}$ ② $\frac{1}{5}$ ③ $\frac{3}{10}$
④ $\frac{2}{5}$ ⑤ $\frac{9}{10}$

21

다음 식을 만족시키는 유리수 $a\sim e$에 대하여 그 값이 가장 큰 것은?

- $\sqrt{32}=a\sqrt{2}$
- $\sqrt{\frac{242}{5}}=\frac{11\sqrt{b}}{5}$
- $\frac{\sqrt{12}}{\sqrt{5}}\times\frac{1}{\sqrt{15}}=\frac{2}{c}$
- $\frac{\sqrt{30}}{\sqrt{7}}\div\frac{\sqrt{5}}{\sqrt{21}}=3\sqrt{d}$
- $\frac{\sqrt{2}}{\sqrt{3}}\div\sqrt{\frac{3}{10}}\times\sqrt{\frac{5}{2}}=e\sqrt{2}$

① a ② b ③ c
④ d ⑤ e

22

밑변의 길이가 $3\sqrt{2}$ cm인 삼각형의 넓이가 54 cm^{2}일 때, 이 삼각형의 높이는?

① $3\sqrt{2}$ cm ② $5\sqrt{2}$ cm ③ $9\sqrt{2}$ cm
④ $12\sqrt{2}$ cm ⑤ $18\sqrt{2}$ cm

23

다음 그림의 삼각형과 직사각형의 넓이가 서로 같을 때, x의 값을 구하시오.

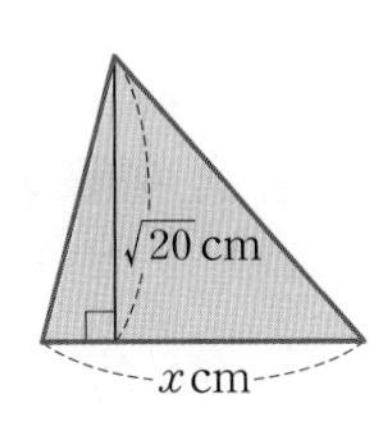

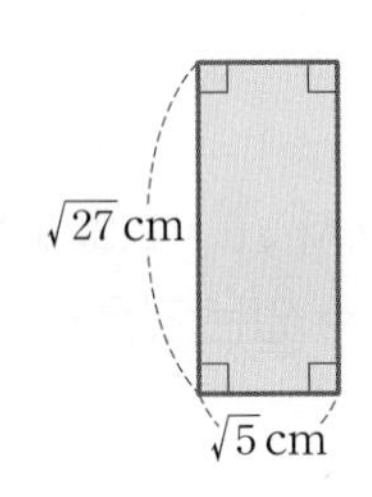

유형 06 제곱근의 덧셈과 뺄셈

24

$6\sqrt{2}+3\sqrt{2}-5\sqrt{2}$를 계산하면?

① $2\sqrt{2}$ ② $4\sqrt{2}$ ③ $6\sqrt{2}$
④ $8\sqrt{2}$ ⑤ $10\sqrt{2}$

25

다음을 계산하시오.

$$\sqrt{5}\left(\sqrt{125}-\frac{3}{\sqrt{5}}\right)+\frac{8}{\sqrt{2}}-3\sqrt{2}$$

26

다음 그림에서 모눈 한 칸은 한 변의 길이가 1인 정사각형이다. $\overline{BA}=\overline{BE}$, $\overline{BC}=\overline{BF}$가 되는 수직선 위의 두 점을 각각 E, F라 할 때, $\overline{EF}$의 길이를 구하시오.

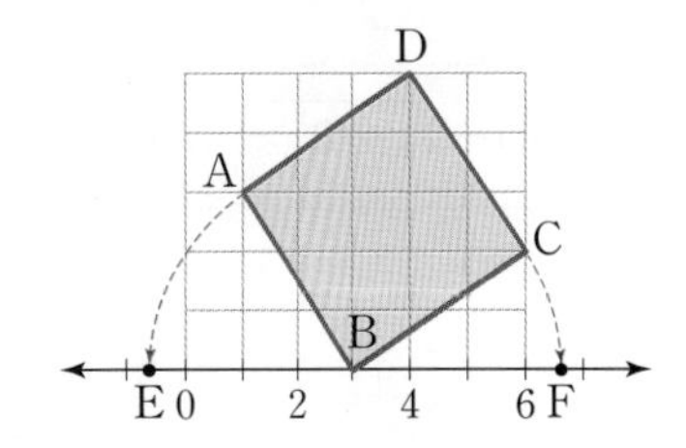

실수 주의

27

다음 그림과 같이 넓이의 비가 1 : 2인 두 정사각형을 서로 이웃하게 붙여서 만든 도형의 넓이가 9 cm^{2}일 때, 이 도형의 둘레의 길이는?

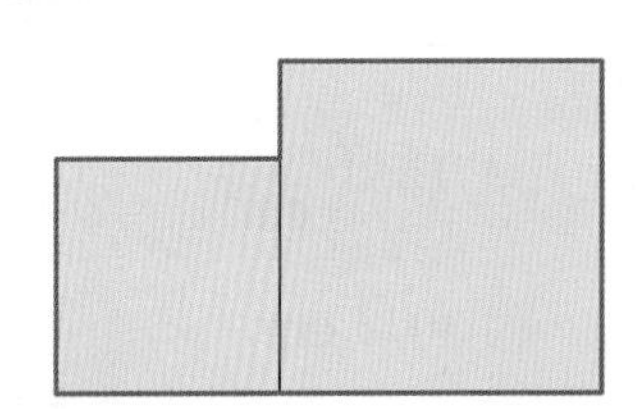

① $(4\sqrt{6}-2)$ cm ② $(2\sqrt{2}+4\sqrt{6})$ cm
③ $(2\sqrt{3}+4\sqrt{6})$ cm ④ $(36-16\sqrt{2})$ cm
⑤ $(72-32\sqrt{2})$ cm

New

28

다음 그림과 같이 한 변의 길이가 4인 정사각형 모양의 칠교판을 사용하여 새로운 도형을 만들 때, 만들어진 도형의 둘레의 길이를 구하시오.

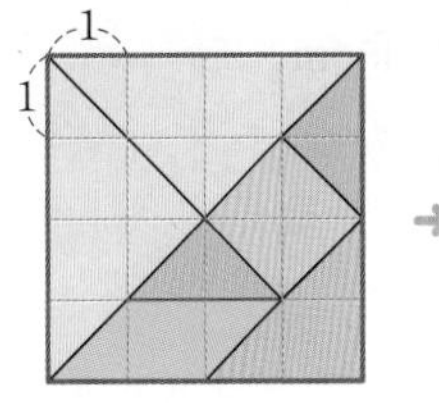

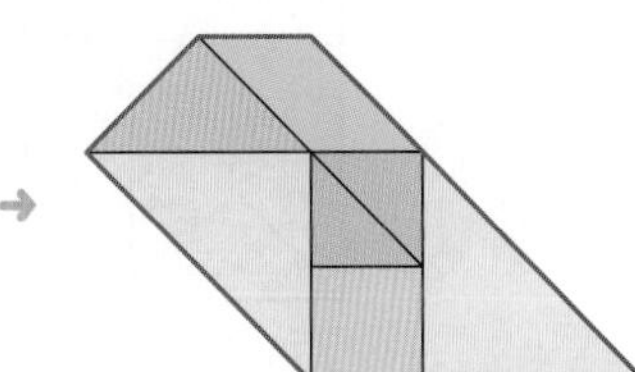

유형 07 근호를 포함한 복잡한 식의 계산 (최다 빈출)

29

다음을 계산한 결과가 $a\sqrt{3}+b\sqrt{6}$일 때, 유리수 a, b에 대하여 $a+b$의 값을 구하시오.

$$(\sqrt{3^3}-\sqrt{54})\div\sqrt{(-3)^2}+3\sqrt{6}(\sqrt{2}+1)$$

30

오른쪽 그림과 같이 윗변의 길이가 $\sqrt{12}$ cm, 아랫변의 길이가 $\sqrt{27}$ cm, 높이가 $\sqrt{6}$ cm인 사다리꼴의 넓이는?

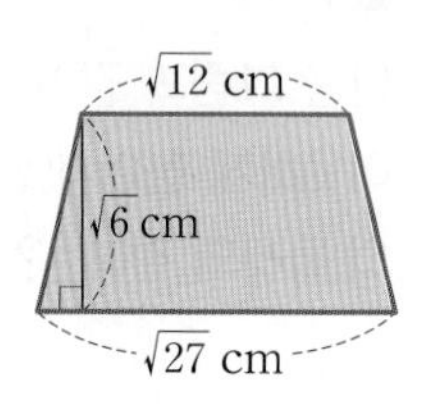

① $\frac{15\sqrt{2}}{2}$ cm^2 ② $\frac{15\sqrt{3}}{2}$ cm^2 ③ $15\sqrt{2}$ cm^2
④ $15\sqrt{3}$ cm^2 ⑤ $30\sqrt{2}$ cm^2

31

다음 그림과 같이 밑면의 가로의 길이가 $(\sqrt{5}+\sqrt{6})$ cm, 세로의 길이가 $\sqrt{24}$ cm, 높이가 $\sqrt{45}$ cm인 직육면체의 겉넓이를 구하시오.

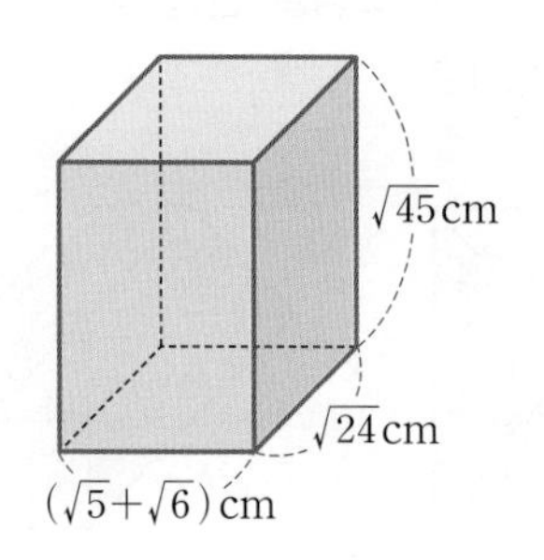

32

$\frac{4}{\sqrt{2}}+\sqrt{2}(\sqrt{2}-a)+\frac{\sqrt{6}+\sqrt{3}}{\sqrt{3}}$이 유리수가 되도록 하는 유리수 a의 값은?

① -2 ② -1 ③ 1
④ 2 ⑤ 3

유형 08 제곱근표를 이용한 제곱근의 값

33

제곱근표에서 $\sqrt{5}=2.236$일 때, 다음 중 이를 이용하여 그 값을 구할 수 없는 것은?

① $\sqrt{0.05}$ ② $\sqrt{20}$ ③ $\sqrt{50}$
④ $\sqrt{500}$ ⑤ $\sqrt{50000}$

34

다음 제곱근표를 이용하여 그 값을 구할 수 있는 것을 보기에서 모두 고른 것은?

수	0	1	2	3	4
60	7.746	7.752	7.759	7.765	7.772
61	7.810	7.817	7.823	7.829	7.836
62	7.874	7.880	7.887	7.893	7.899
63	7.937	7.944	7.950	7.956	7.962
64	8.000	8.006	8.012	8.019	8.025

보기
ㄱ. $\sqrt{633}$ ㄴ. $\sqrt{6240}$
ㄷ. $\sqrt{0.644}$ ㄹ. $\sqrt{0.0602}$

① ㄱ, ㄴ ② ㄱ, ㄷ ③ ㄴ, ㄷ
④ ㄴ, ㄹ ⑤ ㄷ, ㄹ

35

다음 제곱근표를 이용하여 구한 값 중 옳지 않은 것은?

수	0	1	2	3	4
1.3	1.140	1.145	1.149	1.153	1.158
1.4	1.183	1.187	1.192	1.196	1.200
1.5	1.225	1.229	1.233	1.237	1.241
1.6	1.265	1.269	1.273	1.277	1.281
1.7	1.304	1.308	1.311	1.315	1.319

① $\sqrt{150}=12.25$ ② $\sqrt{142}=11.92$
③ $\sqrt{0.0173}=0.1315$ ④ $\sqrt{13400}=115.8$
⑤ $\sqrt{1330}=11.53$

유형 09 실수의 대소 관계

36

다음 중 두 실수의 대소 관계가 옳지 않은 것은?

① $12>\sqrt{3}+10$
② $8-2\sqrt{3}>2\sqrt{3}+1$
③ $2\sqrt{3}-3\sqrt{2}<-3\sqrt{2}+\sqrt{3}$
④ $\sqrt{5}-2\sqrt{3}>\sqrt{3}-2\sqrt{5}$
⑤ $\sqrt{5}-\sqrt{3}>\sqrt{2}-\sqrt{3}$

37

두 실수의 대소 관계가 옳은 것을 보기에서 모두 고른 것은?

보기
ㄱ. $1+\sqrt{3}<3-\sqrt{3}$
ㄴ. $3\sqrt{3}-4<3-\sqrt{3}$
ㄷ. $-1+\sqrt{2}<1-\sqrt{2}$
ㄹ. $5\sqrt{3}-\sqrt{12}<\sqrt{2}+\sqrt{18}$

① ㄱ, ㄴ ② ㄱ, ㄷ ③ ㄴ, ㄷ
④ ㄴ, ㄹ ⑤ ㄷ, ㄹ

38

다음 중 세 수 $a=\sqrt{12}-\sqrt{3}$, $b=\sqrt{3}+3$, $c=3\sqrt{3}-4$의 대소 관계를 바르게 나타낸 것은?

① $a<b<c$ ② $b<a<c$ ③ $b<c<a$
④ $c<a<b$ ⑤ $c<b<a$

up 유형 10 무리수의 정수 부분과 소수 부분

39

$3+\sqrt{2}$의 정수 부분을 a, 소수 부분을 b라 할 때, $a+3b$의 값은?

① $-\sqrt{2}+4$ ② $-2+3\sqrt{2}$
③ $1+3\sqrt{2}$ ④ $5+\sqrt{2}$
⑤ 7

40

$\sqrt{18}$의 소수 부분을 a, $3-\sqrt{2}$의 소수 부분을 b라 할 때, $a+b$의 값은?

① $-2-\sqrt{2}$ ② $-2+2\sqrt{2}$
③ $3-2\sqrt{2}$ ④ $3+\sqrt{2}$
⑤ $3+2\sqrt{2}$

41

$\sqrt{10}-1$의 정수 부분을 a, 소수 부분을 b라 할 때, $\dfrac{20}{3a+2b}$의 값은?

① $\sqrt{10}-1$ ② $\sqrt{10}$ ③ $\sqrt{10}+1$
④ $\sqrt{10}+2$ ⑤ $\sqrt{10}+3$

전국 1000여 개 학교 시험 문제를 분석하여 출제율 높은 서술형 문제만 선별했어요!

01

$\sqrt{0.4}=a\sqrt{10}$, $\sqrt{\frac{63}{25}}=b\sqrt{7}$일 때, a, b의 값을 각각 구하시오. (단, a, b는 유리수) [4점]

채점 기준 1 a의 값 구하기 … 2점

$\sqrt{0.4}=\sqrt{\frac{4}{10}}=\sqrt{\frac{\square^2}{10}}=\frac{\square}{\sqrt{10}}=\_\_\_\_\sqrt{10}$

$\therefore a=\_\_\_\_$

채점 기준 2 b의 값 구하기 … 2점

$\sqrt{\frac{63}{25}}=\sqrt{\frac{\square^2\times\square}{5^2}}=\_\_\_\_\sqrt{7}$

$\therefore b=\_\_\_\_$

01-1

숫자 바꾸기

$\sqrt{0.24}=a\sqrt{6}$, $\sqrt{\frac{125}{16}}=b\sqrt{5}$일 때, a, b의 값을 각각 구하시오. (단, a, b는 유리수) [4점]

채점 기준 1 a의 값 구하기 … 2점

채점 기준 2 b의 값 구하기 … 2점

02

$4\sqrt{2}$의 정수 부분을 a, 소수 부분을 b라 할 때, 다음 물음에 답하시오. [6점]

(1) a, b의 값을 각각 구하시오. [4점]

(2) $\sqrt{2}a+b$의 값을 구하시오. [2점]

(1) **채점 기준 1** a, b의 값 각각 구하기 … 4점

$4\sqrt{2}$를 $\sqrt{a}$ 꼴로 나타내면 $____$이고,

$\sqrt{25}<____<\sqrt{36}$에서

$5<____<____$이므로

$4\sqrt{2}$의 정수 부분은 $\_\_\_\_$ $\quad\therefore a=\_\_\_\_$

$\therefore b=\_\_\_\_$

(2) **채점 기준 2** $\sqrt{2}a+b$의 값 구하기 … 2점

$\sqrt{2}a+b=\_\_\_\_\_\_\_\_$

$=\_\_\_\_$

02-1

숫자 바꾸기

$2\sqrt{10}$의 정수 부분을 a, 소수 부분을 b라 할 때, 다음 물음에 답하시오. [6점]

(1) a, b의 값을 각각 구하시오. [4점]

(2) $\sqrt{10}a-3b$의 값을 구하시오. [2점]

(1) **채점 기준 1** a, b의 값 각각 구하기 … 4점

(2) **채점 기준 2** $\sqrt{10}a-3b$의 값 구하기 … 2점

02-2

응용 서술형

$5-2\sqrt{3}$의 정수 부분을 a, 소수 부분을 b라 할 때, $\sqrt{3}a-b$의 값을 구하시오. [6점]

• 정답 및 풀이 19쪽

03

$\sqrt{3.9}=x$, $\sqrt{39}=y$일 때, $\sqrt{390}+\sqrt{0.39}$를 x, y를 사용하여 나타내시오. [5점]

04

다음 식을 만족시키는 유리수 a, b에 대하여 $\sqrt{ab}$의 값을 구하시오. [5점]

- $\sqrt{18}\div\sqrt{24}\times\sqrt{84}=a\sqrt{7}$
- $5\sqrt{3}-\sqrt{12}+\sqrt{27}=b\sqrt{3}$

05

$a\sqrt{2}(3-\sqrt{2})+\sqrt{2}(1+2\sqrt{2})$가 유리수가 되도록 하는 유리수 a의 값을 구하시오. [6점]

06

다음 그림과 같이 가로의 길이가 $7\sqrt{6}$ m, 세로의 길이가 $5\sqrt{3}$ m인 직사각형 모양의 밭을 직사각형 3개, 정사각형 1개의 부분으로 나누어 각각 토마토, 감자, 고추, 고구마를 심었다. 토마토를 심은 밭은 넓이가 24 m^2인 정사각형 모양일 때, 고구마를 심은 밭의 넓이를 구하시오. [6점]

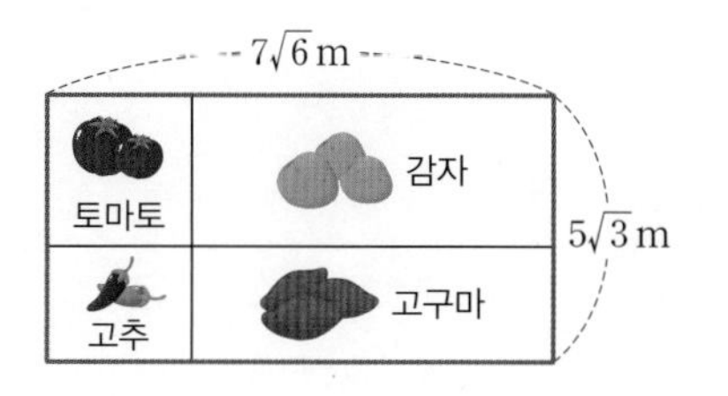

07

주어진 제곱근표를 이용하여 다음 물음에 답하시오. [7점]

수	0	1	2	3	4	5
10	3.162	3.178	3.194	3.209	3.225	3.240
11	3.317	3.332	3.347	3.362	3.376	3.391
12	3.464	3.479	3.493	3.507	3.521	3.536
13	3.606	3.619	3.633	3.647	3.661	3.674
14	3.742	3.755	3.768	3.782	3.795	3.808
15	3.873	3.886	3.899	3.912	3.924	3.937

(1) $\sqrt{10}$의 값을 구하시오. [1점]

(2) $\sqrt{1230}$의 값을 구하시오. [2점]

(3) $\sqrt{a}$의 값이 3.391인 a의 값을 구하시오. [2점]

(4) $\sqrt{b}$의 값이 0.3937인 b의 값을 구하시오. [2점]

실전! 중단원 학교 시험 1회

학교 선생님들이 출제하신 진짜 학교 시험 문제예요!

01

$2\sqrt{7}\times4\sqrt{2}$를 계산하면? [3점]

① $6\sqrt{7}$ ② $8\sqrt{7}$ ③ $6\sqrt{14}$
④ $8\sqrt{14}$ ⑤ $16\sqrt{7}$

02

다음 중 계산 결과가 옳지 않은 것은? [3점]

① $\sqrt{2}\times\sqrt{15}=\sqrt{30}$ ② $\sqrt{\frac{15}{2}}\div\sqrt{\frac{5}{6}}=\sqrt{3}$
③ $\sqrt{35}\div\sqrt{7}=\sqrt{5}$ ④ $\sqrt{\frac{27}{4}}\times\sqrt{\frac{8}{3}}=3\sqrt{2}$
⑤ $4\sqrt{10}\div(-2\sqrt{5})=-2\sqrt{2}$

03

다음 중 □ 안에 알맞은 수가 가장 큰 것은? [3점]

① $\sqrt{24}=2\sqrt{\square}$ ② $\sqrt{45}=3\sqrt{\square}$
③ $\sqrt{28}=2\sqrt{\square}$ ④ $\sqrt{96}=\square\sqrt{6}$
⑤ $\sqrt{27}=\square\sqrt{3}$

04

가로의 길이가 10 cm, 세로의 길이가 2 cm인 직사각형과 넓이가 같은 정사각형의 한 변의 길이는? [3점]

① $2\sqrt{3}$ cm ② 4 cm ③ $3\sqrt{2}$ cm
④ $2\sqrt{5}$ cm ⑤ $5\sqrt{2}$ cm

05

자연수 a, b에 대하여 $\sqrt{150a}=b\sqrt{3}$일 때, $a+b$의 값 중 가장 작은 수는? [4점]

① 10 ② 12 ③ 14
④ 15 ⑤ 16

06

$\sqrt{2}=a$, $\sqrt{3}=b$라 할 때, $\sqrt{450}$을 a, b를 사용하여 나타내면? [4점]

① $5ab$ ② $15ab$ ③ ab^2
④ $5ab^2$ ⑤ $5a^2b$

07

$a=\sqrt{3}$이고, $b=a+\frac{1}{a}$일 때, b는 a의 몇 배인가? [5점]

① $\frac{1}{3}$배 ② $\frac{2}{3}$배 ③ $\frac{4}{3}$배
④ $\sqrt{3}$배 ⑤ 3배

08

$\frac{\sqrt{6}+\sqrt{12}}{2\sqrt{8}}$의 분모를 유리화하면 $A\sqrt{3}+B\sqrt{6}$일 때, 유리수 A, B에 대하여 $A+B$의 값은? [4점]

① -1 ② $-\frac{1}{2}$ ③ 0
④ $\frac{1}{2}$ ⑤ 1

09

부피가 $120\sqrt{6}\,\text{cm}^3$인 직육면체의 밑면의 가로의 길이와 세로의 길이가 각각 $3\sqrt{5}\,\text{cm}$, $\sqrt{10}\,\text{cm}$일 때, 이 직육면체의 높이는? [4점]

① $4\sqrt{2}\,\text{cm}$ ② $4\sqrt{3}\,\text{cm}$ ③ $4\sqrt{6}\,\text{cm}$
④ $8\sqrt{2}\,\text{cm}$ ⑤ $8\sqrt{3}\,\text{cm}$

10

$a>0$, $b>0$이고, $a+b=9$, $ab=18$일 때,
$\sqrt{\frac{b}{a}}+\sqrt{\frac{a}{b}}$의 값은? [5점]

① $\frac{\sqrt{2}}{3}$ ② $\frac{\sqrt{2}}{2}$ ③ $\frac{3\sqrt{2}}{2}$
④ 3 ⑤ $3\sqrt{2}$

11

$\sqrt{5}+2\sqrt{7}+\sqrt{45}-\sqrt{b}=a\sqrt{5}$일 때, 유리수 a, b에 대하여 $b-a$의 값은? [4점]

① 22 ② 24 ③ 26
④ 28 ⑤ 30

12

$\frac{\sqrt{10}+2\sqrt{3}}{\sqrt{2}}+\frac{\sqrt{15}-3\sqrt{2}}{\sqrt{3}}$를 계산하면? [4점]

① $2\sqrt{5}$ ② $2\sqrt{6}$ ③ $\sqrt{5}-\sqrt{6}$
④ $2\sqrt{5}-\sqrt{6}$ ⑤ $5\sqrt{5}-\sqrt{6}$

13

$\sqrt{54}\left(\frac{1}{\sqrt{3}}-\frac{1}{\sqrt{6}}\right)+a(2-\sqrt{2})$가 유리수가 되도록 하는 유리수 a의 값은? [4점]

① 2 ② 3 ③ 4
④ 5 ⑤ 6

14

다음 그림과 같이 넓이가 각각 20 cm^2, 125 cm^2, 45 cm^2인 세 정사각형에서 $\overline{AB}+\overline{BC}$의 길이는? [4점]

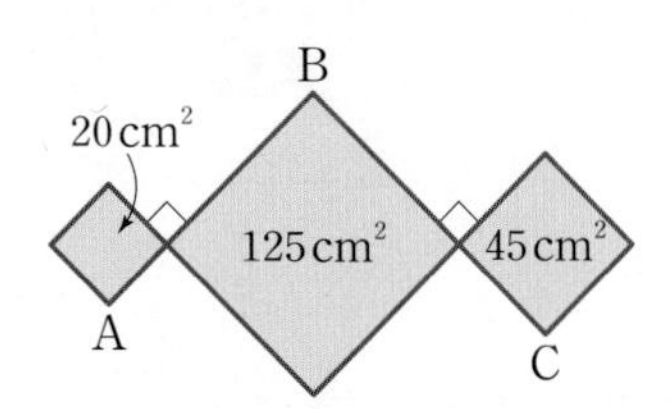

① $12\sqrt{5}$ cm ② $13\sqrt{5}$ cm ③ $14\sqrt{5}$ cm
④ $15\sqrt{5}$ cm ⑤ $16\sqrt{5}$ cm

15

다음 그림과 같이 수직선 위에 정사각형 ABCD가 있다. 점 A의 좌표가 4, 점 C의 좌표가 10이고, $\overline{AD}=\overline{AP}$, $\overline{CD}=\overline{CQ}$일 때, $\overline{PQ}$의 길이는? [4점]

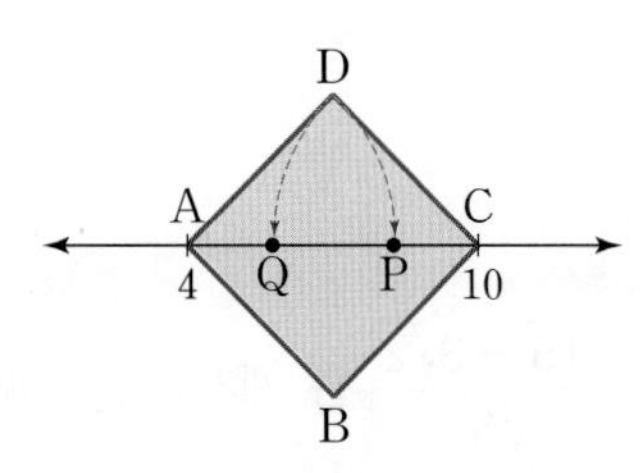

① $\sqrt{2}-1$ ② $3\sqrt{2}-3$ ③ $6-3\sqrt{2}$
④ $6\sqrt{2}-6$ ⑤ $6-2\sqrt{2}$

16

다음 제곱근표를 이용하여 $\sqrt{452}$의 값을 구하면? [3점]

수	0	1	2	3	4
4.2	2.049	2.052	2.054	2.057	2.059
4.3	2.074	2.076	2.078	2.081	2.083
4.4	2.098	2.100	2.102	2.105	2.107
4.5	2.121	2.124	2.126	2.128	2.131
4.6	2.145	2.147	2.149	2.152	2.154

① 20.59 ② 20.76 ③ 21.02
④ 21.21 ⑤ 21.26

17

다음 중 두 실수의 대소 관계가 옳은 것은? [5점]

① $\sqrt{3}+2\sqrt{2}<\sqrt{3}+\sqrt{5}$
② $-\sqrt{24}>-4$
③ $3\sqrt{2}<\sqrt{6}+\sqrt{2}$
④ $4\sqrt{3}-1>2\sqrt{13}-1$
⑤ $4-\sqrt{3}<2\sqrt{3}$

18

$7-2\sqrt{6}$의 정수 부분을 a, 소수 부분을 b라 할 때, $4a-b$의 값은? [4점]

① $-3-2\sqrt{6}$ ② $-4+3\sqrt{6}$
③ $5-\sqrt{6}$ ④ $2\sqrt{6}$
⑤ $3+2\sqrt{6}$

서술형

19

자연수 a, b에 대하여 $\sqrt{250}=a\sqrt{10}$, $4\sqrt{5}=\sqrt{b}$일 때, $\frac{b}{a}$의 값을 구하시오. [6점]

20

$(2\sqrt{3}+\sqrt{6})\div\sqrt{3}-\sqrt{5}(\sqrt{5}-\sqrt{10})$을 계산하시오. [4점]

21

다음 그림과 같은 사다리꼴과 직사각형의 넓이가 서로 같을 때, 직사각형의 세로의 길이를 구하시오. [6점]

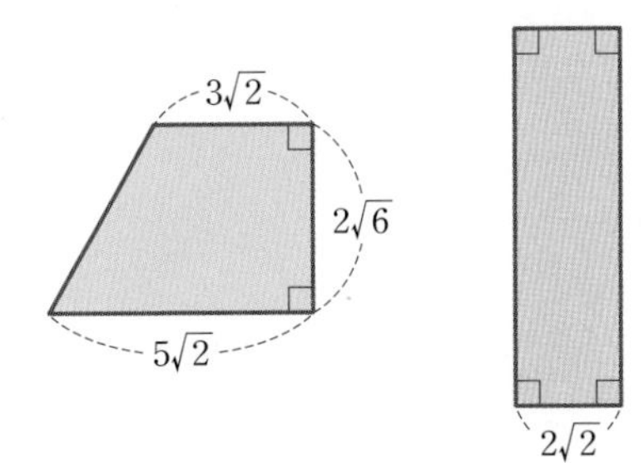

22

$A=\sqrt{2}\times\sqrt{3}\times\sqrt{18}$, $B=6\sqrt{5}-4\sqrt{5}+2\sqrt{5}$, $C=4\sqrt{3}+4$일 때, 세 실수 A, B, C의 대소 관계를 알아보려고 한다. 다음 물음에 답하시오. [7점]

(1) 두 수 A, B의 대소 관계를 부등호를 사용하여 나타내시오. [3점]

(2) 두 수 A, C의 대소 관계를 부등호를 사용하여 나타내시오. [3점]

(3) 세 수 A, B, C의 대소 관계를 부등호를 사용하여 나타내시오. [1점]

23

$\sqrt{2}$의 소수 부분을 a라 할 때, $\sqrt{18}$의 소수 부분을 a를 사용하여 나타내시오. [7점]

학교 선생님들이 출제하신 진짜 학교 시험 문제예요!

01

$\sqrt{125} \times \sqrt{\frac{3}{25}}$ 을 계산하면? [3점]

① $\sqrt{8}$ ② $\sqrt{15}$ ③ $3\sqrt{5}$
④ $5\sqrt{3}$ ⑤ $\frac{3}{5}$

02

다음 중 계산 결과가 나머지 넷과 다른 하나는? [4점]

① $\sqrt{2} \times \sqrt{5}$ ② $\sqrt{\frac{4}{3}} \times \sqrt{\frac{15}{2}}$
③ $\sqrt{30} \div \sqrt{3}$ ④ $\sqrt{\frac{35}{6}} \div \sqrt{\frac{5}{12}}$
⑤ $\sqrt{6} \div \frac{\sqrt{3}}{\sqrt{5}}$

03

다음 그림과 같이 넓이가 각각 60, 108인 두 정사각형 모양의 화단에 이웃한 직사각형 모양의 화단의 넓이는?
(단, 화단의 테두리의 두께는 무시한다.) [3점]

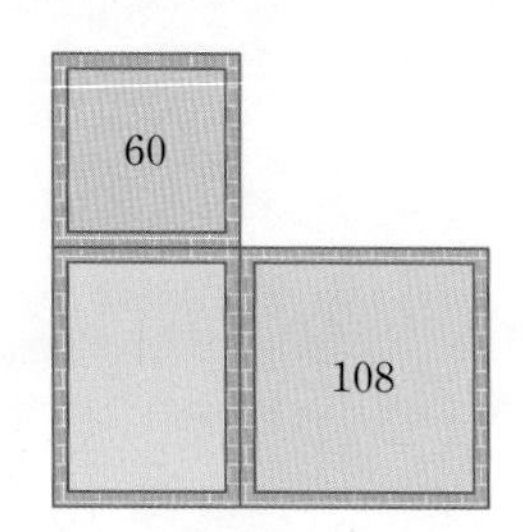

① $12\sqrt{3}$ ② $12\sqrt{15}$ ③ $24\sqrt{3}$
④ $36\sqrt{3}$ ⑤ $36\sqrt{5}$

04

다음 수를 $a\sqrt{b}$ 꼴로 나타낼 때, 근호 안의 b의 값이 나머지 넷과 다른 하나는?
(단, a는 유리수, b는 가장 작은 자연수) [4점]

① $\sqrt{18}$ ② $\sqrt{32}$ ③ $-\sqrt{50}$
④ $\sqrt{54}$ ⑤ $-\sqrt{98}$

05

닮음비가 1 : 2인 두 정사각형의 넓이의 합이 90 cm^{2}일 때, 작은 정사각형의 한 변의 길이는? [3점]

① $2\sqrt{2}$ cm ② $2\sqrt{3}$ cm ③ $3\sqrt{2}$ cm
④ $2\sqrt{5}$ cm ⑤ $\sqrt{30}$ cm

06

$\sqrt{3}=a$, $\sqrt{5}=b$라 할 때, $\sqrt{180}$을 a, b를 사용하여 나타내면? [4점]

① $2ab$ ② $2a^3b$ ③ a^2b
④ $2a^2b$ ⑤ $2ab^2$

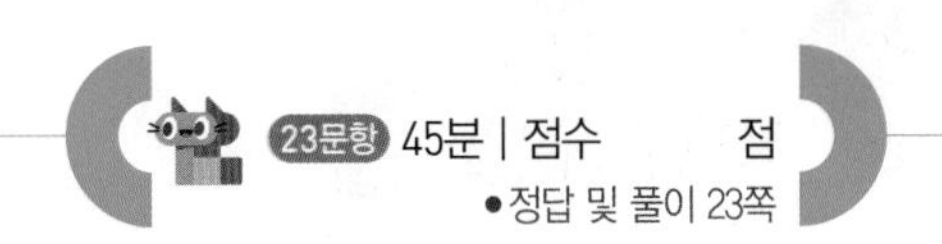

07

$\frac{8}{5\sqrt{2}}$ 의 분모를 유리화하면? [3점]

① $\frac{4\sqrt{2}}{5}$ ② $\frac{8\sqrt{2}}{5}$ ③ $3\sqrt{2}$
④ $8\sqrt{10}$ ⑤ $40\sqrt{2}$

08

다음 그림은 밑면이 직사각형인 사각뿔이다. 밑면의 가로의 길이와 세로의 길이가 각각 $3\sqrt{3}$ cm, $2\sqrt{6}$ cm이고 부피가 $24\sqrt{10}$ cm^{3}일 때, 이 사각뿔의 높이는? [4점]

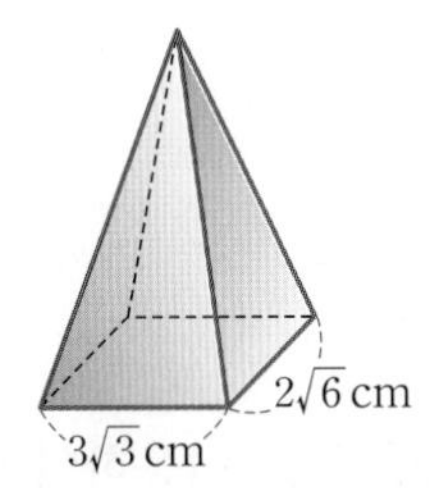

① $2\sqrt{5}$ cm ② $2\sqrt{10}$ cm ③ $4\sqrt{5}$ cm
④ $4\sqrt{10}$ cm ⑤ $8\sqrt{5}$ cm

09

$\sqrt{3}=a$, $\sqrt{30}=b$라 할 때, 다음 중 옳지 않은 것은? [4점]

① $\sqrt{0.003}=\frac{b}{100}$ ② $\sqrt{0.03}=\frac{a}{10}$
③ $\sqrt{0.3}=\frac{b}{10}$ ④ $\sqrt{300}=10a$
⑤ $\sqrt{30000}=10b$

10

$\sqrt{72}+\sqrt{27}-\sqrt{75}-\sqrt{18}=a\sqrt{2}+b\sqrt{3}$일 때, 유리수 a, b에 대하여 $a-b$의 값은? [4점]

① 1 ② 2 ③ 3
④ 4 ⑤ 5

11

다음 그림과 같이 넓이가 각각 9 cm^2, 36 cm^2, 25 cm^{2}인 세 직각이등변삼각형을 세 빗변이 한 직선 위에 있도록 꼭짓점끼리 붙여 놓았을 때, $\overline{AB}+\overline{BC}$의 길이는? [4점]

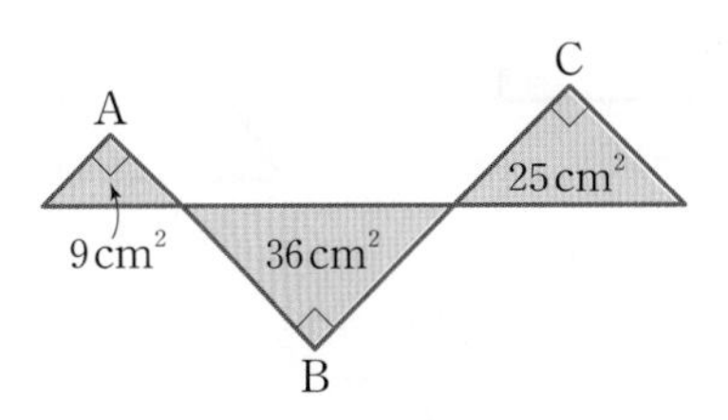

① $14\sqrt{2}$ cm ② 20 cm ③ $18\sqrt{2}$ cm
④ $20\sqrt{2}$ cm ⑤ 40 cm

12

$\frac{10+\sqrt{15}}{\sqrt{5}}-\frac{6+\sqrt{15}}{\sqrt{3}}$ 를 계산하면? [4점]

① $-\sqrt{3}$ ② $\sqrt{5}-\sqrt{3}$ ③ $\sqrt{5}$
④ $2\sqrt{5}-\sqrt{3}$ ⑤ $3\sqrt{5}-2\sqrt{3}$

13

$4(3\sqrt{3}-a)-a\sqrt{12}$가 유리수가 되도록 하는 유리수 a의 값은? [4점]

① 3　② 4　③ 5
④ 6　⑤ 7

14

다음 그림과 같은 직사각형과 직각삼각형의 둘레의 길이가 서로 같을 때, x의 값은? [5점]

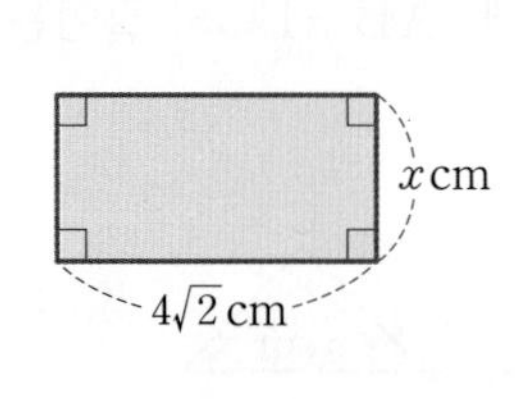

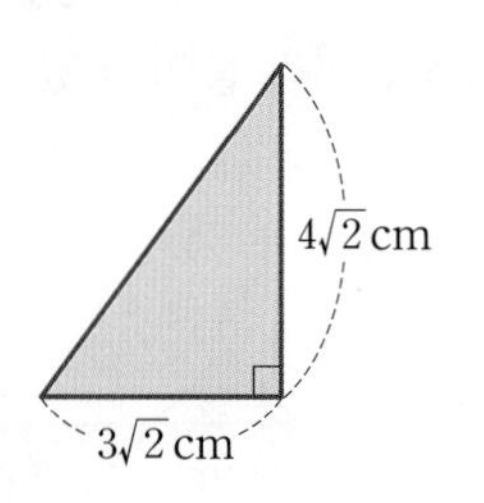

① $\sqrt{2}$　② $2\sqrt{2}$　③ $3\sqrt{2}$
④ $4\sqrt{2}$　⑤ $5\sqrt{6}$

15

$f(x)=\sqrt{x+1}-\sqrt{x}$일 때,
$f(1)+f(2)+f(3)+\cdots+f(98)+f(99)$의 값은? [5점]

① 1　② 9　③ 10
④ $10+\sqrt{2}$　⑤ $10+3\sqrt{11}$

[16 ~ 17] 아래 표는 제곱근표의 일부를 나타낸 것이다. 제곱근표를 이용하여 다음 물음에 답하시오.

수	0	1	2	3	4
10	3.162	3.178	3.194	3.209	3.225
11	3.317	3.332	3.347	3.362	3.376
12	3.464	3.479	3.493	3.507	3.521
13	3.606	3.619	3.633	3.647	3.661
14	3.742	3.755	3.768	3.782	3.795
15	3.873	3.886	3.899	3.912	3.924
16	4.000	4.012	4.025	4.037	4.050
17	4.123	4.135	4.147	4.159	4.171
18	4.243	4.254	4.266	4.278	4.290
19	4.359	4.370	4.382	4.393	4.405

16

$\sqrt{18.3}$의 값은? [3점]

① 4.243　② 4.254　③ 4.266
④ 4.278　⑤ 4.290

17

다음 중 위의 제곱근표를 이용하여 구한 값으로 옳지 않은 것은? [4점]

① $\sqrt{0.102}=0.3194$　② $\sqrt{0.114}=0.3376$
③ $\sqrt{0.16}=0.4$　④ $\sqrt{182}=42.66$
⑤ $\sqrt{1940}=44.05$

18

다음 중 세 수 $A=3\sqrt{2}+\sqrt{5}$, $B=3\sqrt{5}$, $C=4\sqrt{5}-2\sqrt{2}$의 대소 관계를 바르게 나타낸 것은? [5점]

① $A<B<C$　② $B<A<C$　③ $B<C<A$
④ $C<A<B$　⑤ $C<B<A$

서술형

19

유리수 a, b에 대하여 $\sqrt{54}=a\sqrt{6}$, $2\sqrt{15}=\sqrt{b}$일 때, $a+b$의 값을 구하시오. [4점]

20

$\sqrt{2}(\sqrt{6}+4\sqrt{3})-\frac{9}{\sqrt{3}}+\sqrt{54}=a\sqrt{3}+b\sqrt{6}$일 때, 유리수 a, b에 대하여 $a+b$의 값을 구하시오. [6점]

21

다음 그림과 같이 수직선 위에 두 정사각형 ABCD, EFGH가 있다. A(-2), C(0), E(1), G(5)이고, $\overline{AD}=\overline{AP}$, $\overline{EH}=\overline{EQ}$일 때, $\overline{PQ}$의 길이를 구하시오. [7점]

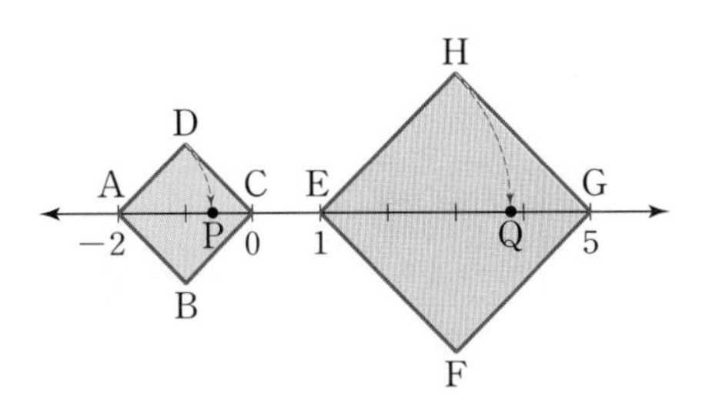

22

다음 그림과 같이 넓이가 각각 24 cm², 32 cm², 98 cm², 150 cm²인 네 개의 정사각형 모양의 색종이를 서로 이웃하게 붙여서 만든 도형의 둘레의 길이를 구하시오. [6점]

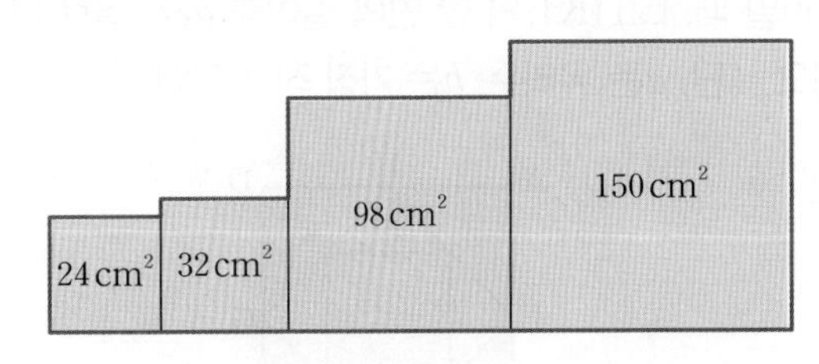

23

$\sqrt{45}$의 정수 부분을 a, $5-\sqrt{5}$의 소수 부분을 b라 할 때, $3a-b$의 값을 구하시오. [7점]

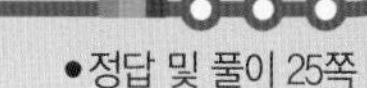

• 정답 및 풀이 25쪽

중학교 수학 교과서 10종을 분석한 교과서별 출제 예상 문제예요!

01 천재 변형

다음 그림과 같이 정사각형의 각 변의 중점을 연결하여 정사각형을 2번 연속 만들었다. □ABCD의 넓이가 300일 때, □IJKL의 한 변의 길이를 $a\sqrt{b}$ 꼴로 나타내시오. (단, a는 유리수, b는 가장 작은 자연수)

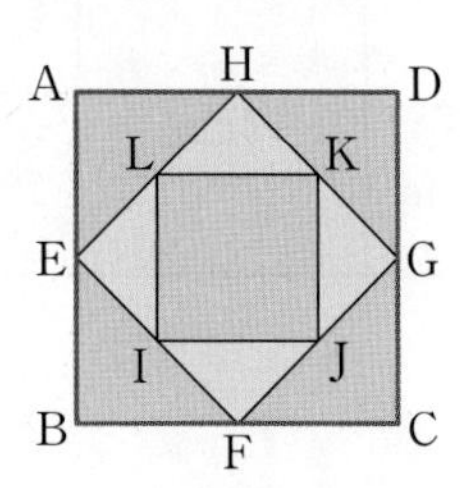

02 지학사 변형

다음 그림과 같이 한 변의 길이가 $5\sqrt{2}$ cm, $5\sqrt{3}$ cm인 정사각형 모양의 색종이를 오려 붙여 정사각형 모양의 큰 종이를 새로 만들었다. 이때 새로 만들어진 정사각형의 한 변의 길이를 구하시오.

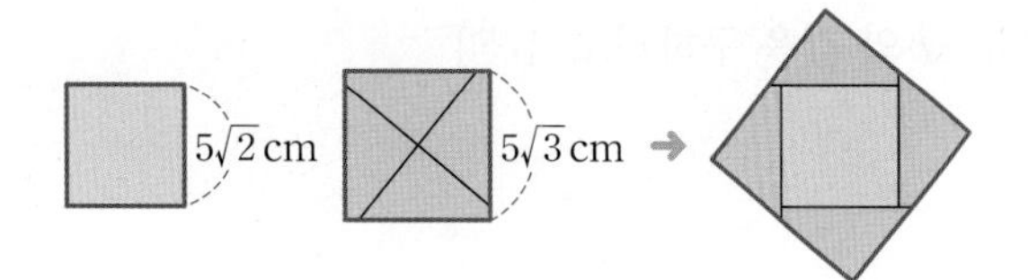

03 동아 변형

다음 그림과 같이 한 변의 길이가 8인 정사각형에서 네 변의 중점을 연결한 정사각형을 연속해서 3번 그렸을 때, 색칠한 도형의 둘레의 길이의 합을 구하시오.

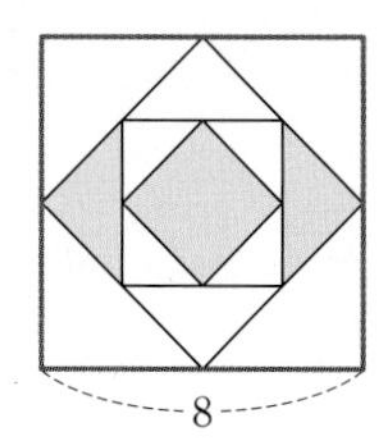

04 비상 변형

칠교놀이는 정사각형 모양을 7개의 조각으로 나누어 여러 가지 모양을 만드는 놀이이다. 칠교판은 다음과 같이 직각이등변삼각형 5개, 정사각형 1개, 평행사변형 1개로 나누어진다. 아래 그림과 같이 한 변의 길이가 4 cm인 정사각형 모양의 칠교판을 사용하여 만든 집 모양의 도형의 둘레의 길이를 구하시오.

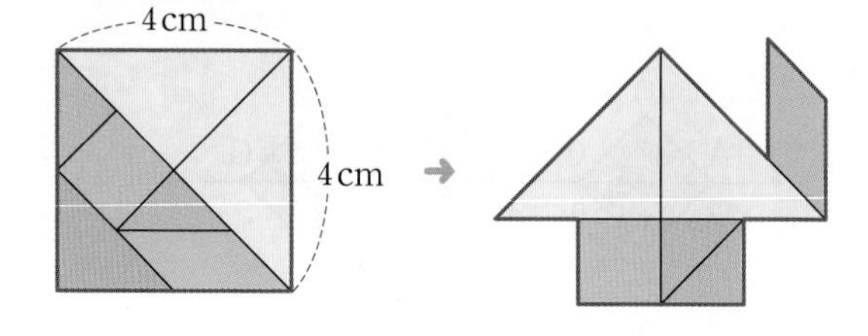

1 다항식의 곱셈

2 인수분해

단원별로 학습 계획을 세워 실천해 보세요.

학습 날짜	월 일	월 일	월 일	월 일
학습 계획				
학습 실행도	0 100	0 100	0 100	0 100
자기 반성				

1 다항식의 곱셈

1 다항식과 다항식의 곱셈

(1) 분배법칙을 이용하여 식을 전개한다.

(2) 동류항이 있으면 (1) 끼리 모아서 간단히 한다.

$$(a+b)(c+d)=\underset{①}{ac}+\underset{②}{ad}+\underset{③}{bc}+\underset{④}{bd}$$

2 곱셈 공식

(1) $(a+b)^2=a^2+2ab+b^2$

(2) $(a-b)^2=a^2-2ab+b^2$

(3) $(a+b)(a-b)=a^2-b^2$

(4) $(x+a)(x+b)=x^2+(a+b)x+ab$

(5) $(ax+b)(cx+d)=acx^2+(ad+bc)x+bd$

참고 곱셈 공식은 다음과 같이 도형의 넓이를 이용하여 생각할 수도 있다.

(1)

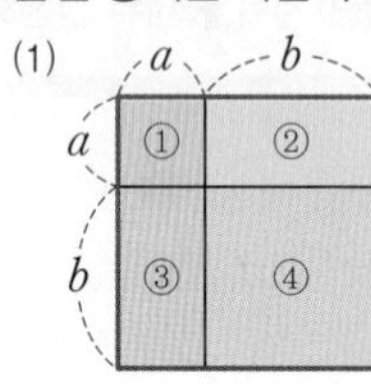

$(a+b)^2=$(큰 정사각형의 넓이)
$=①+②+③+④$
$=a^2+ab+ab+b^2$
$=a^2+2ab+b^2$

(2)

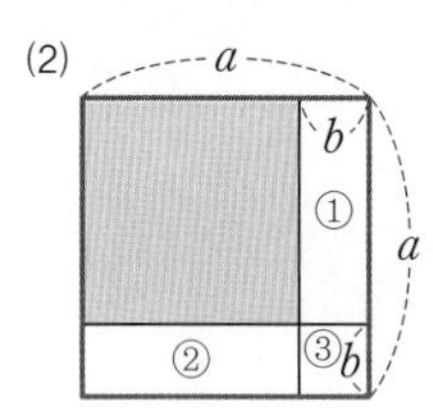

$(a-b)^2=$(색칠한 정사각형의 넓이)
$=a^2-①-②-③$
$=a^2-b(a-b)-b(a-b)-b^2$
$=a^2-2ab+b^2$

(3)

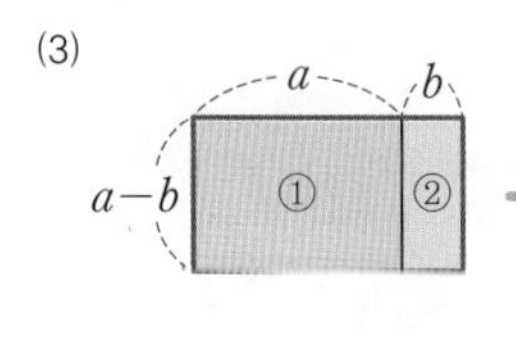

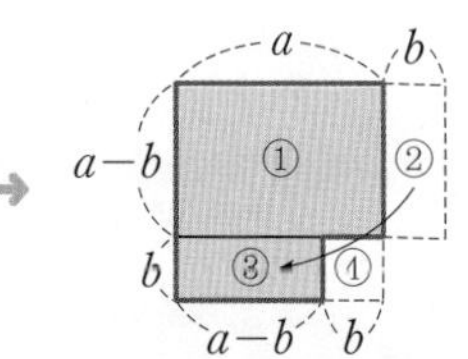

$(a+b)(a-b)=$(색칠한 직사각형의 넓이)
$=①+②=①+$ (2)
$=a^2-④$
$=a^2-b^2$

(4)

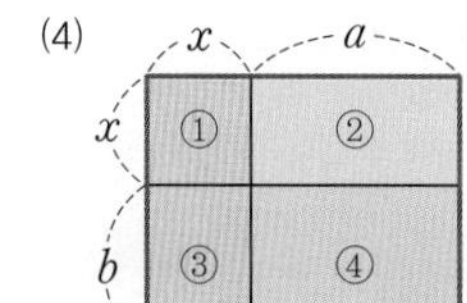

$(x+a)(x+b)=$(큰 직사각형의 넓이)
$=①+②+③+④$
$=x^2+ax+bx+ab$
$=x^2+(a+b)x+ab$

(5)

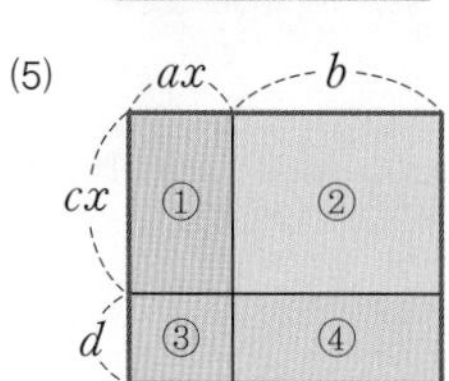

$(ax+b)(cx+d)=$(큰 직사각형의 넓이)
$=①+②+③+④$
$=acx^2+bcx+adx+bd$
$=acx^2+(ad+bc)x+bd$

답 (1) 동류항 (2) ③

개념 check

1 다음 식을 전개하시오.

(1) $(3a-1)(2b+3)$

(2) $(a+2b)(2c-3d)$

(3) $(2a-3b)(5c+d)$

(4) $(2x+1)(x+3y-2)$

2 다음 식을 전개하시오.

(1) $(2a+5b)^2$

(2) $(6a-4b)^2$

(3) $(4a-7b)(4a+7b)$

(4) $\left(\frac{1}{3}x+2y\right)\left(\frac{1}{3}x-2y\right)$

(5) $(x-6)(x+8)$

(6) $\left(x+\frac{1}{2}\right)\left(x+\frac{1}{3}\right)$

(7) $(2x+3)(3x-2)$

(8) $(5x-2)(3x+4)$

3 다음 식을 전개하시오.

(1) $(2x-y+1)^2$

(2) $(x+y+1)(x+y-1)$

3 복잡한 식의 전개

(1) 공통인 부분이 있으면 공통인 부분을 [(3)]하여 전개한다.

(2) ( )( )( )( ) 꼴의 전개는 치환이 가능하도록 두 개씩 짝을 지어 전개한다. 이때 상수항의 합이 같은 것끼리 짝 지으면 편리하다.

4 곱셈 공식을 이용한 수의 계산

(1) 수의 제곱의 계산

곱셈 공식 $(a+b)^2=a^2+2ab+b^2$ 또는 $(a-b)^2=a^2-2ab+b^2$을 이용하여 계산한다.

(2) 두 수의 곱의 계산

곱셈 공식 $(a+b)(a-b)=a^2-b^2$ 또는 $(x+a)(x+b)=x^2+(a+b)x+ab$를 이용하여 계산한다.

(3) 제곱근의 계산

곱셈 공식을 이용하여 다항식의 곱셈처럼 계산할 수 있다.

① $(\sqrt{a}+\sqrt{b})^2=a+2\sqrt{ab}+b$

② $(\sqrt{a}-\sqrt{b})^2=a-2\sqrt{ab}+b$

③ $(\sqrt{a}+\sqrt{b})(\sqrt{a}-\sqrt{b})=a-b$

5 분모에 무리수가 있는 경우의 분모의 유리화

곱셈 공식 $(a+b)(a-b)=$ [(4)]을 이용하여 분모를 유리화한다.

$b>0$이고 a, b는 유리수, c는 실수일 때,

(1) $\dfrac{c}{a+\sqrt{b}}=\dfrac{c(a-\sqrt{b})}{(a+\sqrt{b})(a-\sqrt{b})}=\dfrac{c(a-\sqrt{b})}{a^2-b}$

부호 반대

(2) $\dfrac{c}{\sqrt{a}+\sqrt{b}}=\dfrac{c(\sqrt{a}-\sqrt{b})}{(\sqrt{a}+\sqrt{b})(\sqrt{a}-\sqrt{b})}=\dfrac{c(\sqrt{a}-\sqrt{b})}{\boxed{(5)}}$ (단, $a\neq b$)

부호 반대

6 곱셈 공식의 변형

(1) $a^2+b^2=(a+b)^2-2ab$

(2) $a^2+b^2=(a-b)^2+2ab$

(3) $(a+b)^2=(a-b)^2+4ab$

(4) $(a-b)^2=(a+b)^2-4ab$

참고 곱셈 공식의 변형에서 b 대신 $\dfrac{1}{a}$을 대입하면 두 수의 곱이 1인 식의 변형 공식을 얻을 수 있다.

(1) $a^2+\dfrac{1}{a^2}=\left(a+\dfrac{1}{a}\right)^2-2$

(2) $a^2+\dfrac{1}{a^2}=\left(a-\dfrac{1}{a}\right)^2+2$

(3) $\left(a+\dfrac{1}{a}\right)^2=\left(a-\dfrac{1}{a}\right)^2+4$

(4) $\left(a-\dfrac{1}{a}\right)^2=\left(a+\dfrac{1}{a}\right)^2-4$

답 (3) 치환 (4) a^2-b^2 (5) $a-b$

개념 check

4 곱셈 공식을 이용하여 다음을 계산하시오.

(1) 104^2

(2) 47^2

(3) 103×97

(4) 5.9×6.1

(5) 103×102

(6) $(\sqrt{3}+\sqrt{2})^2$

(7) $(1-\sqrt{5})^2$

(8) $(\sqrt{2}+1)(\sqrt{2}-1)$

5 곱셈 공식을 이용하여 다음 수의 분모를 유리화하시오.

(1) $\dfrac{2+\sqrt{2}}{2-\sqrt{2}}$

(2) $\dfrac{1}{\sqrt{5}+\sqrt{3}}$

6 $x+y=1$, $xy=-6$일 때, 다음 식의 값을 구하시오.

(1) x^2+y^2

(2) $(x-y)^2$

전국 1000여 개 학교 시험 문제를 분석하여 출제율 높은 문제만 선별했어요!

유형 01 다항식과 다항식의 곱셈

01

$(x+5)(2x-3y-4)$의 전개식에서 x의 계수와 y의 계수의 합은?

① -15　② -12　③ -9　④ -6　⑤ -5

02

$(4x+3)(7x+a)$의 전개식에서 x의 계수가 13일 때, 상수 a의 값은?

① -6　② -5　③ -4　④ -3　⑤ -2

유형 02 곱셈 공식 $(a+b)^2$, $(a-b)^2$

03

$(3x+ay)^2=9x^2+bxy+25y^2$일 때, 상수 a, b에 대하여 $b-a$의 값을 구하시오. (단, $a>0$)

04

다음 중 $(2a-3b)^2$과 전개식이 같은 것은?

① $(2a+3b)^2$　② $(-2a+3b)^2$　③ $(-2a-3b)^2$　④ $-(2a+3b)^2$　⑤ $-(2a-3b)^2$

05

다음 중 옳지 않은 것은?

① $(3x+2y)^2=9x^2+12xy+4y^2$
② $(-x+3)^2=x^2-6x+9$
③ $\left(\frac{1}{2}x-4\right)^2=\frac{1}{4}x^2-4x+16$
④ $(2x+5)^2=4x^2+10x+25$
⑤ $(-6x-1)^2=36x^2+12x+1$

유형 03 곱셈 공식 $(a+b)(a-b)$

06

다음 중 $(-5x-4y)(5x-4y)$와 전개식이 같은 것은?

① $(5x-4y)(5x+4y)$
② $(5x-4y)(5x-4y)$
③ $(5x+4y)(5x+4y)$
④ $(5x-4y)(-5x+4y)$
⑤ $(5x+4y)(-5x+4y)$

07

다음 중 옳지 않은 것은?

① $(x+9)(x-9)=x^2-81$
② $(-4+x)(-4-x)=x^2-16$
③ $(-2a+5)(2a+5)=-4a^2+25$
④ $(-x-y)(x-y)=-x^2+y^2$
⑤ $\left(y+\frac{1}{3}\right)\left(y-\frac{1}{3}\right)=y^2-\frac{1}{9}$

● 정답 및 풀이 27쪽

08 ●●●

다음 보기 중 $(a-b)^2$과 전개식이 같은 것을 모두 고르시오.

보기

ㄱ. $-(a-b)^2$　　ㄴ. $(-a+b)^2$
ㄷ. $(-a-b)^2$　　ㄹ. $-(a+b)^2$
ㅁ. $(b-a)^2$　　ㅂ. $(a+b)(a-b)$

09 ●●●

$(x-1)(x+1)(x^2+1)(x^4+1)=x^a+b$일 때, 상수 a, b에 대하여 $a-b$의 값은?

① 7　② 8　③ 9
④ 15　⑤ 17

유형 04 곱셈 공식 $(x+a)(x+b)$, $(ax+b)(cx+d)$

10 ●●●

$(x+a)(x-3)$의 전개식에서 x의 계수가 -8일 때, 상수 a의 값은?

① -6　② -5　③ -4
④ 5　⑤ 6

11 ●●●

$(ax-5)(2x+b)=6x^2-cx-5$일 때, 상수 a, b, c에 대하여 $ab+c$의 값을 구하시오.

12 ●●●

다음 중 □ 안에 알맞은 수가 나머지 넷과 다른 하나는?

① $(a-8)(a+7)=a^2-\square a-56$
② $(x+2)\left(x-\frac{1}{2}\right)=x^2+\frac{3}{2}x-\square$
③ $(x+5)(x-6)=x^2-x-\square$
④ $(a-4b)(a+3b)=a^2-\square ab-12b^2$
⑤ $\left(-x+\frac{3}{5}y\right)\left(-x+\frac{2}{5}y\right)=x^2-\square xy+\frac{6}{25}y^2$

13 ●●●

$3(x-2)(5x+6)-2(3x-4)(x-1)$을 간단히 하면?

① $-9x^2-2x+44$　② $-6x^2+4x-20$
③ $6x^2-2x+20$　④ $9x^2+2x-44$
⑤ $9x^2+3x+44$

New

14 ●●●

$\left(3x+\frac{1}{2}a\right)\left(x+\frac{1}{4}\right)$의 전개식에서 x의 계수가 상수항의 2배일 때, 상수 a의 값은?

① -3　② -2　③ -1
④ 2　⑤ 3

유형 05 곱셈 공식 종합 최다 빈출

15

다음 중 옳지 않은 것을 모두 고르면? (정답 2개)

① $(2xy-3)^2=4xy^2-12xy+9$
② $(-x-4y)^2=x^2+8xy+16y^2$
③ $(5x+4)(-x+7)=-5x^2+31x+28$
④ $(-a+10)(10+a)=a^2-100$
⑤ $(3a-1)(2a+1)=6a^2+a-1$

16

다음 중 □ 안에 알맞은 수가 가장 큰 것은?

① $(x+3)(x-3)=x^2+\square$
② $(3a+1)^2=9a^2+\square a+1$
③ $(2x-3)^2=\square x^2-12x+9$
④ $(y+5)(y-3)=y^2+\square y-15$
⑤ $(2x+1)(2x+3)=4x^2+8x+\square$

17

다음은 곱셈 공식을 이용하여 식을 선개한 것이다. $A+B+C$의 값을 구하시오. (단, A, B, C는 상수)

$$(2x-y)^2=4x^2+Axy+y^2$$
$$(x+4y)^2=x^2+8xy+By^2$$
$$(-5x+1)(5x+1)=1-Cx^2$$

18

$(2x-5)^2-(x+3)(2x-4)=ax^2+bx+c$일 때, $a+b+c$의 값을 구하시오. (단, a, b, c는 상수)

유형 06 곱셈 공식과 도형의 넓이

19

오른쪽 그림과 같이 한 변의 길이가 $7a$인 정사각형에서 가로의 길이는 $2b$만큼 늘이고 세로의 길이는 $2b$만큼 줄여 새로운 직사각형을 만들었다. 이때 새로 만든 직사각형의 넓이는?

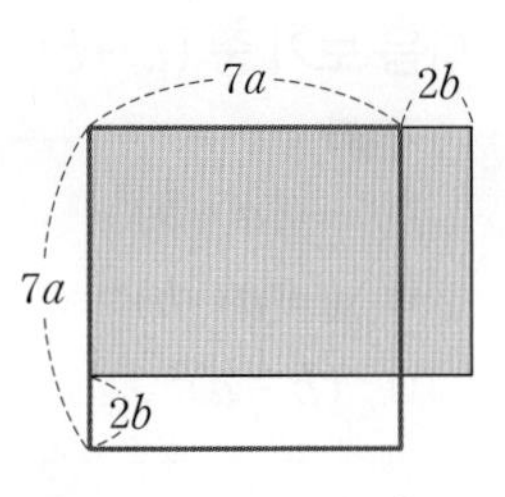

① $49a^2-28ab+4b^2$
② $49a^2+28ab+4b^2$
③ $49a^2-4b^2$
④ $49a^2-14ab$
⑤ $14ab$

20

가로의 길이가 $7x$ m이고 세로의 길이가 $4x$ m인 직사각형 모양의 주택 용지가 있다. 이 주택의 설계가 변경되어 가로의 길이가 3 m만큼 늘고, 세로의 길이가 1 m만큼 줄어들게 된다고 할 때, 변경된 주택 용지의 넓이가 처음보다 얼마만큼 늘어났는지 구하시오. (단, $x>1$)

21

오른쪽 그림과 같이 가로의 길이가 $5a$, 세로의 길이가 $3b$인 직사각형 모양의 화단에 폭이 1로 일정한 길을 만들려고 한다. 길을 제외한 화단의 넓이는?

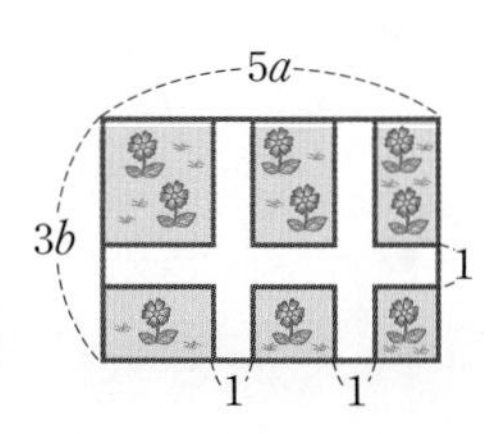

① $15ab-5a-6b+2$
② $15ab-5a-6b-2$
③ $15ab-10a-6b+2$
④ $15ab-10a-3b-2$
⑤ $15ab-10a-3b+2$

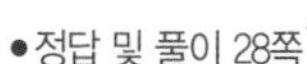

22

다음 그림의 직사각형 ABCD에서 $\overline{AB}=a$, $\overline{AD}=b$이고 □ABFE, □EGHD, □IJCH가 모두 정사각형일 때, □GFJI의 넓이는?

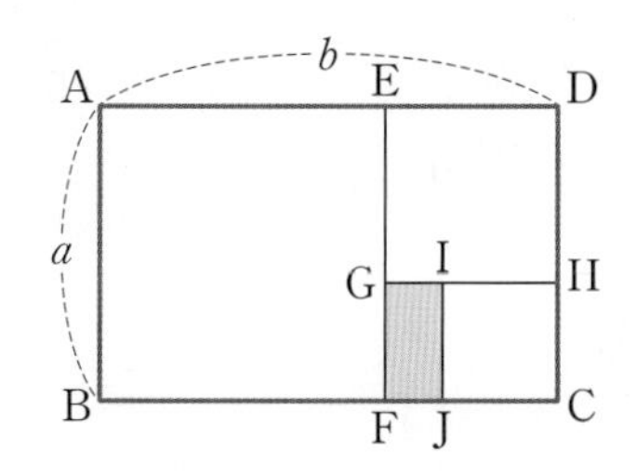

① $-6a^2-7ab+2b^2$　② $-6a^2+7ab-2b^2$
③ $-6a^2+7ab+2b^2$　④ $6a^2-7ab+2b^2$
⑤ $6a^2+7ab-2b^2$

up 유형 07 복잡한 식의 전개

23

다음 식의 전개에서 □ 안에 알맞은 식은?

$$(2x-y+3)^2=4x^2-4xy+y^2+\square$$

① $-6x-6y+12$　② $-6x-4y+9$
③ $2x+4y+9$　④ $6x-12y+12$
⑤ $12x-6y+9$

24

$(x-3)(x-2)(x+1)(x+2)$의 전개식에서 x^3의 계수를 a, x^2의 계수를 b, x의 계수를 c라 할 때, $a-b+c$의 값을 구하시오.

유형 08 곱셈 공식을 이용한 수의 계산

25

다음 중 99.7×100.3을 계산할 때 가장 편리한 곱셈 공식은? (단, $a>0$, $b>0$)

① $(a+b)^2=a^2+2ab+b^2$
② $(a-b)^2=a^2-2ab+b^2$
③ $(a+b)(a-b)=a^2-b^2$
④ $(x+a)(x+b)=x^2+(a+b)x+ab$
⑤ $(ax+b)(cx+d)=acx^2+(ad+bc)x+bd$

26

다음 중 주어진 수를 계산할 때 가장 편리한 곱셈 공식이 아닌 것은? (단, $a>0$, $b>0$)

① 102^2 → $(a+b)^2=a^2+2ab+b^2$
② 97^2 → $(a-b)^2=a^2-2ab+b^2$
③ 103×105 → $(x+a)(x+b)=x^2+(a+b)x+ab$
④ 57×63 → $(a+b)(a-b)=a^2-b^2$
⑤ 1002×1007 → $(a+b)(a-b)=a^2-b^2$

27

곱셈 공식을 이용하여 $102^2-97\times103$을 계산하시오.

28

$98\times102\times(10^4+4)=10^x-16$일 때, 자연수 x의 값을 구하시오.

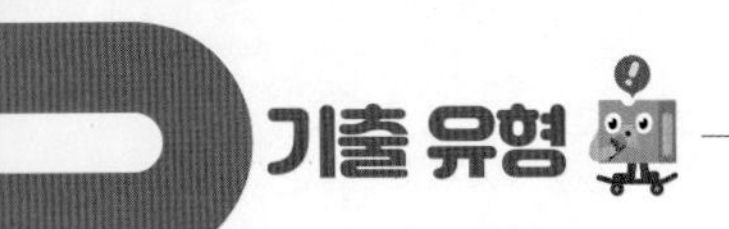

유형 09 곱셈 공식을 이용한 무리수의 계산 (최다 빈출)

29

다음 중 옳은 것은?

① $(\sqrt{3}+\sqrt{7})^2=10+\sqrt{21}$
② $(2-\sqrt{6})(2+\sqrt{6})=2$
③ $(1+\sqrt{5})^2=6+2\sqrt{5}$
④ $(\sqrt{6}-2\sqrt{10})^2=46-4\sqrt{15}$
⑤ $(2\sqrt{5}+1)(3\sqrt{5}-3)=32+7\sqrt{5}$

30

$(1-2\sqrt{3})(2+3\sqrt{3})+(1-\sqrt{3})^2=a+b\sqrt{3}$일 때, $a+b$의 값을 구하시오. (단, a, b는 유리수)

31

$(\sqrt{3}-5)^2-(\sqrt{7}-2)(\sqrt{7}+2)$를 간단히 하면?

① $-25-10\sqrt{3}$ ② $-10-10\sqrt{3}$ ③ 0
④ $10-10\sqrt{3}$ ⑤ $25-10\sqrt{3}$

32

$(2-\sqrt{5})(a\sqrt{5}+4)$를 계산한 결과가 유리수가 되도록 하는 유리수 a의 값은?

① 0 ② 1 ③ 2
④ 3 ⑤ 4

유형 10 곱셈 공식을 이용한 분모의 유리화 (최다 빈출)

33

$\dfrac{3+\sqrt{6}}{3-\sqrt{6}}=a+b\sqrt{6}$일 때, $a-b$의 값은? (단, a, b는 유리수)

① 1 ② 3 ③ 5
④ 7 ⑤ 9

34

$x=\dfrac{1}{2\sqrt{2}-3}$, $y=\dfrac{17}{5+2\sqrt{2}}$일 때, $x-y$의 값을 구하시오.

실수 주의

35

$\dfrac{\sqrt{7}+\sqrt{5}}{\sqrt{7}-\sqrt{5}}-\dfrac{\sqrt{7}-\sqrt{5}}{\sqrt{7}+\sqrt{5}}$를 간단히 하면?

① $-2\sqrt{35}$ ② $-\sqrt{35}$ ③ 0
④ $\sqrt{35}$ ⑤ $2\sqrt{35}$

36

$\dfrac{1}{\sqrt{5}-2}-\dfrac{1}{\sqrt{6}-\sqrt{5}}+\dfrac{1}{\sqrt{7}-\sqrt{6}}-\dfrac{1}{\sqrt{8}-\sqrt{7}}=a+b\sqrt{2}$일 때, $a+b$의 값은? (단, a, b는 유리수)

① -2 ② -1 ③ 0
④ 1 ⑤ 2

● 정답 및 풀이 29쪽

유형 11 곱셈 공식의 변형 최다 빈출

37 ●●●

$x-y=3$, $xy=5$일 때, $(x+y)^2$의 값은?

① 13　② 17　③ 21
④ 25　⑤ 29

38 ●●●

$x+\frac{1}{x}=4$일 때, $x^2+\frac{1}{x^2}$의 값을 구하시오.

39 ●●●

$x+y=4$, $x^2+y^2=18$일 때, $\frac{y}{x}+\frac{x}{y}$의 값은?

① -18　② -4　③ -1
④ 4　⑤ 18

40 ●●●

$x^2+5x-1=0$일 때, $x^2+\frac{1}{x^2}$의 값은?

① 21　② 23　③ 25
④ 27　⑤ 29

up 유형 12 곱셈 공식을 이용한 식의 값 구하기

41 ●●●

$x=2\sqrt{6}-\sqrt{3}$, $y=2\sqrt{6}+\sqrt{3}$일 때, x^2+y^2의 값은?

① 52　② 54　③ 56
④ 58　⑤ 60

42 ●●●

$x=\frac{2}{3+\sqrt{7}}$, $y=\frac{2}{3-\sqrt{7}}$일 때, x^2+y^2+xy의 값은?

① 18　② 22　③ 26
④ 30　⑤ 34

43 ●●●

$x=\frac{1}{\sqrt{2}-1}$일 때, x^2-2x+4의 값은?

① -3　② -1　③ 1
④ 3　⑤ 5

44 ●●●

$x=3\sqrt{2}-1$일 때, $\sqrt{x^2+2x+3}$의 값은?

① $2\sqrt{2}$　② 3　③ $2\sqrt{5}$
④ 5　⑤ $5\sqrt{2}$

기출에서 바로 뽑아온 서술형

전국 1000여 개 학교 시험 문제를 분석하여 출제율 높은 서술형 문제만 선별했어요!

01

$(ax+2y)(x-y)$를 전개한 식과 $(3x-by)(x+4y)$를 전개한 식의 x^2의 계수와 xy의 계수가 각각 같을 때, 상수 a, b에 대하여 $a+b$의 값을 구하시오. [4점]

채점 기준 1 주어진 식을 전개하여 간단히 하기 … 2점

$(ax+2y)(x-y)=$ ________

$=$ ________

$(3x-by)(x+4y)=$ ________

$=$ ________

채점 기준 2 x^2의 계수와 xy의 계수가 각각 같다는 조건식 세우기 … 1점

x^2의 계수가 같으므로 ________ …… ㉠

xy의 계수가 같으므로 ________ …… ㉡

채점 기준 3 $a+b$의 값 구하기 … 1점

㉠, ㉡에서 $a=$ ____, $b=$ ____ 이므로

$a+b=$ ____

01-1

숫자 바꾸기

$(x+ay)(2x-3y)$를 전개한 식과 $(bx-6y)(x+2y)$를 전개한 식의 y^2의 계수와 xy의 계수가 각각 같을 때, 상수 a, b에 대하여 ab의 값을 구하시오. [4점]

채점 기준 1 주어진 식을 전개하여 간단히 하기 … 2점

채점 기준 2 y^2의 계수와 xy의 계수가 각각 같다는 조건식 세우기 … 1점

채점 기준 3 ab의 값 구하기 … 1점

02

$x=\dfrac{8}{\sqrt{5}-1}$ 일 때, 다음 물음에 답하시오. [6점]

(1) $x-2$의 값을 구하시오. [3점]

(2) x^2-4x-6의 값을 구하시오. [3점]

(1) **채점 기준 1** 곱셈 공식을 이용하여 분모를 유리화하기 … 2점

$\dfrac{8}{\sqrt{5}-1}$ 의 분모를 유리화하면

$\dfrac{8(\square)}{(\sqrt{5}-1)(\square)}=\dfrac{8(\square)}{\square}=$ ________

채점 기준 2 $x-2$의 값 구하기 … 1점

$x=$ ________ 에서 $x-2=$ ____ …… ㉠

(2) **채점 기준 3** 곱셈 공식을 이용하여 x^2-4x-6의 값 구하기 … 3점

㉠의 양변을 제곱하면 $(x-2)^2=$ ____

$x^2-4x+4=$ ____ $\therefore x^2-4x=$ ____

$\therefore x^2-4x-6=$ ____ $-$ ____ $=$ ____

02-1

숫자 바꾸기

$x=\dfrac{2}{3-\sqrt{7}}$ 일 때, 다음 물음에 답하시오. [6점]

(1) $x-3$의 값을 구하시오. [3점]

(2) $x^2-6x+14$의 값을 구하시오. [3점]

(1) **채점 기준 1** 곱셈 공식을 이용하여 분모를 유리화하기 … 2점

채점 기준 2 $x-3$의 값 구하기 … 1점

(2) **채점 기준 3** 곱셈 공식을 이용하여 $x^2-6x+14$의 값 구하기 … 3점

03

한 변의 길이가 각각 $a+\frac{1}{2}b$, $2a-3b$인 두 정사각형의 넓이의 합을 구하시오. [4점]

04

$(2x+a)^2-(3x+7)(x+2)$를 전개한 식에서 상수항이 11일 때, x의 계수를 구하시오. (단, $a>0$) [6점]

05

오른쪽 그림과 같이 테두리의 두께가 $\frac{1}{2}x+2$로 일정하고 가로의 길이가 $4x+3$, 세로의 길이가 $3x-1$인 액자가 있다. 액자에 보여지는 사진의 넓이를 ax^2+bx+c라 할 때, 상수 a, b, c에 대하여 $a+b+c$의 값을 구하시오. (단, 액자 테두리에 겹쳐진 사진의 넓이는 생각하지 않는다.) [6점]

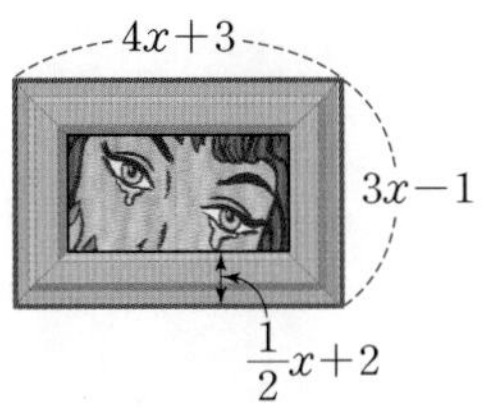

06

곱셈 공식을 이용하여 $\frac{218\times221+2}{220}$를 계산하시오. [6점]

07

$\frac{2}{\sqrt{3}-\sqrt{2}}+\frac{3}{\sqrt{3}+\sqrt{2}}=a\sqrt{3}+b\sqrt{2}$일 때, 유리수 a, b에 대하여 $a+b$의 값을 구하시오. [6점]

08

$x>0$이고 $x-\frac{1}{x}=2$일 때, $x+\frac{1}{x}$의 값을 구하시오. [6점]

실전! 중단원

학교 시험 1회

학교 선생님들이 출제하신 진짜 학교 시험 문제예요!

01

$(3x+y-2)(2x-y+1)$을 전개하면? [3점]

① $-6x^2-xy-y^2-x+3y-2$
② $-6x^2+xy-y^2-x-3y-2$
③ $6x^2-xy-y^2-x+3y-2$
④ $6x^2-xy-y^2-x+3y+2$
⑤ $6x^2+xy-y^2-x+3y-2$

02

$(2x-a)^2=4x^2-4x+b$일 때, 상수 a, b에 대하여 ab의 값은? [3점]

① 1 ② 3 ③ 5
④ 7 ⑤ 9

03

다음 중 $\left(-2a-\frac{1}{2}b\right)^2$과 전개식이 같은 것은? [3점]

① $\frac{1}{2}(4a+b)^2$ ② $\frac{1}{2}(4a-b)^2$
③ $-\frac{1}{2}(4a+b)^2$ ④ $\frac{1}{4}(4a+b)^2$
⑤ $\frac{1}{4}(4a-b)^2$

04

다음 중 옳지 않은 것은? [4점]

① $(x+3)(x-3)=x^2-9$
② $\left(\frac{1}{2}x+\frac{1}{3}y\right)\left(\frac{1}{2}x-\frac{1}{3}y\right)=\frac{1}{4}x^2-\frac{1}{9}y^2$
③ $(-a+b)(a+b)=b^2-a^2$
④ $(-a-b)(a-b)=-a^2+b^2$
⑤ $(-2+x)(-2-x)=-4-x^2$

05

$\left(x-\frac{1}{2}\right)\left(x+\frac{1}{2}\right)\left(x^2+\frac{1}{4}\right)\left(x^4+\frac{1}{16}\right)=x^a-b$일 때, ab의 값은? (단, a, b는 상수) [4점]

① $\frac{1}{64}$ ② $\frac{1}{32}$ ③ $\frac{1}{16}$
④ $\frac{1}{8}$ ⑤ $\frac{1}{4}$

06

$(3x-4)(5x+6)=ax^2+bx+c$일 때, $a-b+c$의 값은? (단, a, b, c는 상수) [3점]

① -11 ② -9 ③ -7
④ -5 ⑤ -3

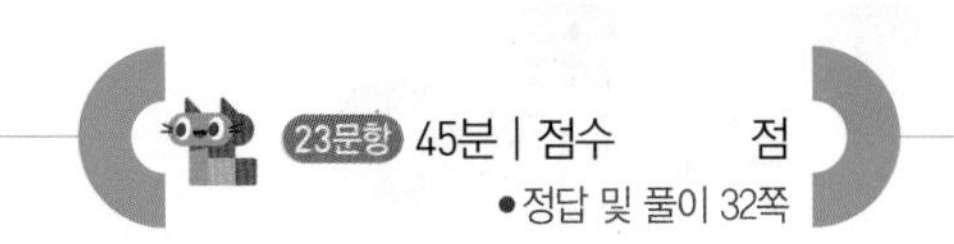

07

다음 중 □ 안에 알맞은 수가 나머지 넷과 다른 하나는? [4점]

① $(x+4)(x-3)=x^2+\square x-12$
② $(-x-6)(-x+7)=x^2-\square x-42$
③ $(a-3)(a+2)=a^2-\square a-6$
④ $(x+2y)\left(x-\frac{1}{2}y\right)=x^2+\frac{3}{2}xy-\square y^2$
⑤ $(a+b)(a-3b)=a^2-\square ab-3b^2$

08

$(3a+b)(ka-2b)$를 전개한 식에서 a^2의 계수와 ab의 계수가 서로 같을 때, 상수 k의 값은? [4점]

① -3　② -1　③ 1
④ 3　⑤ 5

09

$2x+5$와 $ax+b$를 곱하는 과정에서 준희는 a를 잘못 보아 $6x^2+23x+20$으로, 서희는 b를 잘못 보아 $10x^2+29x+10$으로 계산하였다. 바르게 계산한 것은? [5점]

① $5x^2+13x+15$
② $5x^2+23x+20$
③ $10x^2+23x+25$
④ $10x^2+33x+20$
⑤ $10x^2+23x+30$

10

다음 중 옳지 <u>않은</u> 것을 모두 고르면? (정답 2개) [4점]

① $(x+y-3)(2x-3y)=2x^2-xy-3y^2-6x+9y$
② $(2x+3)^2=4x^2+12x+9$
③ $(-x+2)^2=-x^2-4x+4$
④ $(x+5)(x-8)=x^2+3x-40$
⑤ $(2x+1)(5x-6)=10x^2-7x-6$

11

오른쪽 그림과 같이 가로의 길이와 세로의 길이가 각각 $4x$, $5x$인 직사각형에서 가로의 길이는 2만큼 줄이고, 세로의 길이는 3만큼 늘여 만들어지는 직사각형의 넓이는? [4점]

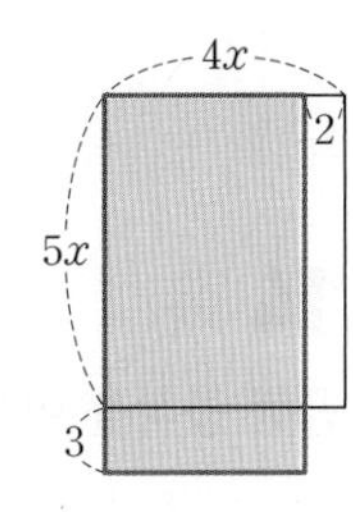

① $20x^2-22x+6$　② $20x^2-2x-6$
③ $20x^2+2x-6$　④ $20x^2+7x-6$
⑤ $20x^2+22x+6$

12

다음 식의 전개에서 □ 안에 알맞은 식은? [4점]

$$(x-2y+3)^2=x^2-4xy+4y^2+\square$$

① $3x+6y+9$　② $6x-12y+9$
③ $3x-6y+9$　④ $-3x+6y+9$
⑤ $-6x+12y-9$

13

다음 중 133×134를 계산할 때, 가장 편리한 곱셈 공식은? (단, $a>0$, $b>0$) [3점]

① $(a+b)^2=a^2+2ab+b^2$
② $(a-b)^2=a^2-2ab+b^2$
③ $(a+b)(a-b)=a^2-b^2$
④ $(x+a)(x+b)=x^2+(a+b)x+ab$
⑤ $(ax+b)(cx+d)=acx^2+(ad+bc)x+bd$

14

곱셈 공식을 이용하여 $49^2-29\times31$을 계산하면? [5점]

① 1448 ② 1449 ③ 1500
④ 1501 ⑤ 1502

15

$(\sqrt{6}+2a)(\sqrt{6}-3)-5\sqrt{6}$을 계산한 결과가 유리수가 되도록 하는 유리수 a의 값은? [4점]

① 4 ② 5 ③ 6
④ 7 ⑤ 8

16

$\frac{\sqrt{3}-1}{\sqrt{3}+1}=a+b\sqrt{3}$일 때, 유리수 a, b에 대하여 $a-b$의 값은? [4점]

① -5 ② -3 ③ 1
④ 3 ⑤ 5

17

$a-b=3$, $a^2+b^2=29$일 때, ab의 값은? [4점]

① 6 ② 8 ③ 10
④ 12 ⑤ 14

18

$x^2+4x-1=0$일 때, $x^2+\frac{1}{x^2}$의 값은? [5점]

① 10 ② 12 ③ 14
④ 15 ⑤ 18

서술형

19

$(4x-1)(2x+a)$를 전개한 식에서 상수항이 x의 계수보다 3만큼 작다고 할 때, 상수 a의 값을 구하시오. [4점]

20

$(3x-a)^2-(2x-5)(2x+3)$을 전개한 식에서 x의 계수가 -8일 때, 상수항을 구하시오. [6점]

21

다음 등식에서 $a+b$의 값을 구하시오.

(단, a, b는 상수) [6점]

$$(x-5)(x-2)(x+2)(x+5)=x^4+ax^2+b$$

22

아래 그림과 같이 세 모서리의 길이가 각각 $x+5$, $2x-3$, $3x+1$인 직육면체에서 다음 물음에 답하시오.

[7점]

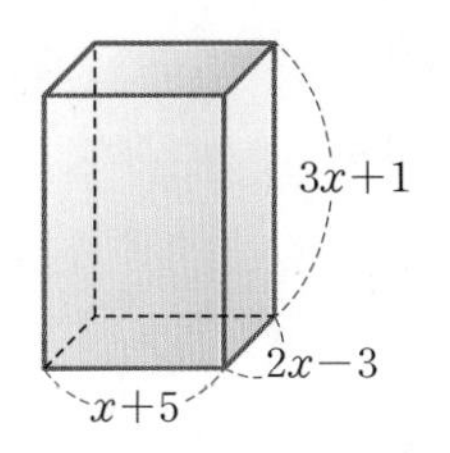

(1) 직육면체의 밑넓이를 ax^2+bx+c 꼴로 나타내시오.
(단, a, b, c는 상수) [2점]

(2) 직육면체의 옆넓이를 ax^2+bx+c 꼴로 나타내시오.
(단, a, b, c는 상수) [2점]

(3) 직육면체의 겉넓이를 ax^2+bx+c 꼴로 나타내시오.
(단, a, b, c는 상수) [3점]

23

$a-\frac{1}{a}=3$일 때, 다음 물음에 답하시오. [7점]

(1) $a^2+\frac{1}{a^2}$의 값을 구하시오. [3점]

(2) $a^4+\frac{1}{a^4}$의 값을 구하시오. [4점]

실전! 중단원

학교 시험 2회

학교 선생님들이 출제하신 진짜 학교 시험 문제예요!

01

$(4x+3y)^2=ax^2+bxy+cy^2$일 때, 상수 a, b, c에 대하여 $a-b+c$의 값은? [3점]

① 0　② 1　③ 2
④ 3　⑤ 4

02

다음 중 옳은 것은? [3점]

① $(x+4)^2=x^2+16$
② $(2y+1)^2=4y^2+2y+1$
③ $(a+b)^2=a^2+2a+2b+b^2$
④ $\left(b+\frac{1}{2}\right)^2=b^2+b+\frac{1}{4}$
⑤ $(-x-1)^2=-x^2-2x-1$

03

$(ax-3b)^2$을 전개한 식에서 x^2의 계수가 $\frac{1}{4}$, 상수항이 9일 때, x의 계수는? (단, $a>0$, $b>0$) [4점]

① -3　② -1　③ 1
④ 3　⑤ 5

04

다음 중 전개식이 나머지 넷과 다른 하나는? [4점]

① $(a-b)(a+b)$　② $-(a+b)(-a+b)$
③ $(-a-b)(-a+b)$　④ $-(-a+b)(-a-b)$
⑤ $(-b-a)(b-a)$

05

$(2x+3y)(2x-3y)-(x-4y)(x+4y)$의 전개식에서 x^2의 계수는 a이고, y^2의 계수는 b이다. 이때 $a+b$의 값은? [4점]

① 8　② 9　③ 10
④ 11　⑤ 12

06

$(x-3)(x+a)$를 전개한 식에서 x의 계수가 상수항보다 5만큼 클 때, 상수 a의 값은? [3점]

① -2　② -1　③ 2
④ 3　⑤ 6

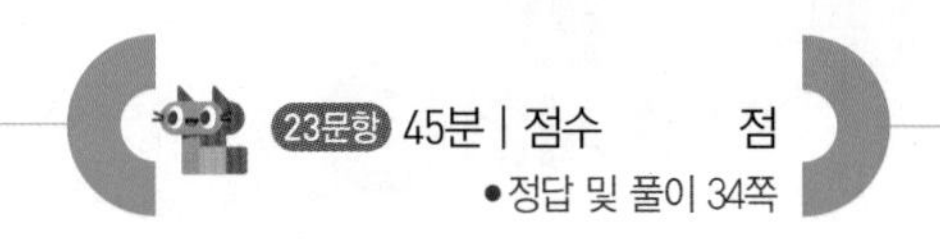

07

$\left(2x+\frac{1}{3}\right)(3x-2)$를 전개한 식에서 x^2의 계수와 x의 계수의 합은? [3점]

① -1　② 1　③ 3
④ 5　⑤ 7

08

$3x+a$에 $2x-5$를 곱해야 할 것을 잘못하여 $5x-2$를 곱했더니 $15x^2+4x-4$가 되었다. 바르게 계산한 식의 상수항은? (단, a는 상수) [4점]

① -14　② -10　③ -6
④ -2　⑤ 2

09

다음 중 식을 전개하였을 때, x의 계수가 나머지 넷과 다른 하나는? [3점]

① $(x-5)^2$　② $(4x-1)(2x+3)$
③ $2x(x-5)$　④ $(5x-3)(5x+1)$
⑤ $(3x-1)(x-3)$

10

다음 그림은 한 변의 길이가 x인 정사각형을 대각선을 따라 나눈 후, 빗변이 아닌 한 변의 길이가 y인 직각이등변삼각형 2개를 잘라낸 것이다. 색칠한 부분의 넓이를 구하려고 할 때, 필요한 곱셈 공식은? [4점]

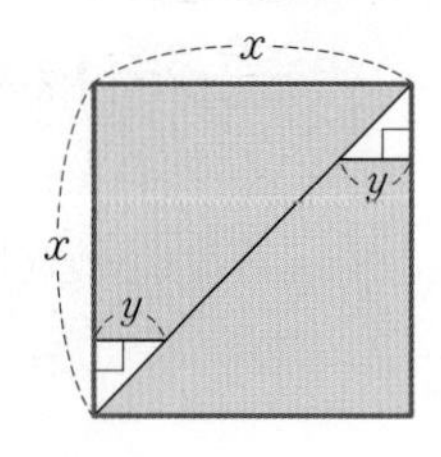

① $(x+y)^2=x^2+2xy+y^2$
② $(x-y)^2=x^2-2xy+y^2$
③ $(x+y)(x-y)=x^2-y^2$
④ $(x+a)(x+b)=x^2+(a+b)x+ab$
⑤ $(ax+b)(cx+d)=acx^2+(ad+bc)x+bd$

11

다음 중 $(x-2)(x-1)(x+2)(x+3)$을 바르게 전개한 것은? [4점]

① $-x^4+2x^3-7x^2-8x+12$
② $-x^4+2x^3-7x^2-8x-12$
③ $x^4-2x^3-7x^2-8x+12$
④ $x^2+2x^3-7x^2-8x-12$
⑤ $x^4+2x^3-7x^2-8x+12$

12

곱셈 공식을 이용하여 $135\times65+41\times31$을 계산하면? [4점]

① 8890　② 9954　③ 10046
④ 10094　⑤ 11271

13

$(5+1)(5^2+1)(5^4+1)=\frac{1}{4}(5^a-1)$일 때, 상수 a의 값은? [5점]

① 4 ② 5 ③ 6
④ 7 ⑤ 8

14

$(a-2\sqrt{2})(\sqrt{2}+3)$이 유리수가 되도록 하는 유리수 a의 값은? [4점]

① 5 ② 6 ③ 7
④ 8 ⑤ 9

15

$\frac{2}{\sqrt{5}-\sqrt{3}}+\frac{2}{\sqrt{5}+\sqrt{3}}$를 간단히 하면? [4점]

① $2\sqrt{3}$ ② 4 ③ $2\sqrt{5}$
④ $4\sqrt{3}$ ⑤ $4\sqrt{5}$

16

$(x+3)(y+3)=34$, $xy=7$일 때, x^2-xy+y^2의 값은? [5점]

① 12 ② 15 ③ 18
④ 21 ⑤ 24

17

$x^2+3x-2=0$일 때, $x(x+1)(x+2)(x+3)$의 값은? [5점]

① 2 ② 4 ③ 6
④ 8 ⑤ 10

18

$a=5+\sqrt{15}$, $b=5-\sqrt{15}$일 때, $\frac{b}{a}+\frac{a}{b}$의 값은? [4점]

① 8 ② 10 ③ 12
④ 14 ⑤ 16

서술형

19

$(2\sqrt{6}+5)^{100}(2\sqrt{6}-5)^{100}$을 계산하시오. [4점]

20

$(mx-2)(3x+n)$을 전개한 식에서 x의 계수가 34일 때, 한 자리의 자연수 m, n에 대하여 $m+n$의 값을 구하시오. [6점]

21

오른쪽 그림과 같이 정사각형 ABCD를 두 사각형 AFIE와 IGCH가 모두 정사각형이 되도록 네 부분으로 나누었다.
$\overline{AB}=4x+2y$, $\overline{AE}=x+3y$ 일 때, 색칠한 두 정사각형의 넓이의 합을 구하시오. [6점]

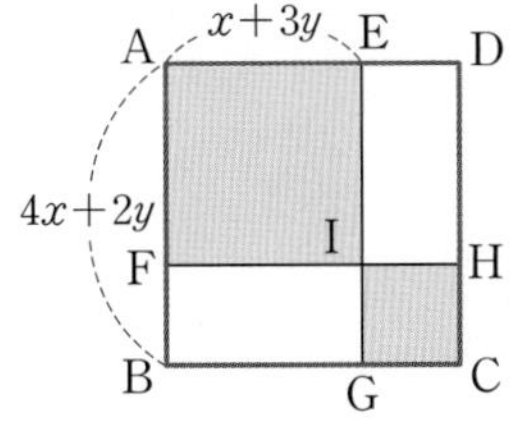

22

$x^2-6x+1=0$일 때, $x^2+x+\frac{1}{x}+\frac{1}{x^2}$의 값을 구하시오. [7점]

23

$x=\sqrt{71}+2$일 때, 다음 물음에 답하시오. [7점]

(1) x^2-4x+1의 값을 구하시오. [3점]

(2) $\sqrt{x^2-4x-k}$가 자연수가 되도록 하는 자연수 k는 모두 몇 개인지 구하시오. [4점]

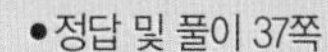

• 정답 및 풀이 37쪽

중학교 수학 교과서 10종을 분석한 교과서별 출제 예상 문제예요!

01

교학사 변형

다음 그림과 같은 전개도를 이용하여 만든 정육면체에서 세 쌍의 마주 보는 면에 적힌 두 일차식의 곱의 합을 구하시오.

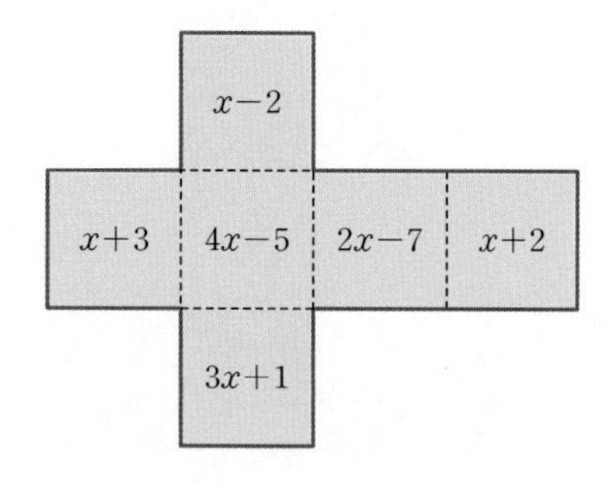

02

미래엔 변형

$\overline{AB}=2x$, $\overline{AD}=3y$인 직사각형 모양의 종이를 다음 그림과 같이 $\overline{AB}$는 $\overline{BF}$에, $\overline{ED}$는 $\overline{EG}$에, $\overline{HC}$는 $\overline{HI}$에 완전히 겹치도록 접었다. $\overline{EG}^2-\overline{FJ}^2=ax^2+bxy+cy^2$일 때, 상수 a, b, c에 대하여 $a+b-c$의 값을 구하시오. (단, $3x<3y<4x$)

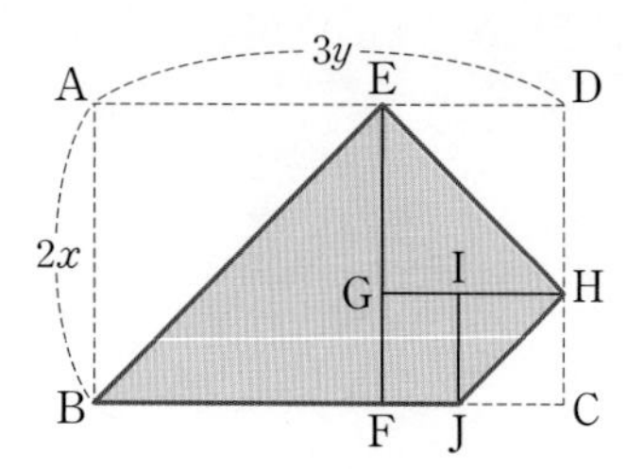

03

천재 변형

$(x+a)(x-4)$를 전개하면 $x^2+bx-24$일 때, 오른쪽 그림과 같이 빗변과 밑변의 길이가 각각 $a+b$, $a-b$인 직각삼각형의 넓이를 구하시오.

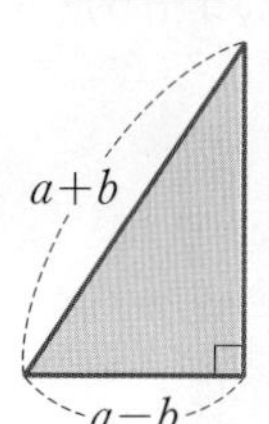

04

신사고 변형

양수 a, b에 대하여 $(4-\sqrt{a})^2=23-8\sqrt{a}$, $(3+\sqrt{b})(2+\sqrt{b})=11+5\sqrt{b}$일 때, $\dfrac{2}{\sqrt{a}+\sqrt{b}}$의 값을 구하시오.

① 다항식의 곱셈

2 인수분해

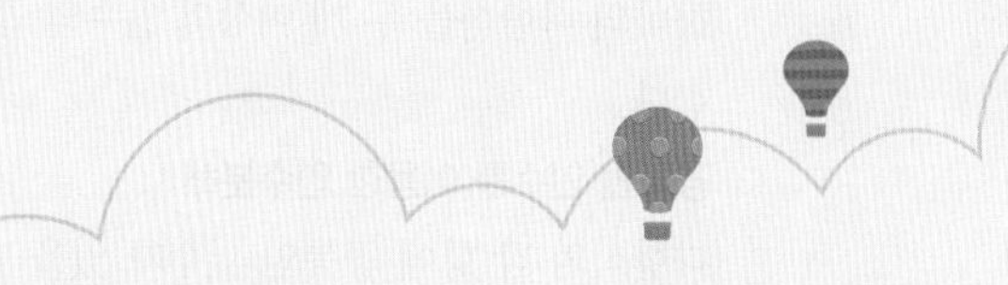

단원별로 학습 계획을 세워 실천해 보세요.

학습 날짜	월 일	월 일	월 일	월 일
학습 계획				
학습 실행도	0 100	0 100	0 100	0 100
자기 반성				

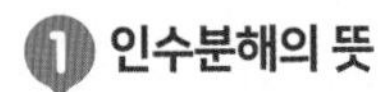

2 인수분해

1 인수분해의 뜻

(1) 인수

하나의 다항식을 두 개 이상의 다항식의 곱으로 나타낼 때, 각각의 다항식을 처음 다항식의 (1) 라 한다.

$x^2+5x+6 \underset{\text{전개}}{\overset{\text{인수분해}}{\rightleftarrows}} (x+2)(x+3)$ (인수)

참고 다항식에서 1과 자기 자신은 그 다항식의 인수이다.

(2) 인수분해

하나의 다항식을 두 개 이상의 인수의 곱으로 나타내는 것을 그 다항식을 (2) 한다고 한다.

(3) 공통인 인수를 이용한 인수분해

다항식의 각 항에 공통인 인수가 있을 때, 분배법칙을 이용하여 공통인 인수를 묶어 내어 인수분해한다.

$ma+mb=m(a+b)$

2 인수분해 공식

(1) $a^2+2ab+b^2=(a+b)^2$, $a^2-2ab+b^2=(a-b)^2$

(2) $a^2-b^2=(a+b)(a-b)$

(3) $x^2+(a+b)x+ab=(x+a)(x+b)$

예 x^2+2x-3에서 곱이 -3인 두 정수 중 합이 2인 것은 -1, 3이므로

$x^2+2x-3=x^2+(-1+3)x+(-1)\times3$
$=(x-1)(x+3)$

곱이 -3인 정수	두 정수의 합
-1, 3	2
1, -3	-2

(4) $acx^2+(ad+bc)x+bd=(ax+b)(cx+d)$

예 $3x^2+8x+4=(x+2)(3x+2)$

1 ↘ 2 → 6
3 ↗ 2 → 2 (+
8

$acx^2+(ad+bc)x+bd=(ax+b)(cx+d)$

a ↘ b → bc
c ↗ d → ad (+
$ad+bc$

3 완전제곱식

(1) 완전제곱식

다항식의 제곱으로 이루어진 식 또는 이 식에 상수를 곱한 식을 (3) 이라 한다.

(2) 완전제곱식이 될 조건

① x^2+ax+b가 완전제곱식이 될 b의 조건 → $b=$ (4)

② $x^2+ax+b\,(b>0)$가 완전제곱식이 될 a의 조건 → $a=\pm2\sqrt{b}$

참고 ① $x^2+ax+b=x^2+2\times\frac{a}{2}\times x+\left(\frac{a}{2}\right)^2=\left(x+\frac{a}{2}\right)^2$에서 $b=\left(\frac{a}{2}\right)^2$

② $x^2+ax+b=x^2\pm2\sqrt{b}x+(\pm\sqrt{b})^2=(x\pm\sqrt{b})^2$에서 $a=\pm2\sqrt{b}$

답 (1) 인수 (2) 인수분해 (3) 완전제곱식 (4) $\left(\frac{a}{2}\right)^2$

개념 check

1 다음 식을 인수분해하시오.

(1) $2ab+bc$

(2) x^2-8x

(3) $10a^2b-5a^2$

(4) $6xy+12y^2-9yz$

2 다음 식을 인수분해하시오.

(1) $x^2+16x+64$

(2) $9x^2-6xy+y^2$

(3) x^2-36

(4) $4x^2-81$

3 다음 식을 인수분해하시오.

(1) $x^2+7x+10$

(2) x^2-x-12

(3) $2x^2-7x+3$

(4) $5x^2-2x-3$

4 다음 식이 완전제곱식이 되도록 □ 안에 알맞은 것을 써넣으시오.

(1) $a^2+10a+\square$

(2) $x^2-14x+\square$

(3) $x^2+\square+64$

(4) $16a^2+\square+b^2$

4 복잡한 식의 인수분해

(1) 공통인 부분이 있는 경우의 인수분해

공통인 부분이 있으면 공통인 부분을 한 문자로 (5) 한 후 인수분해한다.

참고 치환하여 인수분해한 후 반드시 원래의 식을 대입하여 정리한다.

예 $(x-y)(x-y+2)-15$ ($x-y=A$로 치환)
$=A(A+2)-15$
$=A^2+2A-15$
$=(A+5)(A-3)$ ($A=x-y$를 대입)
$=(x-y+5)(x-y-3)$

(2) 항이 4개인 경우의 인수분해

① (항 2개)+(항 2개)로 묶는다. ➜ 공통인 인수로 묶어 인수분해한다.

② (항 3개)+(항 1개) 또는 (항 1개)+(항 3개)로 묶는다.
➜ A^2-B^2 꼴로 나타낸 후 인수분해한다.

예 ① $ax-ay-bx+by=a(x-y)-b(x-y)=(a-b)(x-y)$
② $x^2+2x+1-y^2=(x+1)^2-y^2=(x+y+1)(x-y+1)$

(3) 항이 5개 이상인 경우의 인수분해

차수가 낮은 한 문자에 대하여 (6) 으로 정리한 후 인수분해한다.

예 $x^2+xy-4x-5y-5=(x-5)y+(x^2-4x-5)$
$=(x-5)y+(x-5)(x+1)$
$=(x-5)(x+y+1)$

(4) ( )( )( )( )$+k$ 꼴의 인수분해

공통인 부분이 생기도록 2개씩 묶어 전개한 후, 공통인 부분을 치환하여 인수분해한다.

참고 공통인 부분이 생기도록 묶을 때는 상수항의 합 또는 곱이 같아지도록 묶는다.

5 인수분해 공식의 활용

(1) 인수분해를 이용한 수의 계산

복잡한 수의 계산을 할 때, 인수분해 공식을 이용하면 편리하다.

① 공통인 인수로 묶기
예 $13\times57-13\times47=13\times(57-47)=130$

② 완전제곱식 이용하기
예 $95^2+2\times95\times5+5^2=(95+5)^2=10000$

③ 제곱의 차 이용하기
예 $55^2-5^2=(55+5)(55-5)=3000$

(2) 인수분해를 이용한 식의 값

식의 값을 구할 때, 주어진 식을 인수분해한 후 문자에 수를 대입하여 계산하면 편리하다.

예 $x=11$일 때, $x^2-12x+11$의 값은
$x^2-12x+11=(x-1)(x-11)$
$=(11-1)(11-11)=0$

개념 check

5 다음 식을 인수분해하시오.
(1) $(x+y)^2-9$
(2) $(x-1)^2+2(x-1)-3$
(3) $ab-a+b-1$
(4) $x^2-y^2+18y-81$
(5) $x^2+xy+x+2y-2$
(6) $a^2+ab-b+2a-3$

6 인수분해 공식을 이용하여 다음을 계산하시오.
(1) $15\times35+15\times25$
(2) $17^2+2\times17\times3+3^2$
(3) $21^2-2\times21\times1+1^2$
(4) 16^2-14^2

7 $x=33$일 때, x^2-6x+9의 값을 구하시오.

8 $x=2+\sqrt{3}$, $y=2-\sqrt{3}$일 때, $x^2+2xy+y^2$의 값을 구하시오.

답 (5) 치환 (6) 내림차순

전국 1000여 개 학교 시험 문제를 분석하여 출제율 높은 문제만 선별했어요!

유형 01 공통인 인수를 이용한 인수분해 최다 빈출

01

다음 중 인수분해한 것이 옳은 것은?

① $x^2-xy=x(x+y)$
② $2ab+6ac=2a(b+6c)$
③ $3m^2n-mn=mn(3m-1)$
④ $-2a^3x+8a^3y=-2a^3(x+4y)$
⑤ $6a^2b-3ab+9b^2=3b(2a^2-a+3)$

02

다음 중 x^2y-xy^2의 인수가 아닌 것은?

① y ② $x-y$ ③ xy
④ x^2 ⑤ $x(x-y)$

03

다음 중 다항식 $4x^2-2xy+6x$에 대해 바르게 설명한 학생을 모두 고른 것은?

은희 : $2x$는 각 항의 공통인 인수야.
지영 : $4x^2-2xy+6x$를 공통인 인수로 묶어 인수분해하면 $2x(2x-y+6)$이 돼.
승수 : $2x-y+3$은 이 다항식의 인수야.
태진 : x는 이 다항식의 인수가 아니야.

① 은희, 지영 ② 은희, 승수 ③ 은희, 태진
④ 지영, 승수 ⑤ 지영, 태진

04

$(a-b)a-(b-a)b$가 두 일차식의 곱으로 인수분해될 때, 두 일차식의 합은?

① $2a$ ② $2b$ ③ 0
④ $2a-2b$ ⑤ $2a+2b$

유형 02 인수분해 공식 $a^2+2ab+b^2$, $a^2-2ab+b^2$

05

다음 중 $16x^2-8x+1$의 인수인 것은?

① $4x-1$ ② $2x-1$ ③ $2x+1$
④ $4x+1$ ⑤ $4x+4$

06

다음 중 완전제곱식으로 인수분해할 수 없는 것은?

① $x^2-x+\frac{1}{4}$ ② $2a^2+4a+2$
③ $100a^2-20a+1$ ④ $4x^2+6xy+9y^2$
⑤ $36x^2-60xy+25y^2$

07

다음 보기에서 $9ax^2+12axy+4ay^2$의 인수를 모두 고른 것은?

보기
ㄱ. a ㄴ. $3x-2y$
ㄷ. $3x+2y$ ㄹ. $a(3x+2y)$

① ㄷ ② ㄱ, ㄴ ③ ㄴ, ㄷ
④ ㄷ, ㄹ ⑤ ㄱ, ㄷ, ㄹ

유형 03 완전제곱식이 될 조건 최다 빈출

08

x^2-8x+A를 인수분해하면 $(x+B)^2$일 때, 상수 A, B에 대하여 $A+B$의 값은?

① 4 ② 8 ③ 12
④ 14 ⑤ 20

09

$x^2-12x+a$가 완전제곱식이 되도록 하는 상수 a의 값은?

① 6 ② 12 ③ 18
④ 24 ⑤ 36

10

$4x^2+axy+49y^2$이 완전제곱식이 되도록 하는 양수 a의 값은?

① 7 ② 14 ③ 18
④ 28 ⑤ 56

11

$(x+2)(x+8)+k$가 완전제곱식이 되도록 하는 상수 k의 값을 구하시오.

12

다음 두 다항식이 완전제곱식이 되도록 하는 양수 A, B에 대하여 $A+B$의 값을 구하시오.

$$25x^2+30x+A,\quad x^2-Bx+49$$

유형 04 근호 안이 완전제곱식으로 인수분해되는 식

13

$-2<x<2$일 때, $\sqrt{x^2+4x+4}-\sqrt{x^2-4x+4}$를 간단히 하면?

① -4 ② $-2x$ ③ 0
④ $2x$ ⑤ 4

14

$-1<x<3$일 때, $\sqrt{x^2-6x+9}-\sqrt{x^2+2x+1}$을 간단히 하면?

① -4 ② $-2x+2$ ③ $2x-2$
④ $2x+4$ ⑤ 4

15

$a>0$, $b<0$일 때, $\sqrt{a^2}+\sqrt{a^2-2ab+b^2}-\sqrt{b^2}$을 간단히 하면?

① $-2b$ ② $-2a$ ③ 0
④ $2a$ ⑤ $2b$

유형 05 인수분해 공식 a^2-b^2

16

$9x^2-25$를 인수분해하면?

① $(3x+5)^2$ ② $(3x-5)^2$
③ $(3x+5)(3x-5)$ ④ $9(x+5)(x-5)$
⑤ $(x+5)(9x-5)$

17

다음 중 인수분해한 것이 옳은 것은?

① $a^2-1=(a-1)^2$
② $-x^2+y^2=(x+y)(x-y)$
③ $10x^2-40=10(x+2)(x-2)$
④ $36a^2-25b^2=(6a+5b)(6a-b)$
⑤ $ax^2-16ay^2=(ax+4ay)(ax-4ay)$

18

다음 중 $2x^3-8x$의 인수가 <u>아닌</u> 것은?

① $2x$ ② $x+2$ ③ $x-2$
④ $x(x+2)$ ⑤ $x(x^2+4)$

유형 06 인수분해 공식 $x^2+(a+b)x+ab$, $acx^2+(ad+bc)x+bd$ 최다 빈출

19

$x^2-3x-18$이 일차항의 계수가 1인 두 일차식의 곱으로 인수분해될 때, 두 일차식의 합을 구하시오.

20

다음 중 $8x^2+14x-15$의 인수인 것은?

① $x-15$ ② $2x-5$ ③ $4x-3$
④ $2x+3$ ⑤ $4x+5$

21

$(x-2)(x+3)-14$를 인수분해하면?

① $(x+2)(x-10)$ ② $(x+2)(x-4)$
③ $(x+4)(x-5)$ ④ $(x+4)(x-2)$
⑤ $(x+5)(x-4)$

22

다음 두 다항식의 공통인 인수는?

$3x^2-x-2$, $6x^2-7x+1$

① $x-2$ ② $x-1$ ③ $x+1$
④ $x+2$ ⑤ $2x-1$

실수 주의

23

$x^2+Ax-15=(x+a)(x+b)$일 때, 다음 중 상수 A의 값이 될 수 <u>없는</u> 것은? (단, a, b는 정수)

① -14 ② -8 ③ -2
④ 2 ⑤ 14

● 정답 및 풀이 39쪽

유형 07 인수분해 공식 종합 최다 빈출

24

다음 중 인수분해한 것이 옳은 것은?

① $x^2+x+\frac{1}{2}=\left(x+\frac{1}{2}\right)^2$
② $9x^2-12x+4=(3x-4)^2$
③ $1-16x^2=(4x+1)(4x-1)$
④ $x^2-x-20=(x+5)(x-4)$
⑤ $5x^2-7x-6=(x-2)(5x+3)$

25

다음 중 $2x+1$을 인수로 갖지 않는 것은?

① $4x^2-1$ ② $4x^2+2x$
③ $2x^2+5x-3$ ④ $2x^2+15x+7$
⑤ $4x^2+4x+1$

26

다음 등식을 만족시키는 상수 a, b, c, d에 대하여 $a+b+c+d$의 값을 구하시오.

$$9x^2+6x+1=(ax+1)^2$$
$$x^2-49=(x+b)(x-7)$$
$$x^2-10x+9=(x-1)(x-c)$$
$$3x^2+xy-10y^2=(x+dy)(3x-5y)$$

유형 08 인수가 주어진 이차식의 미지수의 값 구하기

27

$4x^2+ax-15$가 $2x-5$를 인수로 가질 때, 상수 a의 값은?

① -4 ② -2 ③ 1
④ 2 ⑤ 4

28

$3x^2+ax-8$이 $x-2$로 나누어떨어질 때, 상수 a의 값은?

① -4 ② -2 ③ 2
④ 4 ⑤ 6

29

상수 a, b에 대하여 두 다항식 $x^2+ax+24$와 $3x^2-10x+b$의 공통인 인수가 $x-4$일 때, 다항식 $2x^2+bx+a$를 인수분해하시오.

유형 09 계수 또는 상수항을 잘못 보고 푼 경우

30

x^2의 계수가 1인 어떤 이차식을 인수분해하는데 지율이는 x의 계수를 잘못 보고 $(x-5)(x-2)$로 인수분해하였고, 라희는 상수항을 잘못 보고 $(x+2)(x+9)$로 인수분해하였다. 처음 이차식을 바르게 인수분해한 것은?

① $(x-1)(x-10)$ ② $(x-1)(x+10)$
③ $(x+1)(x-10)$ ④ $(x+1)(x+10)$
⑤ $(x+2)(x+5)$

31

x^2의 계수가 4인 어떤 이차식을 인수분해하는데 수진이는 x의 계수를 잘못 보고 $2(x-4)(2x-1)$로 인수분해하였고, 대환이는 상수항을 잘못 보고 $(2x-3)^2$으로 인수분해하였다. 처음 이차식을 바르게 인수분해하시오.

32

어떤 이차식을 인수분해하는데 다영이는 x^2의 계수만 잘못 보고 $(2x-3)(3x-2)$로 인수분해하였고, 현준이는 x의 계수만 잘못 보고 $2(x-3)(x-1)$로 인수분해하였다. 처음 이차식을 바르게 인수분해한 것은?

① $2(x-3)(x-2)$ ② $2(x-3)(x+1)$
③ $(2x-1)(x-6)$ ④ $(2x-1)(x+6)$
⑤ $(2x+1)(x-6)$

유형 10 인수분해 공식의 도형에의 활용 (최다 빈출)

33

다음 그림과 같이 넓이가 각각 x^2, x, 1인 세 종류의 직사각형 6개를 모두 사용하여 겹치지 않게 이어 붙여 하나의 큰 직사각형을 만들 때, 새로 만든 큰 직사각형의 둘레의 길이는?

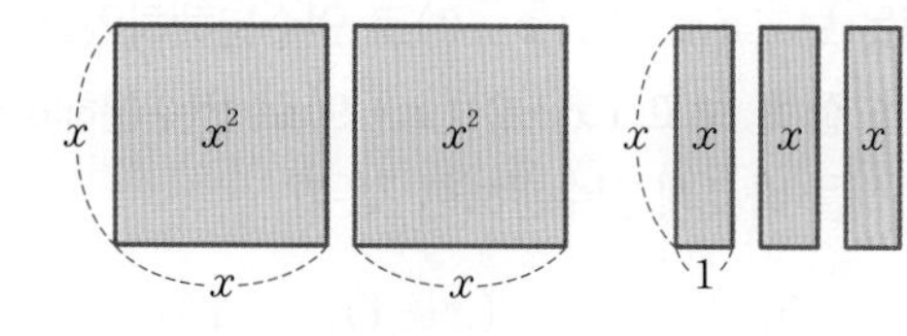

① $3x+2$ ② $4x+2$ ③ $5x+5$
④ $6x+2$ ⑤ $6x+4$

34 (New)

넓이가 $12x^2+7xy-10y^2$이고 가로의 길이가 $3x+ay$인 직사각형 모양의 퍼즐이 있다. 상수 a의 값과 이 퍼즐의 세로의 길이를 각각 구하시오.

35

다음 그림에서 두 도형 A, B의 넓이가 서로 같을 때, 도형 B의 가로의 길이를 구하시오.

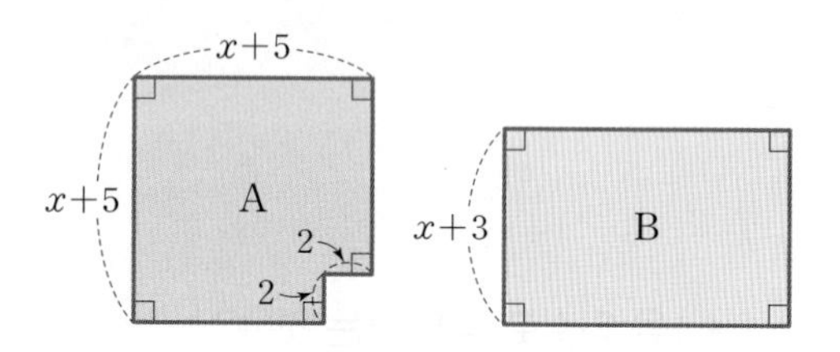

36

다음 그림과 같이 넓이가 x^2인 정사각형 막대 1개, 넓이가 x인 직사각형 막대 8개, 넓이가 1인 정사각형 막대 10개를 모두 사용하여 겹치지 않게 이어 붙여 하나의 큰 정사각형을 만들려고 한다. 수민이는 여러 번의 시도 끝에 넓이가 1인 정사각형 막대가 더 필요하다는 사실을 깨달았다. 이때 더 필요한 넓이가 1인 정사각형 막대의 개수를 구하시오.

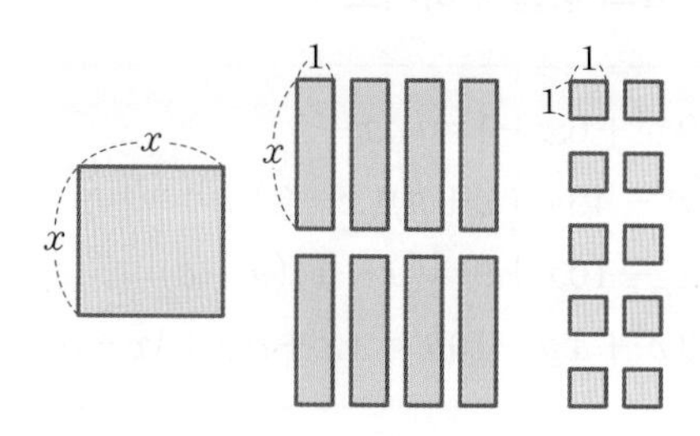

● 정답 및 풀이 40쪽

유형 11 공통인 인수로 묶어 인수분해하기

37

$(x-1)x^2+x(x-1)-20(x-1)$을 인수분해하면?

① $(x-1)(x-4)(x+5)$
② $(x-1)(x+4)(x-5)$
③ $(x+1)(x+4)(x-5)$
④ $(x-1)^2(x+5)$
⑤ $(x-1)^2(x-4)$

38

다음 중 $x^2(x-1)-x+1$의 인수를 모두 고르면? (정답 2개)

① $(x-1)^3$ ② $(x-1)^2$ ③ $x+1$
④ $(x+1)^2$ ⑤ $(x+1)^3$

39

다음 식을 인수분해하시오.

$$(4x+2)x^2+(2x+1)x-2x-1$$

유형 12 치환을 이용하여 인수분해하기 (최다 빈출)

40

$(x+2)^2-2(x+2)-15=(x+a)(x+b)$일 때, 상수 a, b에 대하여 $a+b$의 값은?

① -5 ② -2 ③ 2
④ 5 ⑤ 8

41

$(x-3y)(x-3y+5)-14$를 인수분해하면?

① $(x-3y-7)(x-3y-2)$
② $(x-3y-7)(x-3y+2)$
③ $(x-3y+7)(x-3y-2)$
④ $(x-3y+7)(x-3y+2)$
⑤ $(x-3y+7)(x+3y-2)$

42

$(3x-5)^2-(2x+1)^2$이 x의 계수가 자연수인 두 일차식의 곱으로 인수분해될 때, 두 일차식의 합은?

① $2x-4$ ② $5x-10$ ③ $6x-8$
④ $6x-10$ ⑤ $6x-2$

43

$3(x^2-3x)^2+5(x^2-3x)-2$를 인수분해하시오.

유형 13 적당한 항끼리 묶어 인수분해하기 최다 빈출

44

다음 보기에서 $a^3-a+b-a^2b$의 인수를 모두 고른 것은?

보기

ㄱ. $a-b$ ㄴ. $a+b$ ㄷ. $a-1$

ㄹ. $a+1$ ㅁ. a^2+1 ㅂ. $a(b-1)$

① ㄱ, ㄴ, ㄷ ② ㄱ, ㄷ, ㄹ ③ ㄱ, ㄹ, ㅁ
④ ㄴ, ㄷ, ㅂ ⑤ ㄷ, ㄹ, ㅁ

45

$x^2+4x+4y-y^2$이 x의 계수가 1인 두 일차식의 곱으로 인수분해될 때, 두 일차식의 합은?

① $2x-4$ ② $2x+4$ ③ $2y-4$
④ $2x-2y+4$ ⑤ $2x+2y+4$

46

$x^2-16+8y-y^2$의 인수를 모두 고르면? (정답 2개)

① $x-y-4$ ② $x-y+4$ ③ $x+y-4$
④ $x+y+4$ ⑤ $x+y+8$

47

$(x-3)(x-2)(x+1)(x+2)-60$을 인수분해하면?

① $(x-3)(x+2)(x^2-x+8)$
② $(x-3)(x+4)(x^2-x+4)$
③ $(x-4)(x+3)(x^2-x+4)$
④ $(x-4)(x+3)(x^2+x-8)$
⑤ $(x-4)(x+3)(x^2+x+4)$

48

$x(x-1)(x+3)(x+4)+k$가 완전제곱식이 되도록 하는 상수 k의 값을 구하시오.

up 유형 14 내림차순으로 정리하여 인수분해하기

49

$x^2+2xy+3x-2y-4$를 인수분해하면?

① $(x-1)(x-2y-4)$
② $(x-1)(x-2y+4)$
③ $(x-1)(x+2y+4)$
④ $(x+1)(x-2y+2)$
⑤ $(x+1)(x+2y-4)$

50

$x^2-y^2+7y+x-12=(x+y+a)(x+by+c)$일 때, 상수 a, b, c에 대하여 $a+b+c$의 값을 구하시오.

• 정답 및 풀이 42쪽

유형 15 인수분해 공식을 이용한 수의 계산

51

다음 중 $83^2+2\times83\times17+17^2$을 계산할 때 가장 편리한 인수분해 공식은?

① $a^2+2ab+b^2=(a+b)^2$
② $a^2-2ab+b^2=(a-b)^2$
③ $a^2-b^2=(a+b)(a-b)$
④ $x^2+(a+b)x+ab=(x+a)(x+b)$
⑤ $acx^2+(ad+bc)x+bd=(ax+b)(cx+d)$

52

인수분해 공식을 이용하여 $\sqrt{53^2-28^2}$을 계산하면?

① 5　② 9　③ 25　④ 45　⑤ 81

53

인수분해 공식을 이용하여 다음을 계산하시오.

$$\frac{998\times996+998\times4}{999^2-1}$$

54

인수분해 공식을 이용하여 다음을 계산하시오.

$$1^2-2^2+3^2-4^2+5^2-6^2+7^2-8^2+9^2-10^2$$

유형 16 인수분해 공식을 이용한 식의 값 (최다 빈출)

55

$x=\frac{1}{2-\sqrt{3}}$, $y=\frac{1}{2+\sqrt{3}}$일 때, x^2+y^2-2xy의 값은?

① 3　② 4　③ 8　④ 12　⑤ 15

56

$x=\sqrt{3}+5$일 때, $(x-3)^2-4(x-3)+4$의 값을 구하시오.

57

$x+y=3$, $x-y=5$일 때, x^2+7x-y^2-7y의 값은?

① 15　② 32　③ 40　④ 46　⑤ 50

58

$xy=10$, $x^2y+2x-xy^2-2y=36$일 때, $x-y$의 값은?

① 3　② 5　③ 7　④ 9　⑤ 11

기출에서 바로 뽑아온 서술형

전국 1000여 개 학교 시험 문제를 분석하여 출제율 높은 서술형 문제만 선별했어요!

01

$x^2+(2a-1)x+25$가 완전제곱식이 되도록 하는 모든 상수 a의 값을 구하시오. [4점]

채점 기준 1 완전제곱식이 되기 위한 x의 계수 구하기 ··· 2점

$x^2+(2a-1)x+25$가 완전제곱식이 되려면

$2a-1=$ ______

채점 기준 2 a의 값 구하기 ··· 2점

(i) $2a-1=$ ______이면 $a=$ ______

(ii) $2a-1=$ ______이면 $a=$ ______

(i), (ii)에서 $a=$ ______ 또는 $a=$ ______

01-1

숫자 바꾸기

$4x^2+(a+1)x+9$가 완전제곱식이 되도록 하는 모든 상수 a의 값을 구하시오. [4점]

채점 기준 1 완전제곱식이 되기 위한 x의 계수 구하기 ··· 2점

채점 기준 2 a의 값 구하기 ··· 2점

02

x^2의 계수가 1인 어떤 이차식을 인수분해하는데 가은이는 상수항을 잘못 보고 $(x-3)(x-4)$로 인수분해하였고, 나은이는 x의 계수를 잘못 보고 $(x-1)(x-10)$으로 인수분해하였다. 다음 물음에 답하시오. [6점]

(1) 처음 이차식을 구하시오. [3점]

(2) 처음 이차식을 바르게 인수분해하시오. [3점]

(1) **채점 기준 1** 처음 이차식의 일차항의 계수 구하기 ··· 1점

가은이는 ______를 바르게 보았으므로

$(x-3)(x-4)=$ ______에서

처음 이차식의 일차항의 계수는 ______이다.

채점 기준 2 처음 이차식의 상수항 구하기 ··· 1점

나은이는 ______을 바르게 보았으므로

$(x-1)(x-10)=$ ______에서

처음 이차식의 상수항은 ______이다.

채점 기준 3 처음 이차식 구하기 ··· 1점

처음 이차식은 ______

(2) **채점 기준 4** 처음 이차식을 바르게 인수분해하기 ··· 3점

처음 이차식을 바르게 인수분해하면

______

02-1

숫자 바꾸기

x^2의 계수가 1인 어떤 이차식을 인수분해하는데 경훈이는 상수항을 잘못 보고 $(x-2)(x+5)$로 인수분해하였고, 영훈이는 x의 계수를 잘못 보고 $(x-2)(x+9)$로 인수분해하였다. 다음 물음에 답하시오. [6점]

(1) 처음 이차식을 구하시오. [3점]

(2) 처음 이차식을 바르게 인수분해하시오. [3점]

(1) **채점 기준 1** 처음 이차식의 일차항의 계수 구하기 ··· 1점

채점 기준 2 처음 이차식의 상수항 구하기 ··· 1점

채점 기준 3 처음 이차식 구하기 ··· 1점

(2) **채점 기준 4** 처음 이차식을 바르게 인수분해하기 ··· 3점

03

$6x^2-(3a+1)x-20$을 인수분해하면 $(2x-b)(3x+4)$일 때, 상수 a, b에 대하여 $a+b$의 값을 구하시오. [4점]

04

$x-2$가 두 다항식 x^2+2x+a, $3x^2-bx-2$의 공통인 인수일 때, 상수 a, b에 대하여 $a-b$의 값을 구하시오. [6점]

05

다음 그림과 같이 큰 직사각형에서 가로의 길이가 2, 세로의 길이가 3인 직사각형을 잘라내고 남은 도형 A의 넓이는 직사각형 B의 넓이의 2배가 된다고 한다. 이때 직사각형 B의 가로의 길이를 구하시오. [7점]

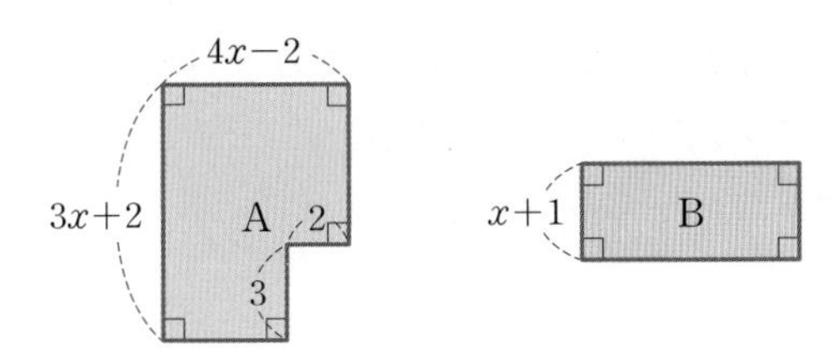

06

$(x^2+x-11)^2-81$의 인수 중 x의 계수가 1인 일차식의 합을 구하시오. [6점]

07

$x=\dfrac{4}{3-\sqrt{5}}$, $y=\dfrac{4}{3+\sqrt{5}}$일 때, $2x^2+5xy+2y^2$의 값을 구하시오. [6점]

08

$a-b=3$, $ab=4$일 때, $a^2-b^2-2a-2b$의 값을 구하시오. (단, a, b는 양수) [7점]

실전! 중단원

학교 시험 1회

학교 선생님들이 출제하신 진짜 학교 시험 문제예요!

01

다음 중 x^3-x의 인수가 아닌 것은? [3점]

① x ② x^2
③ $x+1$ ④ $(x+1)(x-1)$
⑤ $x(x-1)$

02

다음 중 완전제곱식으로 인수분해할 수 있는 것은? [3점]

① x^2-4 ② $x^2+6xy+3y^2$
③ $2x^2+8x+8$ ④ $4x^2+6x+9$
⑤ $x^2-x+\frac{1}{2}$

03

이차식 $3x^2-4x+k$가 완전제곱식이 되도록 하는 상수 k의 값은? [4점]

① $\frac{4}{9}$ ② $\frac{2}{3}$ ③ $\frac{4}{3}$
④ 2 ⑤ 4

04

$-3<a<3$일 때, $\sqrt{a^2+6a+9}-\sqrt{a^2-6a+9}$를 간단히 하면? [4점]

① $-2a$ ② -6 ③ 0
④ 6 ⑤ $2a$

05

$49x^2-16y^2$을 인수분해하면? [3점]

① $(7x+4y)(7x-4y)$ ② $(4x+7y)(4x-7y)$
③ $(7x+4y)(4x-7y)$ ④ $(7x-4y)(4x+7y)$
⑤ $(7x+4y)(4x+7y)$

06

$10x^2+7x-12$가 x의 계수가 자연수인 두 일차식의 곱으로 인수분해될 때, 두 일차식의 합은? [3점]

① $7x-4$ ② $7x-1$ ③ $7x+1$
④ $11x-4$ ⑤ $11x+4$

07

$5x^2+7x-a=(5x-3)(bx+c)$일 때, 정수 a, b, c에 대하여 abc의 값은? **[4점]**

① 4　　② 6　　③ 9
④ 12　　⑤ 18

08

다음 중 $6x^2-7x-3$과 $8x^2-2x-15$의 공통인 인수는? **[3점]**

① $x-1$　　② $x+3$　　③ $2x-3$
④ $2x+1$　　⑤ $4x-5$

09

$x^2+Ax+20=(x+a)(x+b)$일 때, 다음 중 상수 A의 값이 될 수 <u>없는</u> 것은? (단, a, b는 정수) **[5점]**

① -12　　② -9　　③ 8
④ 12　　⑤ 21

10

다음 중 인수분해한 것이 옳지 <u>않은</u> 것은? **[4점]**

① $2xy^2+xy=xy(2y+1)$
② $4x^2-12x+9=(2x-3)^2$
③ $4a^2-9b^2=(2a+3b)(2a-3b)$
④ $x^2-4x+3=(x-1)(x-3)$
⑤ $6x^2-5x-4=(3x+4)(2x-1)$

11

$x-2$가 두 다항식 $x^2+ax-12$, $2x^2-5x+b$의 공통인 인수일 때, 상수 a, b에 대하여 $a+b$의 값은? **[5점]**

① -6　　② -3　　③ 1
④ 3　　⑤ 6

12

x^2의 계수가 2인 어떤 이차식을 인수분해하는데 보검이는 x의 계수를 잘못 보고 $(2x+3)(x-5)$로 인수분해하였고, 해인이는 상수항을 잘못 보고 $(2x-3)(x+2)$로 인수분해하였다. 처음 이차식을 바르게 인수분해한 것은? **[4점]**

① $(2x-1)(x-5)$　　② $(2x+5)(x-1)$
③ $(2x+1)(x-3)$　　④ $(2x-5)(x+3)$
⑤ $(2x-3)(x+5)$

13

다음 그림의 직사각형을 모두 사용하여 하나의 큰 직사각형을 만들 때, 새로 만든 직사각형의 둘레의 길이는? [4점]

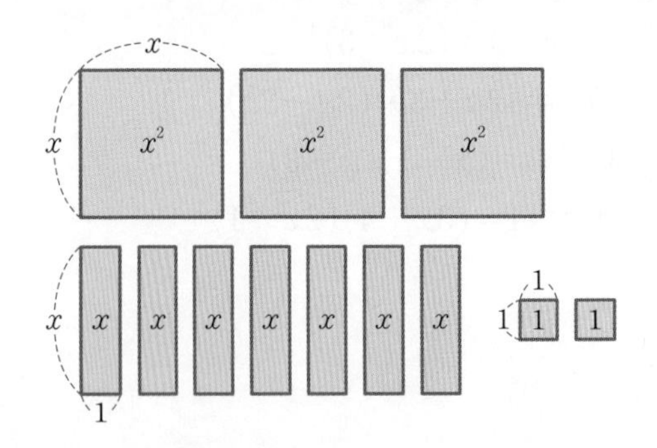

① $8x+2$ ② $8x+4$ ③ $8x+6$
④ $8x+8$ ⑤ $8x+10$

14

오른쪽 그림과 같은 사다리꼴의 넓이가 $6x^2+13x-5$일 때, 이 사다리꼴의 높이는? [4점]

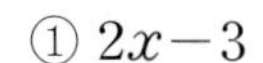

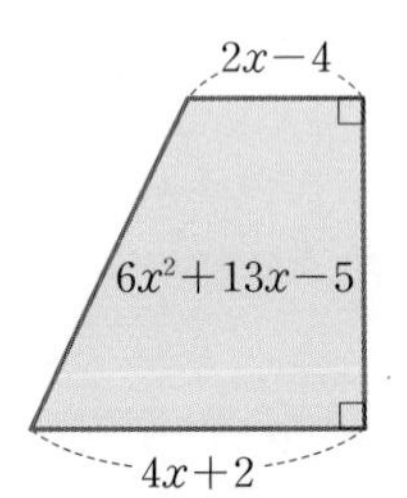

① $2x-3$ ② $2x-1$
③ $2x+1$ ④ $2x+3$
⑤ $2x+5$

15

$(3x+1)^2-2(3x+1)-15=(3x+a)(3x+b)$일 때, 상수 a, b에 대하여 $a+b$의 값은? [4점]

① -4 ② -2 ③ 0
④ 2 ⑤ 4

16

x^2-y^2-6x+9를 인수분해하면? [4점]

① $(x+y-3)(x-y-3)$ ② $(x+y-3)(x-y+3)$
③ $(x+y+3)(x-y-3)$ ④ $(x+y+3)(x-y+3)$
⑤ $(x+y-1)(x-y-9)$

17

다음 중 $x^2-y^2+x+5y-6$의 인수인 것은? [4점]

① $x+y+2$ ② $x+y-2$ ③ $x+y-3$
④ $x-y-2$ ⑤ $x-y-3$

18

인수분해 공식을 이용하여 $\dfrac{998^2-5\times998+4}{997\times998}$를 계산하면? [5점]

① 497 ② 499 ③ 500
④ $\dfrac{497}{499}$ ⑤ $\dfrac{499}{497}$

서술형

19

$\frac{1}{9}x^2+(k-1)x+4$가 완전제곱식이 되도록 하는 모든 상수 k의 값의 합을 구하시오. [6점]

20

$(x+y)(x+y-8)+15$를 인수분해하시오. [4점]

21

인수분해 공식을 이용하여 다음을 계산하시오. [7점]

$$1^2-3^2+5^2-7^2+9^2-11^2$$

22

$a+b=3$이고 $a(a+1)-b(b+1)=4$일 때, $a-b$의 값을 구하시오. [6점]

23

$x=1+\sqrt{3}$, $y=\sqrt{5}-1$일 때, x^2-2x+y^2+2y+2의 값을 구하시오. [7점]

실전! 중단원 학교 시험 2회

학교 선생님들이 출제하신 진짜 학교 시험 문제예요!

01

다음 중 두 다항식 $4x^2y-6xy^2$, $9y^2-6xy$의 공통인 인수는? **[3점]**

① x ② xy ③ $x+y$
④ $2x-3y$ ⑤ $2y^2$

02

다음 식이 모두 완전제곱식이 될 때, □ 안에 들어갈 양수 중 가장 작은 것은? **[4점]**

① $x^2+\square x+4$ ② $4x^2+16x+\square$
③ $x^2-\frac{1}{\square}x+\frac{1}{16}$ ④ $9x^2+30xy+\square y^2$
⑤ $\square y^2-6y+4$

03

두 다항식 $9x^2+Ax+25$, $x^2-12x+B$가 모두 완전제곱식이 될 때, 상수 A, B에 대하여 $A-B$의 값은?

(단, $A>0$) **[4점]**

① -6 ② -3 ③ 3
④ 6 ⑤ 9

04

$\sqrt{x}=a+1$일 때, $\sqrt{x}-\sqrt{x-4a}$를 간단히 하면?

(단, $0<a<1$) **[5점]**

① $-2a$ ② $-2a+1$ ③ 1
④ $2a$ ⑤ $2a+1$

05

다음 중 $x+2$를 인수로 갖지 않는 것은? **[4점]**

① x^2+x-2 ② x^2+2x-8
③ $x^2-3x-10$ ④ x^2+4x+4
⑤ $x^2-5x-14$

06

다음 중 $(2x-5)(3x+7)+28$의 인수를 모두 고르면?

(정답 2개) **[3점]**

① $x+1$ ② $2x-7$ ③ $3x-1$
④ $3x+7$ ⑤ $6x-7$

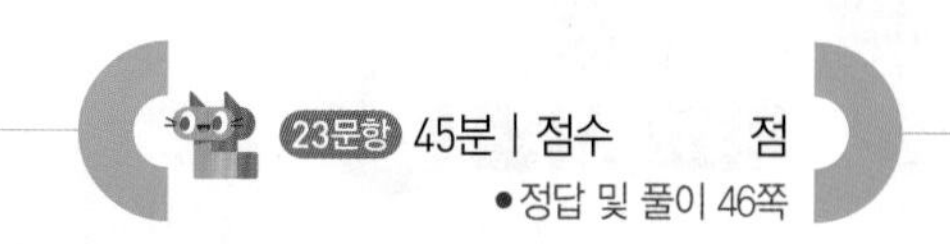

07

다음 중 인수분해한 것이 옳지 않은 것은? [4점]

① $a^2b-ab^2=ab(a-b)$
② $x^2-\frac{2}{5}x+\frac{1}{25}=\left(x-\frac{1}{5}\right)^2$
③ $-x^2-9=(-x-3)(-x+3)$
④ $x^2-x-6=(x+2)(x-3)$
⑤ $3x^2+x-2=(x+1)(3x-2)$

08

$6x^2+ax-12$가 $2x-3$을 인수로 가질 때, 상수 a의 값은? [3점]

① -3　② -2　③ -1
④ 1　⑤ 2

09

x^2의 계수가 1인 어떤 이차식을 인수분해하는데 지은이는 x의 계수를 잘못 보고 $(x+5)(x-4)$로 인수분해하였고, 보영이는 상수항을 잘못 보고 $(x+4)^2$으로 인수분해하였다. 처음 이차식을 바르게 인수분해한 것은? [4점]

① $(x+3)(x+5)$　② $x(x+8)$
③ $(x+4)(x-5)$　④ $(x+10)(x-2)$
⑤ $(x+4)(x-4)$

10

넓이가 $6x^2-x-2$인 삼각형의 밑변의 길이가 $4x+2$일 때, 이 삼각형의 높이는? [4점]

① $3x-2$　② $2x-1$　③ $2x+1$
④ $2x+3$　⑤ $3x+2$

11

다음 그림과 같이 한 변의 길이가 각각 a, b인 두 정사각형이 있다. 색칠한 부분의 둘레의 길이와 넓이가 48로 서로 같을 때, $a-b$의 값은? (단, $a>b$) [4점]

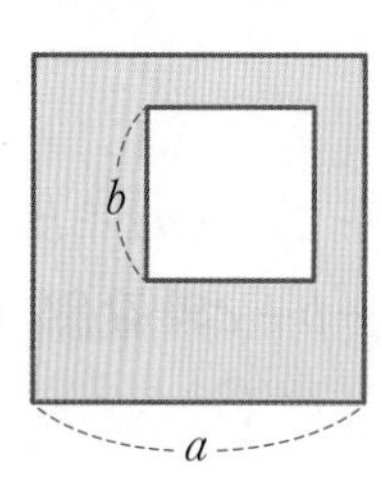

① 1　② 2　③ 3
④ 4　⑤ 5

12

$-3a^3+6a^2b-3ab^2$을 인수분해하면? [3점]

① $3a(a+b)^2$　② $3a(a-b)^2$
③ $3b(a-b)^2$　④ $-3b(a+b)^2$
⑤ $-3a(a-b)^2$

13

다음 세 다항식이 $x+ay$를 공통인 인수로 가질 때, 정수 a, b에 대하여 $a+b$의 값은? [5점]

$$x^2-xy+3x-3y$$
$$xy-2x-y^2+2y$$
$$x^2+bxy-2y^2$$

① 0 ② 1 ③ 2
④ 3 ⑤ 4

14

$(x-y)^2-8(x-y-2)=(ax+by+c)^2$일 때, 상수 a, b, c에 대하여 $a+b+c$의 값은? (단, $a>0$) [4점]

① -4 ② -3 ③ -2
④ -1 ⑤ 0

15

$x(x+1)(x+2)(x+3)+k$가 완전제곱식이 되도록 하는 상수 k의 값은? [4점]

① -1 ② 1 ③ 3
④ 5 ⑤ 7

16

자연수 3^8-1이 a의 배수일 때, 다음 중 자연수 a의 값이 될 수 없는 것은? [5점]

① 20 ② 32 ③ 41
④ 60 ⑤ 80

17

$x=3.5$, $y=1.5$일 때, x^2-y^2의 값은? [3점]

① 6 ② 7 ③ 8
④ 9 ⑤ 10

18

$x+2y=\frac{1}{\sqrt{2}-1}$, $x-2y=\frac{1}{\sqrt{2}+1}$일 때, $x^2-4y^2+3x-6y$의 값은? [4점]

① -2 ② $-3\sqrt{2}+2$ ③ $3\sqrt{2}-2$
④ 2 ⑤ $3\sqrt{2}+2$

서술형

19

$2x^2+7xy-15y^2=(ax+by)(cx+dy)$일 때, 정수 a, b, c, d에 대하여 $a+b+c+d$의 값을 구하시오.

(단, $a>0$) [4점]

20

다음 그림에서 직사각형 A와 정사각형 B의 둘레의 길이가 서로 같다. A의 넓이가 $x^2+10x+21$일 때, B의 넓이를 ax^2+bx+c 꼴로 나타내시오.

(단, a, b, c는 상수)[6점]

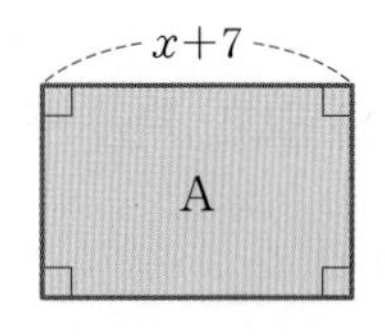

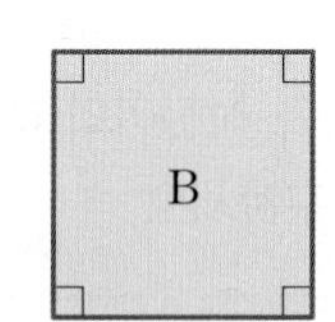

21

$2(x+2)^2+3(x+2)(x-5)-2(x-5)^2$을 인수분해하시오. [6점]

22

인수분해 공식을 이용하여 다음을 계산하시오. [7점]

$$96\times96+185\times25-104\times104-185\times13$$

23

$x+y=4$이고 $x^2y+(y^2+3)x+3y=24$일 때, x^2+y^2의 값을 구하시오. [7점]

중학교 수학 교과서 10종을 분석한 교과서별 출제 예상 문제예요!

01

천재 변형

다항식 $x^2-9ax+3b$에 다항식 $ax+5b$를 더한 후 인수분해하면 완전제곱식이 될 때, 이를 만족시키는 순서쌍 (a, b) 중에서 $a+b$의 최댓값을 구하시오.

(단, a, b는 100 이하의 자연수)

02

동아 변형

서로 다른 주사위 두 개를 동시에 던져 나온 눈의 수를 각각 p, q라 할 때, 다항식 x^2+px+q가 인수분해가 되는 경우는 모두 몇 가지인지 구하시오.

03

비상 변형

x에 대한 이차식 ax^2+8x+1이 상수항이 1인 x에 대한 두 일차식의 곱으로 인수분해될 때, a의 최댓값과 최솟값을 각각 구하시오. (단, a는 자연수)

04

미래엔 변형

다음 지민이와 석진이의 대화를 읽고, 지민이의 휴대폰 비밀번호를 구하시오.

> 지민 : 내 휴대폰 비밀번호는 A, B, C, D 네 개의 숫자로 만들 수 있는 가장 작은 네 자리의 자연수야. 맞혀봐.
> 석진 : 힌트 좀 줄래?
> 지민 : $(Ax-B)(Cx+D)+x^2+14=9(x+1)^2$ 을 만족해.

●정답 및 풀이 48쪽

05

지학사 변형

자연수 3^8-2^8을 나누어떨어지게 하는 두 자리의 자연수 a는 모두 몇 개인지 구하시오.

06

금성 변형

다음 그림과 같은 원 모양의 연못의 둘레에 폭이 $2a$ m로 일정한 산책로가 있다. 이 산책로의 한가운데를 지나는 원을 선으로 그었더니 선의 길이가 20π m였다. 산책로의 넓이가 200π m^{2}일 때, 산책로의 폭의 길이를 구하시오.

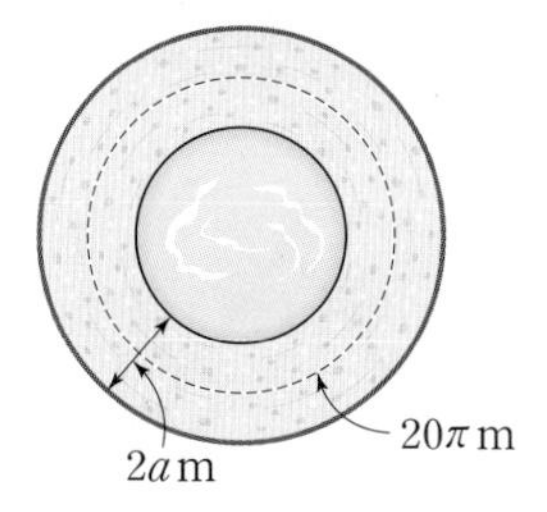

07

동아 변형

밑면이 한 변의 길이가 $x+2$인 정사각형인 직육면체 모양의 상자의 부피가 x^3+2x^2-4x-8이고 겉넓이가 ax^2+bx+c일 때, 상수 a, b, c에 대하여 $a+b+c$의 값을 구하시오.

08

신사고 변형

다음 그림과 같이 바둑돌 100개를 10×10 정사각형의 모양으로 두고, 성준이는 파란색으로 표시된 부분에 놓인 바둑돌을, 진호는 빨간색으로 표시된 부분에 놓인 바둑돌을 가져가려고 한다. 성준이와 진호가 가져가는 바둑돌은 각각 몇 개인지 구하시오.

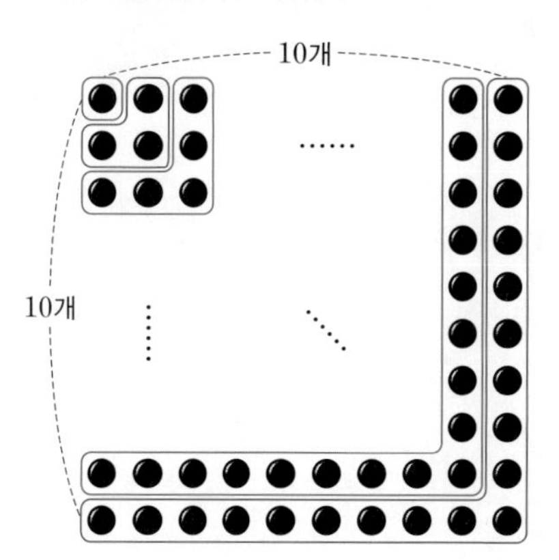

기출에서 pick한

부록

- 기출에서 pick한 고난도 50
- 중간고사 대비 실전 모의고사 5회
- 특별한 부록

동아출판 홈페이지 (www.bookdonga.com)에서
〈실전 모의고사 5회〉를 다운 받아 사용하세요.

전국 1000여 개 학교 시험 문제를 분석하여 자주 출제되는 고난도 문제를 선별한 만점 대비 문제예요!

I-1 제곱근과 실수

01

복사 용지로 사용되는 A 판과 B 판의 용지는 계속 절반으로 잘라도 각각 서로 닮음이 된다. A 판 용지는 다음 그림과 같이 A0 용지를 계속 반으로 잘라서 만든 것이며, B 판 용지는 B0 용지를 계속 반으로 잘라서 만든 것이다. 이때 B0 용지는 A0 용지와 닮음이면서 A0 용지의 넓이의 1.5배가 된다. A2 용지와 B4 용지의 긴 변의 길이 사이의 비가 $a:\sqrt{b}$일 때, ab의 최솟값을 구하시오. (단, a, b는 자연수)

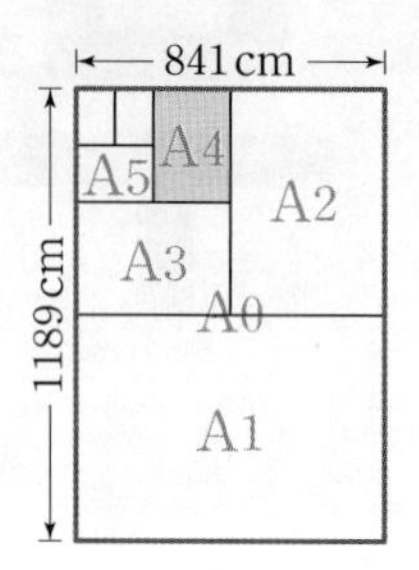

02

$\sqrt{1+3+5+7+9+\cdots+59}$를 근호를 사용하지 않고 나타내시오.

03

$\sqrt{50-x}=\sqrt{28+y}+1$을 만족시키는 자연수 x, y에 대하여 $x+y$의 값을 구하시오.

04

$\sqrt{\dfrac{45-9x}{y}}$가 자연수가 되도록 하는 자연수 x, y의 순서쌍 (x, y)는 모두 몇 개인지 구하시오.

05

다음 그림에서 장미와 튤립을 심은 화단은 모두 정사각형 모양이고, 그 넓이가 각각 $45n$, $56-n$이다. 장미와 튤립을 심은 화단의 한 변의 길이가 모두 자연수일 때, 데이지를 심은 직사각형 모양의 화단의 넓이를 구하시오. (단, n은 자연수)

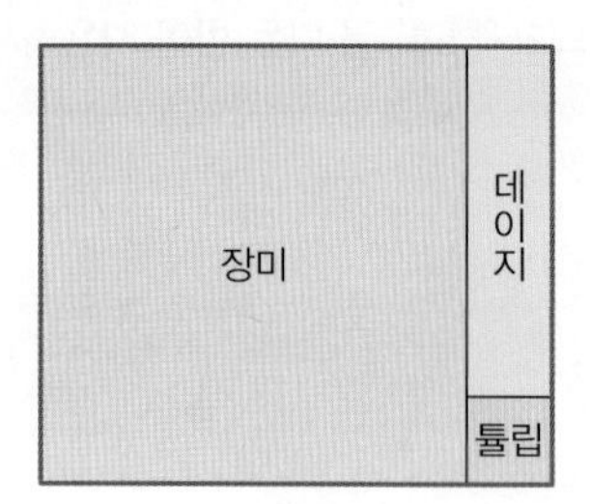

06

연속하는 세 짝수 x, y, z와 자연수 k에 대하여 $\sqrt{x+y+z}=k$가 성립한다. 이 연속하는 세 짝수의 합이 150 미만일 때, 조건을 만족시키는 모든 y의 값의 합을 구하시오. (단, $0<x<y<z$)

07

자연수 x에 대하여 $\sqrt{x}$ 이하의 자연수의 개수를 $f(x)$라 할 때, $f(21)+f(22)+f(23)+\cdots+f(50)$의 값을 구하시오.

08

자연수 x에 대하여 $\sqrt{x}$ 보다 작은 자연수의 개수를 $f(x)$라 할 때, 다음을 만족시키는 자연수 n의 값을 구하시오.

$$f(1)+f(2)+f(3)+\cdots+f(n)=50$$

09

$1\le n\le 250$인 자연수 n에 대하여 $\sqrt{n}$, $\sqrt{2n}$이 모두 무리수가 되도록 하는 n은 모두 몇 개인지 구하시오.

10

$0<a<1$일 때, 다음 중 그 값이 두 번째로 작은 것을 구하시오.

$$a,\quad \sqrt{a},\quad \frac{1}{a},\quad a^2,\quad \sqrt{\frac{1}{a}}$$

I-2 근호를 포함한 식의 계산

11

다음 그림에서 정삼각형과 정사각형의 둘레의 길이가 서로 같고, 정삼각형의 한 변의 길이가 $\sqrt{3}$일 때, 정삼각형의 넓이는 정사각형의 넓이의 몇 배인지 구하시오.

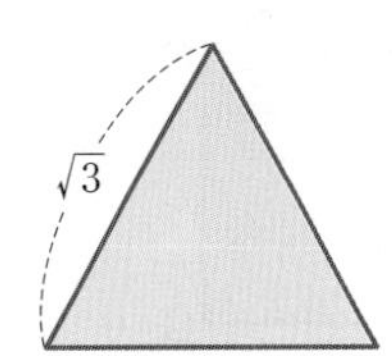

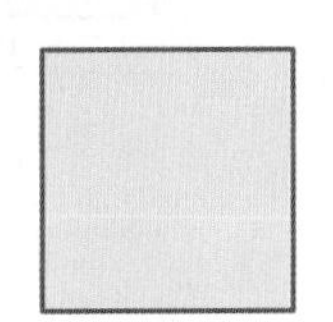

12

$a>0$, $b>0$이고 $ab=3$일 때,

$a\sqrt{\frac{12b}{a}}+\frac{1}{a}\sqrt{\frac{3a}{b}}-b\sqrt{\frac{27a}{b}}$의 값을 구하시오.

13

일차부등식 $2\sqrt{3}x-\sqrt{2}<\sqrt{6}(\sqrt{2}-\sqrt{3})x+1$을 만족시키는 정수 x의 값 중 가장 큰 수를 구하시오.

14

다음 그림과 같이 $\angle B=90°$인 직각삼각형 ABC에서 $\overline{AB}$, $\overline{BC}$를 각각 한 변으로 하는 정사각형을 그렸더니 정사각형 BFGC의 넓이가 40이었다. $\triangle ABC$의 넓이가 $6\sqrt{5}$일 때, 정사각형 ADEB의 넓이를 구하시오.

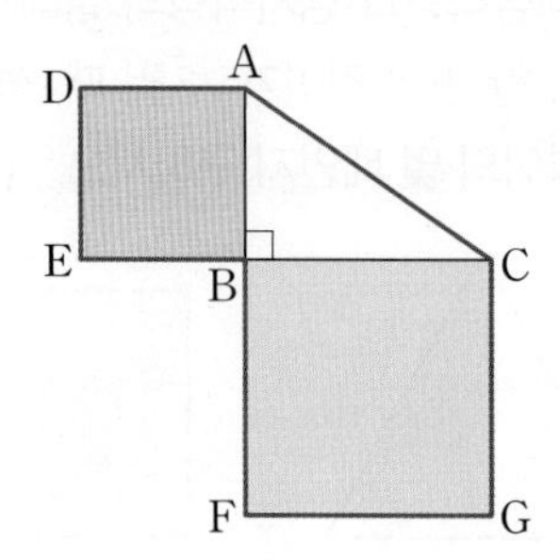

15

다음 그림에서 $\overline{DE} /\!/ \overline{BC}$이고 □DBCE의 넓이가 $\triangle ABC$의 넓이의 $\frac{3}{5}$이다. $\overline{DE}=12$일 때, $\overline{BC}$의 길이를 구하시오.

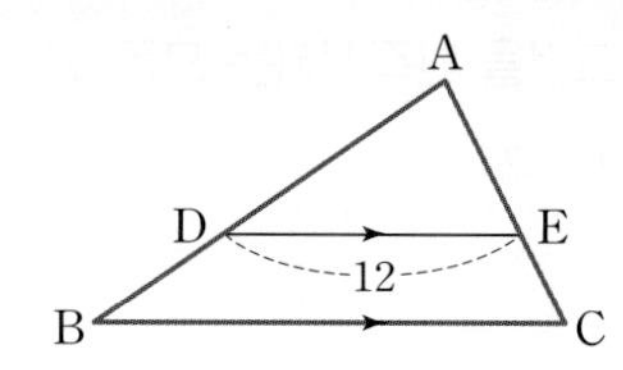

16

다음 그림과 같이 한 변의 길이가 2 cm인 정사각형을 직선 l 위에서 오른쪽으로 굴렸을 때, 점 A가 처음으로 다시 직선 l 위에 위치할 때까지 점 A가 움직인 거리를 구하시오.

17

$x=\frac{\sqrt{27}+\sqrt{18}}{\sqrt{3}}$, $y=\frac{\sqrt{18}-\sqrt{12}}{\sqrt{2}}$일 때, $\frac{x+y}{x-y}$의 값을 구하시오.

18

$\frac{a\sqrt{2}-1}{\sqrt{3}}+b\sqrt{2}(\sqrt{6}+\sqrt{8}-2\sqrt{12})$가 유리수가 되도록 하는 유리수 a, b의 값을 각각 구하시오.

19

다음 그림과 같은 정사각형 A, B, C, D의 넓이를 각각 A, B, C, D라 할 때, $B=\frac{1}{3}A$, $C=\frac{1}{3}B$, $D=\frac{1}{3}C$이다. A의 넓이가 3 cm^2일 때, 색칠한 도형의 둘레의 길이를 구하시오.

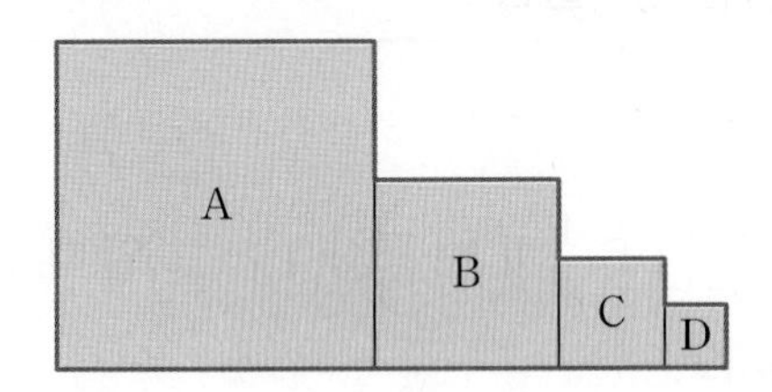

20

다음 그림과 같이 직사각형을 정사각형으로 차례대로 분할할 때, 색칠한 직사각형의 둘레의 길이를 구하시오.

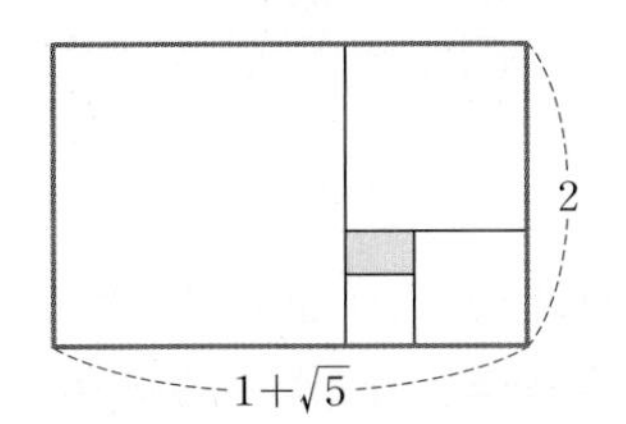

21

다음 그림은 넓이가 각각 3 cm^2, 8 cm^2, 12 cm^2, 18 cm^2인 네 정사각형을 한 정사각형의 대각선의 교점에 다른 정사각형의 한 꼭짓점을 맞추고 겹치는 부분이 정사각형이 되도록 차례대로 이어 붙인 것이다. 이 도형의 둘레의 길이를 구하시오.

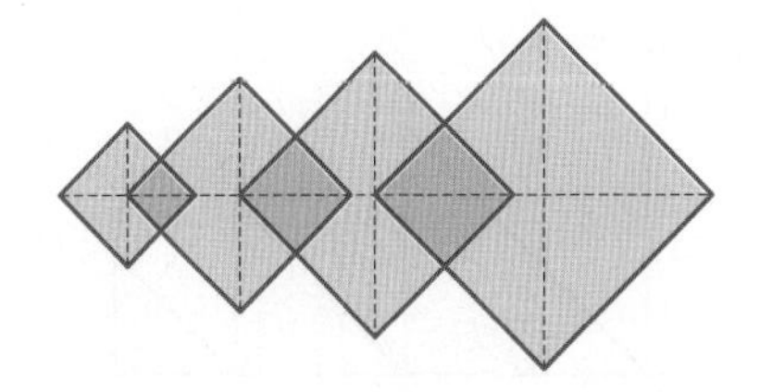

22

다음 그림과 같이 중심이 O인 원이 3개 있다. 넓이가 차례로 5배씩 커지고 가장 큰 원의 넓이가 75π일 때, 가장 큰 원과 가장 작은 원의 둘레의 길이의 합을 구하시오.

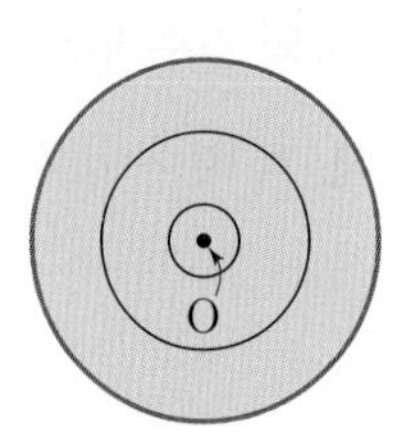

23

다음 그림에서 세 점 A, C, E는 모두 x축 위의 점이고, △OAB, △ACD, △CEF는 모두 직각이등변삼각형이다. 직각이등변삼각형의 넓이를 각각 S_1, S_2, S_3라 할 때, $S_1=2S_2$, $S_2=2S_3$이다. $\overline{OA}=\overline{AB}=4\sqrt{2}$일 때, 점 F의 좌표를 구하시오.

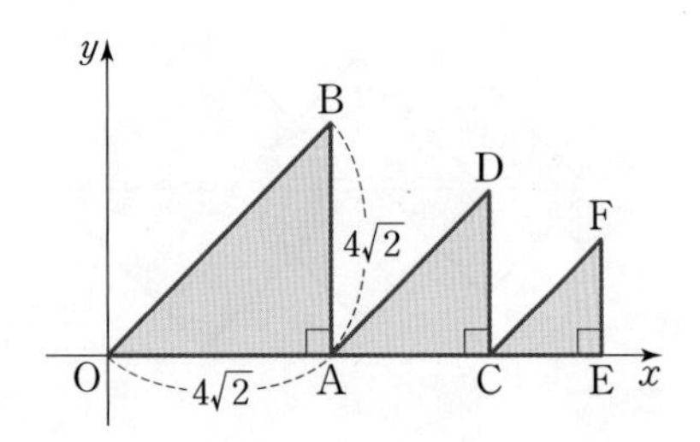

24

자연수 n에 대하여 $\sqrt{2}n$의 소수 부분을 $f(n)$, $\frac{n}{\sqrt{2}}$의 소수 부분을 $g(n)$이라 할 때, $f(10)-g(4)$의 값을 구하시오.

25

$\sqrt{2020^2+1}$의 소수 부분을 a라 할 때, $\sqrt{(a+2020)^2-1}$의 값을 구하시오.

II-1 다항식의 곱셈

26

$P=\left(1+\frac{1}{3}\right)\left(1+\frac{1}{3^2}\right)\left(1+\frac{1}{3^4}\right)\left(1+\frac{1}{3^8}\right)$일 때, $1-\frac{2}{3}P$의 값을 구하시오.

27

정수 a, b에 대하여 $(x+a)(x+b)=x^2+kx+39$를 만족시키는 가장 작은 실수 k의 값을 구하시오.

● 정답 및 풀이 52쪽

28

가로의 길이가 $2a+b$, 세로의 길이가 $2b$인 직사각형 모양의 종이 ABCD를 다음 그림과 같이 접었다. 이때 사각형 HFJI의 넓이를 a, b에 대한 식으로 나타내시오.

(단, $a>\frac{1}{2}b$)

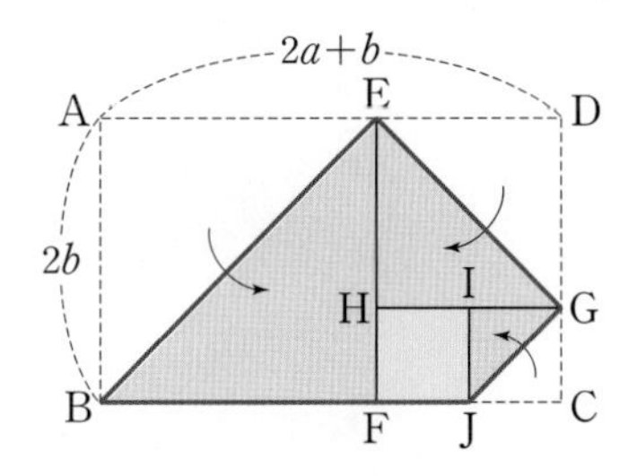

29

자연수 n에 대하여 $3n-1\le\sqrt{x}<3n+1$을 만족시키는 자연수 x가 96개일 때, n의 값을 구하시오.

30

자연수 x, y가 $\sqrt{x}-\sqrt{y}=\sqrt{240}$, $1<\frac{y}{240}<2$를 만족시킬 때, $\sqrt{x}$의 값을 구하시오.

31

실수 a, b, c, d에 대하여 $a+b=\frac{3}{3+2\sqrt{2}}$, $c+d=\frac{3}{3-2\sqrt{2}}$이고 $ac=bd=1$일 때, $ad+bc$의 값을 구하시오.

32

아래 그림과 같은 정사각형 ABCD가 다음 조건을 모두 만족시킬 때, $\overline{EF}$의 길이를 구하시오.

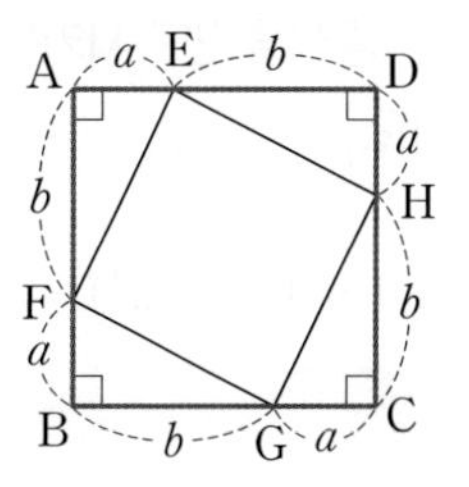

(가) $\frac{8+b\sqrt{3}}{a+\sqrt{3}}$은 유리수이다.

(나) a, b는 서로소가 아닌 두 자연수이다.

33

$x^2-6x+1=0$일 때, $x^2+x+\frac{1}{x}+\frac{1}{x^2}$의 값을 구하시오.

34

$a^2+b^2=18$, $a+b=4$일 때, $a^4-\frac{1}{a^4}+b^4-\frac{1}{b^4}+a^4b^4$의 값을 구하시오.

35

$y=x-2$일 때, 다음 등식을 만족시키는 상수 a, b에 대하여 ab의 값을 구하시오.

$$(x+y)(x^2+y^2)(x^4+y^4)=a(x^b-y^b)$$

36

$x=\frac{\sqrt{5}+\sqrt{3}}{\sqrt{5}-\sqrt{3}}$일 때, $(x^2-8x+4)(4+8x-x^2)-10$의 값을 구하시오.

37

x, y가 다음 두 식을 만족시킬 때, $\frac{1}{x}+\frac{1}{y}$의 값을 구하시오.

- $(x+y)^2-(x-y)^2=12$
- $(x-7)(y-7)=10$

38

다음 대화를 보고, $[(2+\sqrt{3})^4]$의 값을 구하시오.

준서 : 실수 a보다 크지 않은 최대의 정수를 $[a]$라 하자.
서현 : 예를 들어 $2-\sqrt{3}$은 $0<2-\sqrt{3}<1$이니까 $[2-\sqrt{3}]=0$이네!
준서 : 그럼 $[(2+\sqrt{3})^4]$의 값도 구할 수 있을까? $(2+\sqrt{3})(2-\sqrt{3})$의 값을 이용하면….

Ⅱ-2 인수분해

39

x에 대한 이차식 $5x^2-px+2q$가 완전제곱식일 때, 자연수 p의 값이 최소가 되게 하는 자연수 q의 값을 구하시오.

40

$0<x<1$일 때,

$\sqrt{\frac{1}{x^2}}+\sqrt{x^2+\frac{1}{x^2}-2}+\sqrt{x^2+\frac{1}{x^2}+2}$를 간단히 하시오.

41

$\sqrt{x^2-60}=y$를 만족시키는 두 자리의 자연수 x, y에 대하여 $x+y$의 값을 구하시오.

42

$(x+a)(x+13)+25$가 x의 계수가 1이고 상수항이 정수인 두 일차식의 곱으로 인수분해될 때, a의 최댓값을 구하시오.

43

다음 그림에서 (가)는 한 변의 길이가 $6x$인 정사각형의 네 귀퉁이에서 한 변의 길이가 1인 정사각형 4개를 잘라 내고 남은 도형이고, (나)는 세로의 길이가 $3x+1$인 직사각형이다. 두 도형 (가), (나)의 넓이가 서로 같을 때, (나)의 둘레의 길이를 구하시오.

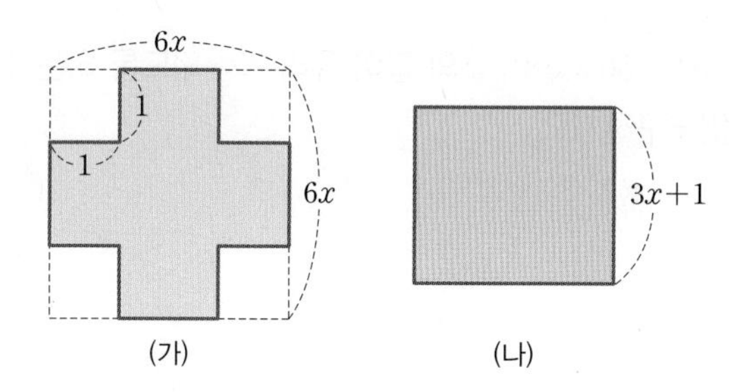

44

x, y가 자연수일 때, $x^2+4xy+4y^2-6x-12y-16$이 소수가 되는 순서쌍 (x, y)는 모두 몇 개인지 구하시오.

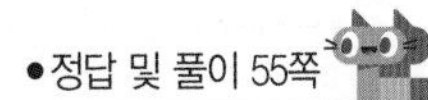
●정답 및 풀이 55쪽

45

$(x+1)(x+2)(x+3)(x+4)+kx^2+5kx+6$이 $(x+a)(x+b)(x^2+cx+d)$로 인수분해될 때, $\frac{abcd}{k}$의 값을 구하시오.

(단, k는 5 미만의 자연수이고 a, b, c, d는 정수)

46

$\sqrt{52\times54\times56\times58+k}$의 값이 유리수가 되도록 하는 실수 k의 값을 구하시오.

47

$\sqrt{\frac{1}{441}+443}$의 값을 구하시오.

48

$f(x)=1-\frac{1}{x^2}$에 대하여 $f(2)\times f(3)\times\cdots\times f(21)$의 값을 구하시오.

49

$16\times18\times22\times24+36=A^2$을 만족시키는 자연수 A의 값을 구하시오.

50

$a+b=\sqrt{5}$, $a^2-b^2+2b-1=40$일 때, $a-b$의 값을 구하시오.

중간고사 대비 실전 모의고사 1회

시간 45분 | 점수 점

● 정답 및 풀이 56쪽

선택형	18문항 70점	총점 100점
서술형	5문항 30점	

※ 선택형 문제입니다. 문제를 풀고 답을 골라 OMR 답안지에 ■표 하시오.

01

다음 중 옳은 것은? [3점]

① $\sqrt{121}$의 음의 제곱근은 -11이다.
② 64의 제곱근은 $2\sqrt{2}$이다.
③ $\sqrt{25}=\pm5$이다.
④ 0의 제곱근은 한 개이다.
⑤ -16의 양의 제곱근은 2이다.

02

다음 중 $\sqrt{2^2\times3^2\times5^2\times7^3\times n}$이 자연수가 되도록 하는 n의 값은? [4점]

① 2×5 ② 2×7 ③ $2^2\times3$
④ 2×5^2 ⑤ $2^2\times7$

03

부등식 $6<\sqrt{x-3}<7$을 만족시키는 자연수 x는 모두 몇 개인가? [4점]

① 4개 ② 8개 ③ 12개
④ 14개 ⑤ 81개

04

다음 중 실수에 대한 설명으로 옳지 않은 것은? [4점]

① 무한소수는 무리수이다.
② 서로 다른 두 유리수 사이에는 반드시 또 다른 유리수가 있다.
③ 서로 다른 두 무리수 사이에는 반드시 또 다른 무리수가 있다.
④ 수직선은 유리수와 무리수에 대응하는 점들로 완전히 메워져 있다.
⑤ 유리수이면서 동시에 무리수인 실수는 없다.

05

$\sqrt{2}=a$, $\sqrt{7}=b$라 할 때, $\sqrt{252}$를 a, b를 사용하여 나타내면? [3점]

① $\sqrt{3a^2b}$ ② ab^2 ③ $3a^2b$
④ $3ab^2$ ⑤ $\sqrt{3a^2b^2}$

06

$a>0$, $b>0$이고 $a+b=10$, $ab=2$일 때, $\sqrt{\frac{b}{a}}+\sqrt{\frac{a}{b}}$의 값은? [4점]

① $\sqrt{2}$ ② $2\sqrt{10}$ ③ $5\sqrt{2}$
④ $10\sqrt{2}$ ⑤ $5\sqrt{10}$

07

다음 도형은 넓이가 각각 2, 3, 8, 12인 네 개의 정사각형을 한 정사각형의 대각선의 교점에 다른 정사각형의 한 꼭짓점을 맞추고 겹치는 부분이 정사각형이 되도록 차례대로 이어 붙인 것이다. 이 도형의 둘레의 길이는? [5점]

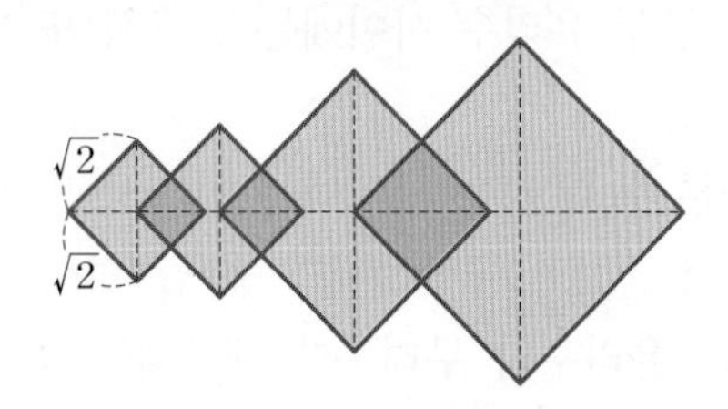

① $6\sqrt{2}+8\sqrt{3}$ ② $6\sqrt{2}+10\sqrt{3}$
③ $8\sqrt{2}+8\sqrt{5}$ ④ $12\sqrt{3}+10\sqrt{5}$
⑤ $12\sqrt{3}+18\sqrt{5}$

08

$\sqrt{5}(3-2\sqrt{5})+a(3+\sqrt{5})$가 유리수가 되도록 하는 유리수 a의 값은? [4점]

① -5 ② -3 ③ -1
④ 1 ⑤ 3

09

다음 중 제곱근표를 이용하여 그 값을 구할 수 없는 것은? [4점]

수	0	1	2	3	4	5	6
9.0	3.000	3.002	3.003	3.005	3.007	3.008	3.010
9.1	3.017	3.018	3.020	3.022	3.023	3.025	3.027
9.2	3.033	3.035	3.036	3.038	3.040	3.041	3.043
9.3	3.050	3.051	3.053	3.055	3.056	3.058	3.059
9.4	3.066	3.068	3.069	3.071	3.072	3.074	3.076

① $\sqrt{0.092}$ ② $\sqrt{934}$ ③ $\sqrt{91300}$
④ $\sqrt{940}$ ⑤ $\sqrt{0.916}$

10

다음 중 두 실수의 대소 관계가 옳은 것은? [5점]

① $1-\sqrt{2}<1-\sqrt{3}$ ② $4+\sqrt{3}<6-\sqrt{3}$
③ $\sqrt{5}-3<\sqrt{3}-3$ ④ $\sqrt{3}+\sqrt{6}>2+\sqrt{6}$
⑤ $\sqrt{10}-1>2$

11

오른쪽 그림에서 색칠한 직사각형의 넓이는? [3점]

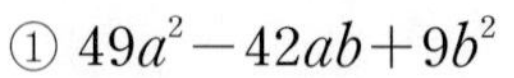

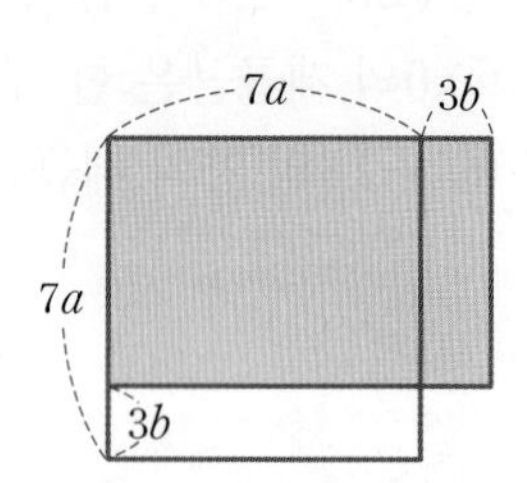

① $49a^2-42ab+9b^2$
② $49a^2+42ab+9b^2$
③ $49a^2-9b^2$
④ $49a^2-21ab$
⑤ $42ab$

12

다음 보기 중 계산 결과가 유리수인 것은 모두 몇 개인가? [5점]

보기

ㄱ. $(\sqrt{3}-1)^2+(\sqrt{3}+1)^2$
ㄴ. $(\sqrt{3}-1)^2-(\sqrt{3}+1)^2$
ㄷ. $(\sqrt{3}-1)(\sqrt{3}+1)$
ㄹ. $\dfrac{\sqrt{3}-1}{\sqrt{3}+1}$
ㅁ. $(\sqrt{3}+1)(\sqrt{3}-5)$

① 1개 ② 2개 ③ 3개
④ 4개 ⑤ 5개

13

$x+y=7$, $xy=4$일 때, x^2+y^2의 값은? [3점]

① 37　② 39　③ 41
④ 43　⑤ 45

14

다음 중 $x(x+2)(x-2)$의 인수가 아닌 것은? [3점]

① x　② $(x-2)(x+2)$
③ x^2+4　④ $x(x-2)$
⑤ $x(x+2)$

15

$\frac{1}{4}x^2+axy+64y^2$이 완전제곱식이 되도록 하는 양수 a의 값은? [4점]

① 1　② 2　③ 4
④ 6　⑤ 8

16

다음 중 인수분해가 옳지 않은 것은? [4점]

① $x^2-5x+4=(x-1)(x-4)$
② $6x^2+3x=2x(3x+1)$
③ $(2x+1)^2-(2x+1)=2x(2x+1)$
④ $2x^2-3x-9=(2x+3)(x-3)$
⑤ $36x^2-9y^2=9(2x+y)(2x-y)$

17

인수분해 공식을 이용하여 22^2-18^2을 계산하면? [4점]

① 40　② 60　③ 80
④ 120　⑤ 160

18

$x=\frac{1}{\sqrt{5}+2}$일 때, x^2+4x-5의 값은? [4점]

① $-\sqrt{5}$　② -2　③ -4
④ 2　⑤ 4

서술형

19

$a>1$일 때, $\sqrt{(1-a)^2}-\sqrt{(1+a)^2}$을 간단히 하시오. [4점]

20

$4-\sqrt{5}$의 정수 부분을 a, 소수 부분을 b라 할 때, $\frac{a}{1-b}$의 값의 정수 부분을 구하시오. [6점]

21

$A=(3+\sqrt{5})^2$, $B=(\sqrt{5}+2)(2\sqrt{5}-2)$일 때, 다음 물음에 답하시오. [6점]

(1) A, B의 값을 각각 구하시오. [4점]

(2) $A-B$의 값을 구하시오. [2점]

22

$(2x-1-\sqrt{3})(2x-1+\sqrt{3})$을 전개한 식에서 x^2의 계수를 a, x의 계수를 b, 상수항을 c라 할 때, 상수 a, b, c에 대하여 $a+b+c$의 값을 구하시오. [7점]

23

$2x^2+ax+b$를 인수분해하는데 민준이는 x의 계수를 잘못 보고 $(2x-3)(x+1)$로, 진희는 상수항을 잘못 보고 $(x-3)(2x+7)$로 인수분해하였다. 처음 이차식을 바르게 인수분해하시오. [7점]

중간고사 대비 실전 모의고사 2회

시간 45분 | 점수 점

●정답 및 풀이 57쪽

선택형	18문항 70점	총점 100점
서술형	5문항 30점	

※ 선택형 문제입니다. 문제를 풀고 답을 골라 OMR 답안지에 ■표 하시오.

01

다음 중 옳은 것은? [3점]

① 0의 제곱근은 두 개이다.
② 9의 제곱근은 3이다.
③ 7의 제곱근은 $+\sqrt{7}$이다.
④ $\frac{4}{25}$의 제곱근은 $\pm\frac{2}{5}$이다.
⑤ -49의 제곱근은 -7이다.

02

다음 중 옳지 않은 것은? [3점]

① $\sqrt{196}=14$
② $-\sqrt{(-3)^2}=-3$
③ $(-\sqrt{8})^2=8$
④ $\sqrt{2^2}\times\sqrt{\left(-\frac{5}{2}\right)^2}=5$
⑤ $\sqrt{2}+\sqrt{3}=\sqrt{5}$

03

$-3<a<2$일 때, $\sqrt{(a-2)^2}-\sqrt{(a+3)^2}$을 간단히 하면? [4점]

① $-2a-1$ ② $-2a+5$ ③ 5
④ $2a-5$ ⑤ $2a+1$

04

다음 중 $\sqrt{108x}$가 자연수가 되도록 하는 자연수 x의 값이 될 수 없는 것은? [4점]

① 12 ② 27 ③ 48
④ 60 ⑤ 75

05

다음 중 무리수가 아닌 것은? [3점]

① $-\sqrt{0.4}$ ② $\sqrt{3}-\sqrt{2}$ ③ $\sqrt{(-3)^2}$
④ π ⑤ $\sqrt{60}$

06

다음 그림에서 모눈 한 칸은 한 변의 길이가 1인 정사각형이다. □ABCD, □BEFG는 정사각형이고 $\overline{AD}=\overline{AP}$, $\overline{EF}=\overline{EQ}$일 때, 점 P와 점 Q에 대응하는 수를 바르게 짝 지은 것은? [4점]

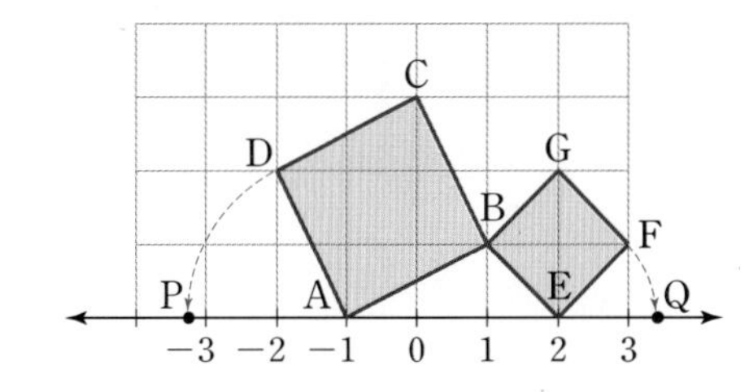

	P	Q
①	$-\sqrt{3}$	$1-\sqrt{2}$
②	$-\sqrt{5}$	$2+\sqrt{2}$
③	$-1-\sqrt{5}$	$2+\sqrt{2}$
④	$-1-\sqrt{5}$	$2+\sqrt{3}$
⑤	$-2+\sqrt{3}$	$2+\sqrt{3}$

07

$\frac{18}{\sqrt{6}}=a\sqrt{6}$, $\frac{\sqrt{45}}{\sqrt{27}}=b\sqrt{15}$일 때, 유리수 a, b에 대하여 $2a-3b$의 값은? [4점]

① -5　② -3　③ 3　④ 5　⑤ 9

08

다음 그림과 같이 정사각형 모양의 타일 A, B, C를 이어 붙였다. B는 C의 넓이의 4배, A는 B의 넓이의 4배이고 C의 넓이가 3 cm^2일 때, 이어 붙인 타일의 둘레의 길이는? [5점]

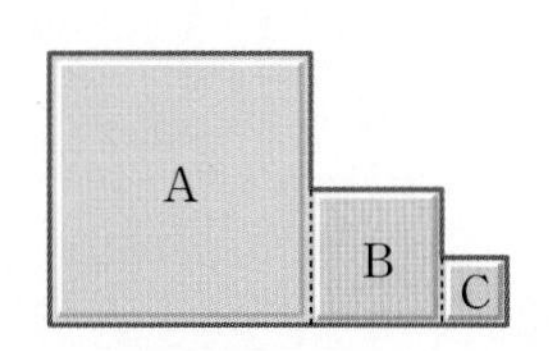

① $22\sqrt{3}$ cm　② $23\sqrt{3}$ cm　③ $24\sqrt{3}$ cm　④ $25\sqrt{3}$ cm　⑤ $26\sqrt{3}$ cm

09

$A=3\sqrt{3}+2$, $B=2\sqrt{5}+2$, $C=5$일 때, 세 수의 대소 관계가 옳은 것은? [5점]

① $A<B<C$　② $A<C<B$　③ $B<A<C$　④ $B<C<A$　⑤ $C<B<A$

10

$4-\sqrt{2}$의 정수 부분을 a, 소수 부분을 b라 할 때, $a+(b-2)^2$의 값은? [4점]

① $-4\sqrt{2}$　② -3　③ $1-\sqrt{2}$　④ $3-\sqrt{2}$　⑤ 4

11

$(ax-5)(2x+b)=6x^2-cx-5$일 때, 상수 a, b, c에 대하여 $a+b+c$의 값은? [3점]

① 8　② 9　③ 10　④ 11　⑤ 12

12

$(4-2)(4+2)(4^2+2^2)(4^4+2^4)=2^a-2^b$일 때, 유리수 a, b에 대하여 $a-b$의 값은? (단, $a>b$)[4점]

① 8　② 18　③ 22　④ 24　⑤ 26

13

$\dfrac{\sqrt{5}-\sqrt{7}}{\sqrt{5}+\sqrt{7}}$의 분모를 유리화하면? [3점]

① $7-2\sqrt{35}$　② $-7+2\sqrt{3}$　③ $2-3\sqrt{3}$　④ $-6+\sqrt{35}$　⑤ $2\sqrt{5}+3\sqrt{7}$

14

$a=\sqrt{3}+\sqrt{2}$, $b=\sqrt{3}-\sqrt{2}$일 때, a^2+b^2의 값은? [4점]

① $\sqrt{2}+\sqrt{3}$　② $2\sqrt{2}+\sqrt{3}$　③ 8　④ 10　⑤ $6\sqrt{6}$

15

$x=1-\sqrt{3}$일 때, x^2-2x+3의 값은? [4점]

① $-2\sqrt{3}$　② 2　③ $4-\sqrt{3}$　④ $2\sqrt{3}$　⑤ 5

16

x^2의 계수가 1인 이차식 A는 $(x+2)(x-12)$와 상수항이 같고, $(x+6)(x-8)$과 x의 계수가 같다. 다음 중 이차식 A를 바르게 인수분해한 것은? [4점]

① $(x+3)(x-8)$　② $(x+4)(x-6)$　③ $(x+6)(x-8)$　④ $(x-10)(x+12)$　⑤ $(x-5)(x+3)$

17

부피가 x^3+x^2y-x-y인 직육면체의 밑면의 가로, 세로의 길이가 각각 $x+1$, $x+y$일 때, 이 직육면체의 겉넓이는? [5점]

① $x^2+4xy-2$　② $x^2+4xy+6$　③ $4x^2-6xy+2$　④ $6x^2-4xy-2$　⑤ $6x^2+4xy-2$

18

다음 그림과 같은 정사각형 5개, 직사각형 7개를 모두 사용하여 하나의 큰 직사각형을 만들 때, 새로 만든 큰 직사각형의 넓이는? [4점]

① $(2x-1)(x-1)$　② $(2x+1)(x+1)$　③ $(2x+1)(x+3)$　④ $(2x+3)(x-3)$　⑤ $(2x+3)(x+1)$

서술형

19

$xy=-3$일 때, $x(x-3y)-(x-y)^2+y^2$의 값을 구하시오. **[4점]**

20

다음 그림의 삼각형과 직사각형의 넓이가 서로 같을 때, 직사각형의 가로의 길이를 구하시오. **[6점]**

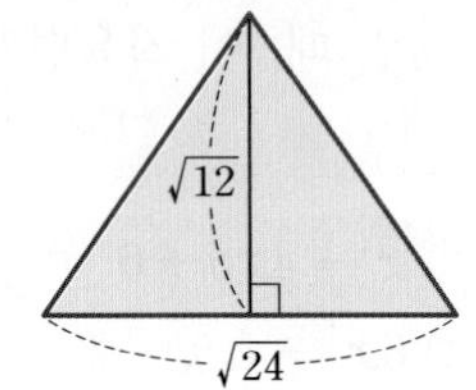

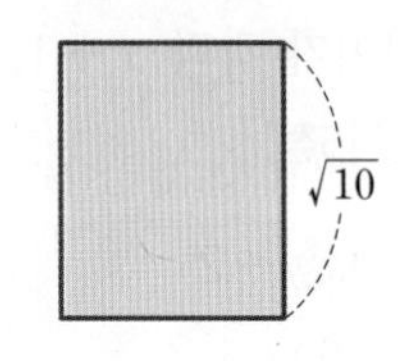

21

a, b가 자연수일 때, 다음 물음에 답하시오. **[6점]**

(1) $\sqrt{156a}$, $\sqrt{\frac{80}{3}b}$가 자연수가 되도록 하는 가장 작은 자연수 a , b의 값을 각각 구하시오. **[4점]**

(2) $\sqrt{156a}+\sqrt{\frac{80}{3}b}$의 최솟값을 구하시오. **[2점]**

22

자연수 x에 대하여 $\sqrt{x}$보다 작은 자연수 중 가장 큰 자연수를 $\max(x)$라 할 때,
$\max(10)+\max(11)+\cdots+\max(50)$의 값을 구하시오. **[7점]**

23

$4x^2-12xy+9y^2+2x-3y-2$를 인수분해하였더니 $(2x+Ay+B)(2x-Cy-1)$이 되었다. 상수 A, B, C에 대하여 $A+B+C$의 값을 구하시오. **[7점]**

중간고사 대비 실전 모의고사 3회

시간 45분 | 점수 점

● 정답 및 풀이 59쪽

선택형	18문항 70점	총점 100점
서술형	5문항 30점	

※ 선택형 문제입니다. 문제를 풀고 답을 골라 OMR 답안지에 ■표 하시오.

01

$\dfrac{\sqrt{30}}{\sqrt{2}} \times \dfrac{\sqrt{12}}{4} \div \dfrac{\sqrt{5}}{\sqrt{8}} = a\sqrt{2}$일 때, 유리수 a의 값은? [3점]

① 2　② 3　③ 4
④ 5　⑤ 6

02

실수 a, b에 대하여 $a>0$, $ab<0$일 때, 보기 중 옳은 것을 모두 고른 것은? [4점]

보기

ㄱ. $\sqrt{a^2}=a$　ㄴ. $\sqrt{(a-b)^2}=-a+b$
ㄷ. $\sqrt{4b^2}=-4b$　ㄹ. $\sqrt{(-b)^2}=-\sqrt{b^2}$

① ㄱ　② ㄴ　③ ㄱ, ㄷ
④ ㄴ, ㄹ　⑤ ㄱ, ㄴ, ㄹ

03

다음 조건을 만족시키는 모든 자연수 n의 값의 합은? [5점]

(가) n은 100 미만의 자연수이다.
(나) $\sqrt{24n}$은 자연수이다.

① 60　② 84　③ 120
④ 150　⑤ 180

04

다음 보기 중 무리수는 모두 몇 개인가? [3점]

$2\sqrt{3}$, $\sqrt{0.4}$, $-\sqrt{0.49}$, $\sqrt{\dfrac{9}{64}}$,
$\sqrt{400}$, $\sqrt{(-5)^2}$, $\sqrt{2}-1$, $\sqrt{4^2+9}$

① 3개　② 4개　③ 5개
④ 6개　⑤ 7개

05

다음 보기 중 옳은 것을 모두 고른 것은? [4점]

보기

ㄱ. $\sqrt{81}$의 제곱근은 3이다.
ㄴ. $a>0$일 때, $-\sqrt{(-a)^2}=-a$이다.
ㄷ. $\sqrt{2}=a$, $\sqrt{5}=b$라 할 때, $\sqrt{7}=a+b$이다.
ㄹ. $\sqrt{(-5)^2}=-5$
ㅁ. $3-\sqrt{2}$는 무리수이다.

① ㄱ, ㄴ　② ㄱ, ㄹ　③ ㄴ, ㄷ
④ ㄴ, ㅁ　⑤ ㄱ, ㄴ, ㅁ

06

다음 중 옳지 않은 것은? [4점]

① 양수의 제곱근 중에 유리수인 것도 있다.
② $\sqrt{2}$와 $\sqrt{5}$ 사이에는 1개의 정수가 있다.
③ 0을 제외한 모든 수의 제곱근은 2개씩 있다.
④ 서로 다른 두 유리수 사이에는 무수히 많은 무리수가 있다.
⑤ 수직선은 유리수와 무리수에 대응하는 점들로 완전히 메워져 있다.

07

$\sqrt{24}\left(\frac{1}{\sqrt{2}}-\sqrt{3}\right)-\frac{2}{\sqrt{2}}(\sqrt{54}-2)$를 계산하면? [4점]

① $-4\sqrt{2}-4\sqrt{3}$　② $-\sqrt{2}-3\sqrt{3}$
③ $8\sqrt{2}+\sqrt{3}$　④ $-2\sqrt{2}+10\sqrt{3}$
⑤ $6\sqrt{2}+12\sqrt{3}$

08

오른쪽 그림과 같이 직사각형 ABCD의 이웃한 두 변을 각각 한 변으로 하는 정사각형을 그렸더니 그 넓이가 각각 12 cm^2, 48 cm^2이었다. 이때 직사각형 ABCD의 둘레의 길이는? [4점]

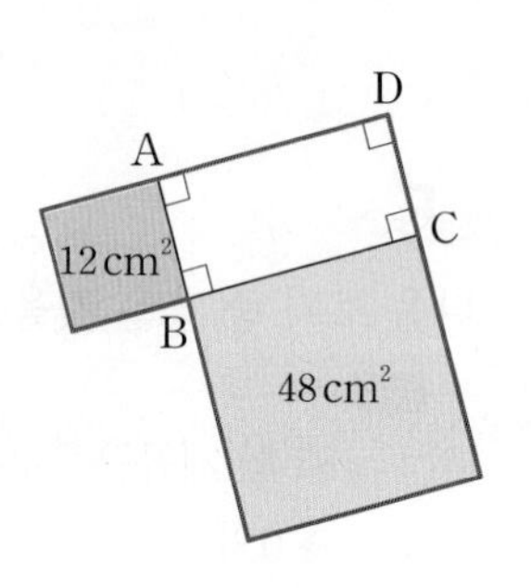

① $6\sqrt{3}$ cm　② $8\sqrt{3}$ cm　③ $10\sqrt{3}$ cm
④ $12\sqrt{3}$ cm　⑤ $14\sqrt{3}$ cm

09

다음 그림과 같이 밑면의 가로의 길이, 세로의 길이와 높이가 각각 $\sqrt{2}+2\sqrt{3}$, $\sqrt{3}$, $3\sqrt{2}$인 직육면체의 겉넓이는? [4점]

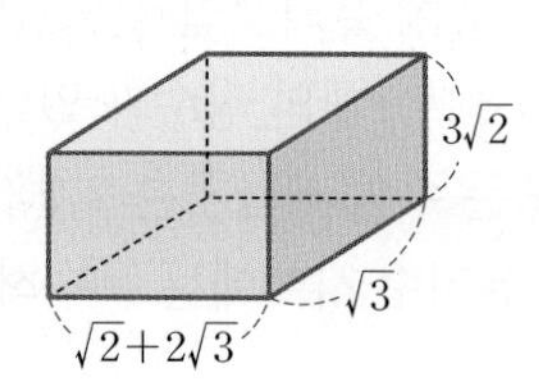

① $12+10\sqrt{6}$　② $14+16\sqrt{6}$　③ $18+20\sqrt{6}$
④ $24+20\sqrt{6}$　⑤ $26+24\sqrt{6}$

10

$\sqrt{7.77}=2.787$, $\sqrt{77.7}=8.815$일 때, $\sqrt{777}$의 값은? [3점]

① 0.2787　② 0.8815　③ 11.602
④ 27.87　⑤ 88.15

11

$3\sqrt{5}$의 소수 부분을 a, $6-\sqrt{5}$의 소수 부분을 b라 할 때, $2a+b$의 값은? [5점]

① $3\sqrt{5}+6$　② $4\sqrt{5}+2$　③ $2\sqrt{5}-1$
④ $-\sqrt{5}+5$　⑤ $5\sqrt{5}-9$

12

$(\sqrt{7}+2)(1-a\sqrt{7})$을 계산한 결과가 유리수가 되도록 하는 유리수 a의 값은? [4점]

① $-\frac{1}{4}$　② $-\frac{1}{2}$　③ $\frac{1}{2}$
④ $\frac{1}{4}$　⑤ 1

13

$x+\frac{1}{x}=6$일 때, $\left(x-\frac{1}{x}\right)^2$의 값은? [4점]

① 24　② 28　③ 32
④ 36　⑤ 40

14

다음 식이 모두 완전제곱식이 될 때, □ 안에 들어갈 양수 중 가장 큰 것은? [4점]

① $a^2+4a+\square$　② $a^2-8a+\square$
③ $x^2+\square xy+\frac{9}{4}y^2$　④ $9x^2+\square x+1$
⑤ $16x^2-16x+\square$

15

다음 중 다항식 $2x^2+5x-3$의 인수인 것은? [3점]

① $x-3$　② $2x-1$
③ $2x+1$　④ $(x-3)(2x-1)$
⑤ $(x+3)(2x+1)$

16

$5x^2+mx+3$이 $(5x+a)(x+b)$로 인수분해될 때, 다음 중 m의 값이 될 수 있는 것은? (단, a, b는 정수) [5점]

① -12　② -10　③ -8
④ 18　⑤ 25

17

다음 중 인수분해가 옳은 것은? [3점]

① $3x^2y+6xy+3y=3y(x+1)^2$
② $x^2-5x-6=(x-2)(x-3)$
③ $x^2-9y^2=(x+3)(x-3)$
④ $a(x-3y)+b(3y-x)=(a+b)(x-3y)$
⑤ $4x^2-20xy+25y^2=(2x+5y)^2$

18

$25\times2.5^2-25\times1.5^2$을 계산하면? [4점]

① 50　② 75　③ 100
④ 125　⑤ 150

서술형

19

다음 그림과 같이 밑변의 길이가 $3x-6$인 삼각형의 넓이가 $x^2+7x-18$일 때, 이 삼각형의 높이를 구하시오. **[4점]**

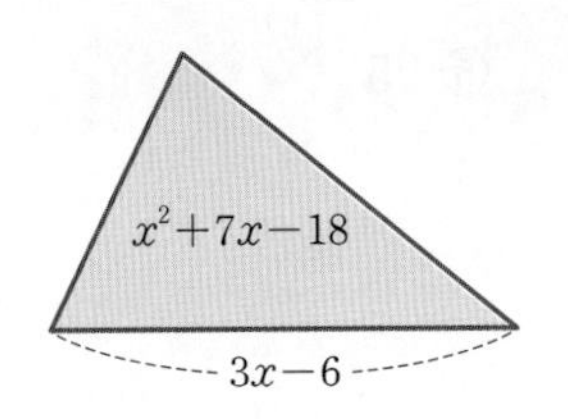

20

$\frac{\sqrt{5}}{4}$와 $\frac{2\sqrt{2}}{3}$에 대하여 다음 물음에 답하시오. **[6점]**

(1) 두 수 $\frac{\sqrt{5}}{4}$와 $\frac{2\sqrt{2}}{3}$ 사이의 유리수 중에서 분모가 12인 분수를 모두 구하고, 이를 기약분수로 나타내시오. (단, 분자는 자연수) **[4점]**

(2) (1)에서 구한 기약분수 중 분모가 12인 분수의 합을 구하시오. **[2점]**

21

$x=\frac{2}{\sqrt{3}+\sqrt{2}}$, $y=\frac{2}{\sqrt{3}-\sqrt{2}}$일 때, $\frac{1}{x+y}+\frac{1}{x-y}$의 값을 구하시오. **[6점]**

22

다음 표의 가로 방향과 세로 방향은 모두 두 다항식의 곱셈을 전개하여 나타낸 것이다. 두 이차식 A, B에 대하여 $A+B$를 구하시오. **[7점]**

(가로 방향 ⊗, 세로 방향 ⊗)

$x+1$	$3x-2$	$3x^2+x-2$
$2x-1$	$4x+1$	B
A	$12x^2-5x-2$	

23

$x=a+4\sqrt{3}$, $y=1-2\sqrt{3}$일 때, $x^2+4xy+4y^2+x+2y-12$를 a에 대한 식으로 인수분해하시오. **[7점]**

시간 45분 | 점수 점

• 정답 및 풀이 61쪽

선택형	18문항 70점	총점 100점
서술형	5문항 30점	

※ 선택형 문제입니다. 문제를 풀고 답을 골라 OMR 답안지에 표 하시오.

01

다음 중 옳지 않은 것은? [3점]

① 0의 제곱근은 1개이다.
② 0.04의 제곱근은 ± 0.2이다.
③ -7의 제곱근은 $\pm\sqrt{7}$이다.
④ 제곱근 13은 $\sqrt{13}$이다.
⑤ -3과 $-\sqrt{9}$는 같다.

02

$-\sqrt{(-2)^2}\times(-\sqrt{5})^2+\sqrt{225}$의 값은? [3점]

① -5　② -1　③ 0
④ 1　⑤ 5

03

$a=\sqrt{7}-2$, $b=1$일 때, 다음 중 가장 큰 수는? [5점]

① $\sqrt{(-a)^2}$　② $\sqrt{(-b)^2}$　③ $a+4$
④ $\sqrt{(a+b)^2}$　⑤ $\sqrt{(a-b)^2}$

04

부등식 $3<\sqrt{4a-3}<5$를 만족시키는 모든 자연수 a의 값의 합은? [4점]

① 15　② 16　③ 17
④ 18　⑤ 19

05

다음 중 무리수는 모두 몇 개인가? [3점]

$$\sqrt{16},\quad -\frac{\sqrt{5}}{2},\quad \sqrt{\frac{1}{4}},\quad -\sqrt{0.01},\quad \pi,\quad 0.8\dot{3},\quad \sqrt{3}-1$$

① 2개　② 3개　③ 4개
④ 5개　⑤ 6개

06

다음 그림과 같이 한 변의 길이가 1인 정사각형 ABCD에서 $\overline{BD}$를 반지름으로 하는 원을 그렸을 때, 수직선과 만나서 생기는 두 점 중 왼쪽에 있는 점을 P라 하자. 이때 점 P에 대응하는 수는? [3점]

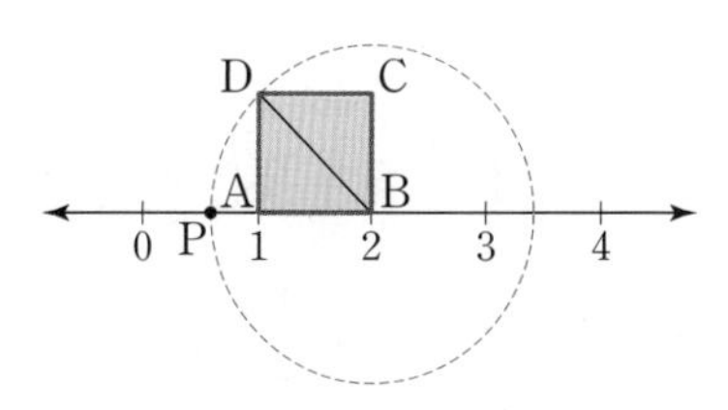

① $-\sqrt{2}$　② $1-\sqrt{2}$　③ $2-\sqrt{2}$
④ $1+\sqrt{2}$　⑤ $2+\sqrt{2}$

07

$\sqrt{18}\left(\frac{1}{3}-\sqrt{6}\right)-\frac{6}{\sqrt{2}}(\sqrt{6}-2)=a\sqrt{2}+b\sqrt{3}$일 때, $a+2b$의 값은? (단, a, b는 유리수) [4점]

① -20 ② -19 ③ -18
④ -17 ⑤ -16

08

다음 제곱근표를 이용하여 구한 값 중 옳지 않은 것은? [4점]

수	0	1	2	3	4
30	5.477	5.486	5.495	5.505	5.514
31	5.568	5.577	5.586	5.595	5.604
32	5.657	5.666	5.675	5.683	5.692
33	5.745	5.753	5.762	5.771	5.779
34	5.831	5.840	5.848	5.857	5.865

① $\sqrt{32.3}=5.683$ ② $\sqrt{31.1}=5.577$
③ $\sqrt{0.32}=0.5657$ ④ $\sqrt{3320}=57.62$
⑤ $\sqrt{0.313}=0.05595$

09

다음 중 두 실수의 대소 관계가 옳은 것은? [4점]

① $3+\sqrt{2}>5$ ② $\frac{1}{2}>\sqrt{0.64}$
③ $-12>-\sqrt{140}$ ④ $\sqrt{3}-2>\sqrt{3}-\sqrt{5}$
⑤ $\sqrt{(-5)^2}<\sqrt{4^2}$

10

$(x+a)(2x-3)$의 전개식에서 x의 계수와 상수항이 같을 때, 상수 a의 값은? [4점]

① $-\frac{5}{3}$ ② $-\frac{3}{5}$ ③ 1
④ $\frac{3}{5}$ ⑤ $\frac{5}{3}$

11

$\frac{3+2\sqrt{2}}{3-2\sqrt{2}}=a+b\sqrt{2}$일 때, 유리수 a, b에 대하여 $a+b$의 값은? [4점]

① 26 ② 27 ③ 28
④ 29 ⑤ 30

12

$x-y=3$, $xy=4$일 때, x^2+xy+y^2의 값은? [4점]

① 17 ② 18 ③ 19
④ 20 ⑤ 21

13

$9x^2-12x+a=(3x+b)^2$일 때, 상수 a, b에 대하여 $a+b$의 값은? [3점]

① -9　② -6　③ -1
④ 2　⑤ 6

14

$(x+2a)(x-8)+4$가 완전제곱식이 되도록 하는 모든 상수 a의 값의 합은? [5점]

① -8　② -2　③ 4
④ 6　⑤ 12

15

$x^2+2xy+2y-1$은 x의 계수가 1인 두 이차식의 곱으로 인수분해된다. 이때 두 이차식의 합은? [5점]

① $x-y$　② $x+y$　③ $2x-2y$
④ $2x+2y$　⑤ $2x+3y$

16

다음 중 □ 안에 알맞은 수가 가장 큰 것은? [4점]

① $9x^2+\square x+1=(3x+1)^2$
② $-y^2+\square x^2=(5x-y)(5x+y)$
③ $x^2-10x+16=(x-\square)(x-8)$
④ $9a^2-24ab+16b^2=(3a-\square b)^2$
⑤ $3x^2-\square x-5=(x+1)(3x-5)$

17

오른쪽 그림과 같이 넓이가 $2x^2+9x-35$인 직사각형의 가로의 길이가 $x+a$일 때, 상수 a의 값과 이 직사각형의 세로의 길이를 차례대로 구하면? [4점]

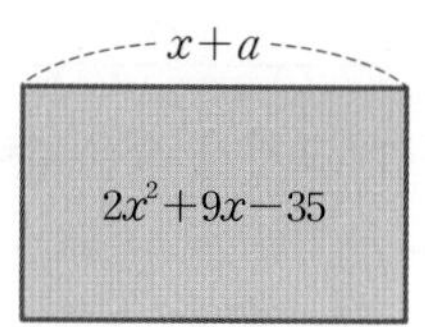

① 3, $2x-9$　② 5, $2x-7$
③ 5, $2x+1$　④ 7, $2x+3$
⑤ 7, $2x-5$

18

인수분해 공식을 이용하여

$\dfrac{2002^2+2\times2002\times1998+1998^2}{2002^2-1998^2}$을 계산하면? [4점]

① 1　② 500　③ 1000
④ 1500　⑤ 2000

서술형

19

$\sqrt{2}\times\sqrt{a}\times\sqrt{5}\times\sqrt{45}\times\sqrt{a}=180\sqrt{2}$일 때, 양수 a의 값을 구하시오. [4점]

20

다음 수를 보고 물음에 답하시오. [6점]

$$-\sqrt{(-3)^2},\quad -\sqrt{18},\quad \sqrt{3},\quad \frac{3}{\sqrt{2}},\quad (-\sqrt{2})^2$$

(1) 크기가 작은 순서대로 나열하시오. [3점]

(2) 가장 큰 수를 a, 가장 작은 수를 b라 할 때, $a-b$의 값을 구하시오. [3점]

21

세 모서리의 길이가 각각 $2x-3y$, $3x+y$, $4x-y$인 직육면체의 겉넓이를 구하시오. [6점]

22

$10<n<50$일 때, $\sqrt{75n}$이 자연수가 되도록 하는 모든 자연수 n의 값의 합을 구하시오. [7점]

23

다항식 $(x-1)(x+2)(x-3)(x+4)+24$에 대하여 다음 물음에 답하시오. [7점]

(1) 주어진 다항식을 인수분해하시오. [4점]

(2) 주어진 다항식의 인수 중 일차식인 인수들의 합을 구하시오. [3점]

시간 45분 | 점수 점

●정답 및 풀이 63쪽

선택형	18문항 70점	총점 100점
서술형	5문항 30점	

※선택형 문제입니다. 문제를 풀고 답을 골라 OMR 답안지에 ■표 하시오.

01

다음 □ 안에 알맞은 수를 차례대로 적은 것은? [3점]

> 25의 제곱근은 □이고, 제곱근 25는 □이다.

① ±5, ±5 ② 5, 5 ③ ±5, 5
④ 5, ±5 ⑤ 5, -5

02

다음 중 옳지 않은 것은? [3점]

① $a<0$이면 $\sqrt{(-a)^2}=-a$이다.
② $3<x<4$일 때, $\sqrt{(x-2)^2}+\sqrt{(5-x)^2}=3$이다.
③ $\sqrt{2^2+3^2}=5$
④ $\sqrt{0.04}=0.2$
⑤ -6^2의 제곱근은 없다.

03

두 실수 a, b에 대하여 $a-b>0$, $ab<0$일 때, $(\sqrt{a})^2-\sqrt{4b^2}-\sqrt{(-3a)^2}+\sqrt{(-b)^2}$을 간단히 하면? [4점]

① $-3a$ ② $-2a+b$ ③ $-a+b$
④ $2b-a$ ⑤ $2a$

04

$\sqrt{120x}$와 $\sqrt{\dfrac{270}{x}}$이 모두 자연수가 되도록 하는 자연수 x의 값 중에서 가장 작은 수는? [5점]

① 15 ② 30 ③ 60
④ 120 ⑤ 150

05

다음 중 수직선 위에 나타내었을 때, 왼쪽으로부터 세 번째에 위치하는 수는? [5점]

① $1+\sqrt{2}$ ② 3 ③ $\sqrt{10}$
④ $3-\sqrt{3}$ ⑤ $4-\sqrt{2}$

06

$a=\sqrt{3}$, $b=\sqrt{2}$라 할 때, $\sqrt{108}$을 a, b를 사용하여 나타낸 것은? [3점]

① ab ② ab^2 ③ a^2b
④ a^3b ⑤ a^3b^2

07

다음 중 그 값이 나머지 넷과 다른 하나는? **[4점]**

① $\sqrt{8}\times\sqrt{6}$ ② $\sqrt{3}+3\sqrt{3}$ ③ $\dfrac{12\sqrt{2}}{\sqrt{6}}$

④ $4\sqrt{15}\div\sqrt{5}$ ⑤ $\sqrt{54}-\sqrt{12}$

08

$\sqrt{12}\left(\dfrac{1}{\sqrt{2}}-\dfrac{1}{\sqrt{3}}\right)+\sqrt{3}\left(\dfrac{2\sqrt{2}}{3}-\dfrac{3}{\sqrt{3}}\right)$을 계산하면 $a\sqrt{6}+b$일 때, ab의 값은? (단, a, b는 유리수) **[4점]**

① $-\dfrac{26}{3}$ ② $-\dfrac{25}{3}$ ③ -8

④ $-\dfrac{23}{3}$ ⑤ $-\dfrac{22}{3}$

09

$\sqrt{2.2}=1.483$, $\sqrt{22}=4.690$일 때, 다음 중 옳지 않은 것은? **[4점]**

① $\sqrt{220}=14.83$ ② $\sqrt{2200}=46.9$

③ $\sqrt{0.22}=0.469$ ④ $\sqrt{0.022}=0.1483$

⑤ $\sqrt{0.0022}=0.01483$

10

$x=\dfrac{1}{\sqrt{3}+\sqrt{2}}$일 때, 다음 중 계산 결과가 유리수인 것은? **[5점]**

① $\dfrac{1}{x}$ ② $x+\dfrac{1}{x}$ ③ x^2

④ $(x-\sqrt{3})^2$ ⑤ $x+\sqrt{2}$

11

$x^2-5x+1=0$일 때, $x^2+\dfrac{1}{x^2}$의 값은? **[4점]**

① 21 ② 23 ③ 25

④ 27 ⑤ 29

12

다음 두 다항식이 완전제곱식이 되도록 하는 양수 A, B에 대하여 $A+B$의 값은? **[4점]**

$$4x^2+20xy+Ay^2,\ x^2+Bx+\frac{25}{4}$$

① $\dfrac{15}{2}$ ② 20 ③ 30

④ 35 ⑤ 105

13

$-3<x<1$일 때, $\sqrt{x^2-2x+1}-\sqrt{x^2+6x+9}$를 간단히 하면? [4점]

① $-2x-2$ ② $-2x+2$ ③ $2x+2$
④ -4 ⑤ 4

14

$(x+4)(2x-1)+7$을 인수분해하면? [3점]

① $(x+1)(x+3)$ ② $(x+1)(x+6)$
③ $(x+3)(2x+1)$ ④ $(x-3)(2x-1)$
⑤ $(x+1)(2x+3)$

15

다음 두 다항식의 공통인 인수는? [3점]

$$2x^2-18,\ 6x^2-17x-3$$

① $x-3$ ② $x+3$ ③ $2x-3$
④ $2x+3$ ⑤ $2x-9$

16

$x-3$이 다항식 $2x^2+kx-15$의 인수일 때, 상수 k의 값은? [4점]

① -7 ② -3 ③ -1
④ 4 ⑤ 6

17

x^2의 계수가 1인 어떤 이차식을 인수분해하는데 수경이는 일차항의 계수를 잘못 보고 $(x-5)(x+6)$으로, 재선이는 상수항을 잘못 보고 $(x-2)(x+9)$로 인수분해하였다. 처음 이차식을 바르게 인수분해한 것은? [4점]

① $(x+3)(x-10)$ ② $(x-3)(x+10)$
③ $(x-2)(x+15)$ ④ $(x-1)(x+18)$
⑤ $(x+5)(x-6)$

18

다음 그림에서 도형 A는 한 변의 길이가 $x+3$인 정사각형에서 한 변의 길이가 1인 정사각형을 잘라낸 도형이고, 도형 B는 세로의 길이가 $x+2$인 직사각형이다. 두 도형 A, B의 넓이가 서로 같을 때, 직사각형 B의 가로의 길이는? [4점]

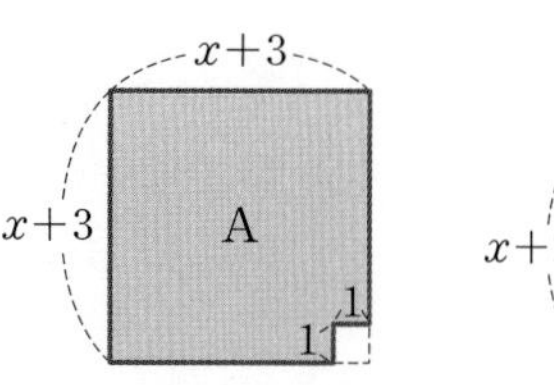

① $x+4$ ② $x+5$ ③ $x+6$
④ $x+7$ ⑤ $x+8$

서술형

19

양수 x, y에 대하여 $xy=4$일 때, $x\sqrt{\frac{9y}{x}}+y\sqrt{\frac{x}{2y}}$의 값을 구하시오.[4점]

20

두 수 $2-\sqrt{11}$과 $3+\sqrt{7}$ 사이에 있는 정수는 모두 몇 개인지 구하시오. [6점]

21

다항식 Ax^2+Bx+C를 인수분해하였더니 $(3x-1)(x-1)$이 되었다. 상수 A, B, C에 대하여 Cx^2+Ax+B를 바르게 인수분해하시오. [6점]

22

$f(x)=\sqrt{x}+\sqrt{x+1}$일 때,

$\frac{1}{f(1)}+\frac{1}{f(2)}+\frac{1}{f(3)}+\frac{1}{f(4)}+\cdots+\frac{1}{f(35)}$의 값을 구하시오. [7점]

23

$5n^2-22n+8$에 대하여 다음 물음에 답하시오. [7점]

(1) $5n^2-22n+8$을 인수분해하시오. [2점]

(2) $5n^2-22n+8$이 소수일 때, 소수가 되는 n의 값과 그 소수를 구하시오.(단, n은 자연수) [5점]

제곱근표 ①

수	0	1	2	3	4	5	6	7	8	9
1.0	1.000	1.005	1.010	1.015	1.020	1.025	1.030	1.034	1.039	1.044
1.1	1.049	1.054	1.058	1.063	1.068	1.072	1.077	1.082	1.086	1.091
1.2	1.095	1.100	1.105	1.109	1.114	1.118	1.122	1.127	1.131	1.136
1.3	1.140	1.145	1.149	1.153	1.158	1.162	1.166	1.170	1.175	1.179
1.4	1.183	1.187	1.192	1.196	1.200	1.204	1.208	1.212	1.217	1.221
1.5	1.225	1.229	1.233	1.237	1.241	1.245	1.249	1.253	1.257	1.261
1.6	1.265	1.269	1.273	1.277	1.281	1.285	1.288	1.292	1.296	1.300
1.7	1.304	1.308	1.311	1.315	1.319	1.323	1.327	1.330	1.334	1.338
1.8	1.342	1.345	1.349	1.353	1.356	1.360	1.364	1.367	1.371	1.375
1.9	1.378	1.382	1.386	1.389	1.393	1.396	1.400	1.404	1.407	1.411
2.0	1.414	1.418	1.421	1.425	1.428	1.432	1.435	1.439	1.442	1.446
2.1	1.449	1.453	1.456	1.459	1.463	1.466	1.470	1.473	1.476	1.480
2.2	1.483	1.487	1.490	1.493	1.497	1.500	1.503	1.507	1.510	1.513
2.3	1.517	1.520	1.523	1.526	1.530	1.533	1.536	1.539	1.543	1.546
2.4	1.549	1.552	1.556	1.559	1.562	1.565	1.568	1.572	1.575	1.578
2.5	1.581	1.584	1.587	1.591	1.594	1.597	1.600	1.603	1.606	1.609
2.6	1.612	1.616	1.619	1.622	1.625	1.628	1.631	1.634	1.637	1.640
2.7	1.643	1.646	1.649	1.652	1.655	1.658	1.661	1.664	1.667	1.670
2.8	1.673	1.676	1.679	1.682	1.685	1.688	1.691	1.694	1.697	1.700
2.9	1.703	1.706	1.709	1.712	1.715	1.718	1.720	1.723	1.726	1.729
3.0	1.732	1.735	1.738	1.741	1.744	1.746	1.749	1.752	1.755	1.758
3.1	1.761	1.764	1.766	1.769	1.772	1.775	1.778	1.780	1.783	1.786
3.2	1.789	1.792	1.794	1.797	1.800	1.803	1.806	1.808	1.811	1.814
3.3	1.817	1.819	1.822	1.825	1.828	1.830	1.833	1.836	1.838	1.841
3.4	1.844	1.847	1.849	1.852	1.855	1.857	1.860	1.863	1.865	1.868
3.5	1.871	1.873	1.876	1.879	1.881	1.884	1.887	1.889	1.892	1.895
3.6	1.897	1.900	1.903	1.905	1.908	1.910	1.913	1.916	1.918	1.921
3.7	1.924	1.926	1.929	1.931	1.934	1.936	1.939	1.942	1.944	1.947
3.8	1.949	1.952	1.954	1.957	1.960	1.962	1.965	1.967	1.970	1.972
3.9	1.975	1.977	1.980	1.982	1.985	1.987	1.990	1.992	1.995	1.997
4.0	2.000	2.002	2.005	2.007	2.010	2.012	2.015	2.017	2.020	2.022
4.1	2.025	2.027	2.030	2.032	2.035	2.037	2.040	2.042	2.045	2.047
4.2	2.049	2.052	2.054	2.057	2.059	2.062	2.064	2.066	2.069	2.071
4.3	2.074	2.076	2.078	2.081	2.083	2.086	2.088	2.090	2.093	2.095
4.4	2.098	2.100	2.102	2.105	2.107	2.110	2.112	2.114	2.117	2.119
4.5	2.121	2.124	2.126	2.128	2.131	2.133	2.135	2.138	2.140	2.142
4.6	2.145	2.147	2.149	2.152	2.154	2.156	2.159	2.161	2.163	2.166
4.7	2.168	2.170	2.173	2.175	2.177	2.179	2.182	2.184	2.186	2.189
4.8	2.191	2.193	2.195	2.198	2.200	2.202	2.205	2.207	2.209	2.211
4.9	2.214	2.216	2.218	2.220	2.223	2.225	2.227	2.229	2.232	2.234
5.0	2.236	2.238	2.241	2.243	2.245	2.247	2.249	2.252	2.254	2.256
5.1	2.258	2.261	2.263	2.265	2.267	2.269	2.272	2.274	2.276	2.278
5.2	2.280	2.283	2.285	2.287	2.289	2.291	2.293	2.296	2.298	2.300
5.3	2.302	2.304	2.307	2.309	2.311	2.313	2.315	2.317	2.319	2.322
5.4	2.324	2.326	2.328	2.330	2.332	2.335	2.337	2.339	2.341	2.343

제곱근표 ②

수	0	1	2	3	4	5	6	7	8	9
5.5	2.345	2.347	2.349	2.352	2.354	2.356	2.358	2.360	2.362	2.364
5.6	2.366	2.369	2.371	2.373	2.375	2.377	2.379	2.381	2.383	2.385
5.7	2.387	2.390	2.392	2.394	2.396	2.398	2.400	2.402	2.404	2.406
5.8	2.408	2.410	2.412	2.415	2.417	2.419	2.421	2.423	2.425	2.427
5.9	2.429	2.431	2.433	2.435	2.437	2.439	2.441	2.443	2.445	2.447
6.0	2.449	2.452	2.454	2.456	2.458	2.460	2.462	2.464	2.466	2.468
6.1	2.470	2.472	2.474	2.476	2.478	2.480	2.482	2.484	2.486	2.488
6.2	2.490	2.492	2.494	2.496	2.498	2.500	2.502	2.504	2.506	2.508
6.3	2.510	2.512	2.514	2.516	2.518	2.520	2.522	2.524	2.526	2.528
6.4	2.530	2.532	2.534	2.536	2.538	2.540	2.542	2.544	2.546	2.548
6.5	2.550	2.551	2.553	2.555	2.557	2.559	2.561	2.563	2.565	2.567
6.6	2.569	2.571	2.573	2.575	2.577	2.579	2.581	2.583	2.585	2.587
6.7	2.588	2.590	2.592	2.594	2.596	2.598	2.600	2.602	2.604	2.606
6.8	2.608	2.610	2.612	2.613	2.615	2.617	2.619	2.621	2.623	2.625
6.9	2.627	2.629	2.631	2.632	2.634	2.636	2.638	2.640	2.642	2.644
7.0	2.646	2.648	2.650	2.651	2.653	2.655	2.657	2.659	2.661	2.663
7.1	2.665	2.666	2.668	2.670	2.672	2.674	2.676	2.678	2.680	2.681
7.2	2.683	2.685	2.687	2.689	2.691	2.693	2.694	2.696	2.698	2.700
7.3	2.702	2.704	2.706	2.707	2.709	2.711	2.713	2.715	2.717	2.718
7.4	2.720	2.722	2.724	2.726	2.728	2.729	2.731	2.733	2.735	2.737
7.5	2.739	2.740	2.742	2.744	2.746	2.748	2.750	2.751	2.753	2.755
7.6	2.757	2.759	2.760	2.762	2.764	2.766	2.768	2.769	2.771	2.773
7.7	2.775	2.777	2.778	2.780	2.782	2.784	2.786	2.787	2.789	2.791
7.8	2.793	2.795	2.796	2.798	2.800	2.802	2.804	2.805	2.807	2.809
7.9	2.811	2.812	2.814	2.816	2.818	2.820	2.821	2.823	2.825	2.827
8.0	2.828	2.830	2.832	2.834	2.835	2.837	2.839	2.841	2.843	2.844
8.1	2.846	2.848	2.850	2.851	2.853	2.855	2.857	2.858	2.860	2.862
8.2	2.864	2.865	2.867	2.869	2.871	2.872	2.874	2.876	2.877	2.879
8.3	2.881	2.883	2.884	2.886	2.888	2.890	2.891	2.893	2.895	2.897
8.4	2.898	2.900	2.902	2.903	2.905	2.907	2.909	2.910	2.912	2.914
8.5	2.915	2.917	2.919	2.921	2.922	2.924	2.926	2.927	2.929	2.931
8.6	2.933	2.934	2.936	2.938	2.939	2.941	2.943	2.944	2.946	2.948
8.7	2.950	2.951	2.953	2.955	2.956	2.958	2.960	2.961	2.963	2.965
8.8	2.966	2.968	2.970	2.972	2.973	2.975	2.977	2.978	2.980	2.982
8.9	2.983	2.985	2.987	2.988	2.990	2.992	2.993	2.995	2.997	2.998
9.0	3.000	3.002	3.003	3.005	3.007	3.008	3.010	3.012	3.013	3.015
9.1	3.017	3.018	3.020	3.022	3.023	3.025	3.027	3.028	3.030	3.032
9.2	3.033	3.035	3.036	3.038	3.040	3.041	3.043	3.045	3.046	3.048
9.3	3.050	3.051	3.053	3.055	3.056	3.058	3.059	3.061	3.063	3.064
9.4	3.066	3.068	3.069	3.071	3.072	3.074	3.076	3.077	3.079	3.081
9.5	3.082	3.084	3.085	3.087	3.089	3.090	3.092	3.094	3.095	3.097
9.6	3.098	3.100	3.102	3.103	3.105	3.106	3.108	3.110	3.111	3.113
9.7	3.114	3.116	3.118	3.119	3.121	3.122	3.124	3.126	3.127	3.129
9.8	3.130	3.132	3.134	3.135	3.137	3.138	3.140	3.142	3.143	3.145
9.9	3.146	3.148	3.150	3.151	3.153	3.154	3.156	3.158	3.159	3.161

제곱근표 ③

수	0	1	2	3	4	5	6	7	8	9
10	3.162	3.178	3.194	3.209	3.225	3.240	3.256	3.271	3.286	3.302
11	3.317	3.332	3.347	3.362	3.376	3.391	3.406	3.421	3.435	3.450
12	3.464	3.479	3.493	3.507	3.521	3.536	3.550	3.564	3.578	3.592
13	3.606	3.619	3.633	3.647	3.661	3.674	3.688	3.701	3.715	3.728
14	3.742	3.755	3.768	3.782	3.795	3.808	3.821	3.834	3.847	3.860
15	3.873	3.886	3.899	3.912	3.924	3.937	3.950	3.962	3.975	3.987
16	4.000	4.012	4.025	4.037	4.050	4.062	4.074	4.087	4.099	4.111
17	4.123	4.135	4.147	4.159	4.171	4.183	4.195	4.207	4.219	4.231
18	4.243	4.254	4.266	4.278	4.290	4.301	4.313	4.324	4.336	4.347
19	4.359	4.370	4.382	4.393	4.405	4.416	4.427	4.438	4.450	4.461
20	4.472	4.483	4.494	4.506	4.517	4.528	4.539	4.550	4.561	4.572
21	4.583	4.593	4.604	4.615	4.626	4.637	4.648	4.658	4.669	4.680
22	4.690	4.701	4.712	4.722	4.733	4.743	4.754	4.764	4.775	4.785
23	4.796	4.806	4.817	4.827	4.837	4.848	4.858	4.868	4.879	4.889
24	4.899	4.909	4.919	4.930	4.940	4.950	4.960	4.970	4.980	4.990
25	5.000	5.010	5.020	5.030	5.040	5.050	5.060	5.070	5.079	5.089
26	5.099	5.109	5.119	5.128	5.138	5.148	5.158	5.167	5.177	5.187
27	5.196	5.206	5.215	5.225	5.235	5.244	5.254	5.263	5.273	5.282
28	5.292	5.301	5.310	5.320	5.329	5.339	5.348	5.357	5.367	5.376
29	5.385	5.394	5.404	5.413	5.422	5.431	5.441	5.450	5.459	5.468
30	5.477	5.486	5.495	5.505	5.514	5.523	5.532	5.541	5.550	5.559
31	5.568	5.577	5.586	5.595	5.604	5.612	5.621	5.630	5.639	5.648
32	5.657	5.666	5.675	5.683	5.692	5.701	5.710	5.718	5.727	5.736
33	5.745	5.753	5.762	5.771	5.779	5.788	5.797	5.805	5.814	5.822
34	5.831	5.840	5.848	5.857	5.865	5.874	5.882	5.891	5.899	5.908
35	5.916	5.925	5.933	5.941	5.950	5.958	5.967	5.975	5.983	5.992
36	6.000	6.008	6.017	6.025	6.033	6.042	6.050	6.058	6.066	6.075
37	6.083	6.091	6.099	6.107	6.116	6.124	6.132	6.140	6.148	6.156
38	6.164	6.173	6.181	6.189	6.197	6.205	6.213	6.221	6.229	6.237
39	6.245	6.253	6.261	6.269	6.277	6.285	6.293	6.301	6.309	6.317
40	6.325	6.332	6.340	6.348	6.356	6.364	6.372	6.380	6.387	6.395
41	6.403	6.411	6.419	6.427	6.434	6.442	6.450	6.458	6.465	6.473
42	6.481	6.488	6.496	6.504	6.512	6.519	6.527	6.535	6.542	6.550
43	6.557	6.565	6.573	6.580	6.588	6.595	6.603	6.611	6.618	6.626
44	6.633	6.641	6.648	6.656	6.663	6.671	6.678	6.686	6.693	6.701
45	6.708	6.716	6.723	6.731	6.738	6.745	6.753	6.760	6.768	6.775
46	6.782	6.790	6.797	6.804	6.812	6.819	6.826	6.834	6.841	6.848
47	6.856	6.863	6.870	6.877	6.885	6.892	6.899	6.907	6.914	6.921
48	6.928	6.935	6.943	6.950	6.957	6.964	6.971	6.979	6.986	6.993
49	7.000	7.007	7.014	7.021	7.029	7.036	7.043	7.050	7.057	7.064
50	7.071	7.078	7.085	7.092	7.099	7.106	7.113	7.120	7.127	7.134
51	7.141	7.148	7.155	7.162	7.169	7.176	7.183	7.190	7.197	7.204
52	7.211	7.218	7.225	7.232	7.239	7.246	7.253	7.259	7.266	7.273
53	7.280	7.287	7.294	7.301	7.308	7.314	7.321	7.328	7.335	7.342
54	7.348	7.355	7.362	7.369	7.376	7.382	7.389	7.396	7.403	7.409

제곱근표 ④

수	0	1	2	3	4	5	6	7	8	9
55	7.416	7.423	7.430	7.436	7.443	7.450	7.457	7.463	7.470	7.477
56	7.483	7.490	7.497	7.503	7.510	7.517	7.523	7.530	7.537	7.543
57	7.550	7.556	7.563	7.570	7.576	7.583	7.589	7.596	7.603	7.609
58	7.616	7.622	7.629	7.635	7.642	7.649	7.655	7.662	7.668	7.675
59	7.681	7.688	7.694	7.701	7.707	7.714	7.720	7.727	7.733	7.740
60	7.746	7.752	7.759	7.765	7.772	7.778	7.785	7.791	7.797	7.804
61	7.810	7.817	7.823	7.829	7.836	7.842	7.849	7.855	7.861	7.868
62	7.874	7.880	7.887	7.893	7.899	7.906	7.912	7.918	7.925	7.931
63	7.937	7.944	7.950	7.956	7.962	7.969	7.975	7.981	7.987	7.994
64	8.000	8.006	8.012	8.019	8.025	8.031	8.037	8.044	8.050	8.056
65	8.062	8.068	8.075	8.081	8.087	8.093	8.099	8.106	8.112	8.118
66	8.124	8.130	8.136	8.142	8.149	8.155	8.161	8.167	8.173	8.179
67	8.185	8.191	8.198	8.204	8.210	8.216	8.222	8.228	8.234	8.240
68	8.246	8.252	8.258	8.264	8.270	8.276	8.283	8.289	8.295	8.301
69	8.307	8.313	8.319	8.325	8.331	8.337	8.343	8.349	8.355	8.361
70	8.367	8.373	8.379	8.385	8.390	8.396	8.402	8.408	8.414	8.420
71	8.426	8.432	8.438	8.444	8.450	8.456	8.462	8.468	8.473	8.479
72	8.485	8.491	8.497	8.503	8.509	8.515	8.521	8.526	8.532	8.538
73	8.544	8.550	8.556	8.562	8.567	8.573	8.579	8.585	8.591	8.597
74	8.602	8.608	8.614	8.620	8.626	8.631	8.637	8.643	8.649	8.654
75	8.660	8.666	8.672	8.678	8.683	8.689	8.695	8.701	8.706	8.712
76	8.718	8.724	8.729	8.735	8.741	8.746	8.752	8.758	8.764	8.769
77	8.775	8.781	8.786	8.792	8.798	8.803	8.809	8.815	8.820	8.826
78	8.832	8.837	8.843	8.849	8.854	8.860	8.866	8.871	8.877	8.883
79	8.888	8.894	8.899	8.905	8.911	8.916	8.922	8.927	8.933	8.939
80	8.944	8.950	8.955	8.961	8.967	8.972	8.978	8.983	8.989	8.994
81	9.000	9.006	9.011	9.017	9.022	9.028	9.033	9.039	9.044	9.050
82	9.055	9.061	9.066	9.072	9.077	9.083	9.088	9.094	9.099	9.105
83	9.110	9.116	9.121	9.127	9.132	9.138	9.143	9.149	9.154	9.160
84	9.165	9.171	9.176	9.182	9.187	9.192	9.198	9.203	9.209	9.214
85	9.220	9.225	9.230	9.236	9.241	9.247	9.252	9.257	9.263	9.268
86	9.274	9.279	9.284	9.290	9.295	9.301	9.306	9.311	9.317	9.322
87	9.327	9.333	9.338	9.343	9.349	9.354	9.359	9.365	9.370	9.375
88	9.381	9.386	9.391	9.397	9.402	9.407	9.413	9.418	9.423	9.429
89	9.434	9.439	9.445	9.450	9.455	9.460	9.466	9.471	9.476	9.482
90	9.487	9.492	9.497	9.503	9.508	9.513	9.518	9.524	9.529	9.534
91	9.539	9.545	9.550	9.555	9.560	9.566	9.571	9.576	9.581	9.586
92	9.592	9.597	9.602	9.607	9.612	9.618	9.623	9.628	9.633	9.638
93	9.644	9.649	9.654	9.659	9.664	9.670	9.675	9.680	9.685	9.690
94	9.695	9.701	9.706	9.711	9.716	9.721	9.726	9.731	9.737	9.742
95	9.747	9.752	9.757	9.762	9.767	9.772	9.778	9.783	9.788	9.793
96	9.798	9.803	9.808	9.813	9.818	9.823	9.829	9.834	9.839	9.844
97	9.849	9.854	9.859	9.864	9.869	9.874	9.879	9.884	9.889	9.894
98	9.899	9.905	9.910	9.915	9.920	9.925	9.930	9.935	9.940	9.945
99	9.950	9.955	9.960	9.965	9.970	9.975	9.980	9.985	9.990	9.995

나의 오답 Note

틀린 문제를 다시 한 번 풀어 보고 실력을 완성해 보세요.

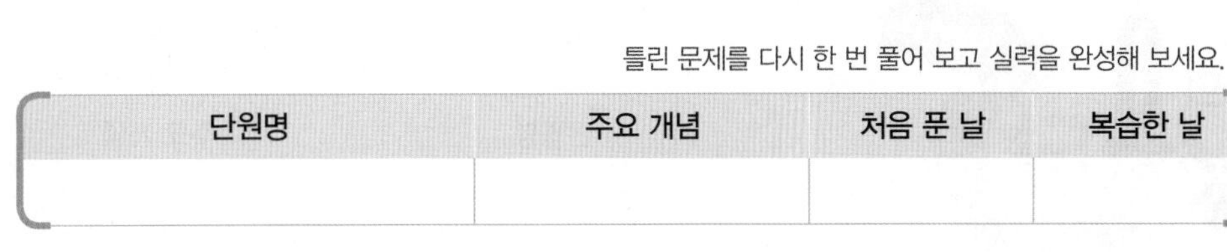

단원명	주요 개념	처음 푼 날	복습한 날

문제

풀이

개념

왜 틀렸을까?

□ 문제를 잘못 이해해서

□ 계산 방법을 몰라서

□ 계산 실수

□ 기타:

틀린 문제를 다시 한 번 풀어 보고 실력을 완성해 보세요.

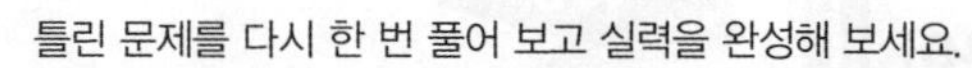

단원명	주요 개념	처음 푼 날	복습한 날

문제

풀이

개념

왜 틀렸을까?

☐ 문제를 잘못 이해해서

☐ 계산 방법을 몰라서

☐ 계산 실수

☐ 기타:

나의 오답 Note

틀린 문제를 다시 한 번 풀어 보고 실력을 완성해 보세요.

단원명	주요 개념	처음 푼 날	복습한 날

문제

풀이

개념

왜 틀렸을까?

☐ 문제를 잘못 이해해서

☐ 계산 방법을 몰라서

☐ 계산 실수

☐ 기타:

틀린 문제를 다시 한 번 풀어 보고 실력을 완성해 보세요.

단원명	주요 개념	처음 푼 날	복습한 날

문제

풀이

개념

왜 틀렸을까?

☐ 문제를 잘못 이해해서

☐ 계산 방법을 몰라서

☐ 계산 실수

☐ 기타:

동아출판이 만든 진짜 기출예상문제집

특급기출

중간고사

중학 수학 3-1

정답 및 풀이

빠른 정답

I. 실수와 그 연산

1 제곱근과 실수

개념 check 8쪽~9쪽

1 (1) $8, -8$ (2) $0.5, -0.5$ (3) $\frac{7}{6}, -\frac{7}{6}$ (4) $\sqrt{11}, -\sqrt{11}$

2 (1) 5 (2) 0.6 (3) -5 (4) -0.6 (5) $5, -5$ (6) $0.6, -0.6$ (7) 5 (8) 0.6

3 (1) 2 (2) 5 (3) 8 (4) 10 (5) -0.1 (6) -2

4 (1) $\sqrt{2}<\sqrt{3}$ (2) $\sqrt{13}>\sqrt{11}$ (3) $7>\sqrt{10}$ (4) $4<\sqrt{17}$ (5) $\sqrt{0.1}>0.1$ (6) $-\sqrt{\frac{1}{2}}>-\frac{3}{2}$

5 (1) 유리수 (2) 무리수 (3) 유리수 (4) 무리수

6 (1) × (2) ○

7 $\mathrm{P}(-2+\sqrt{5}), \mathrm{Q}(-2-\sqrt{5})$

8 $\mathrm{A} : -\sqrt{3}, \mathrm{B} : \sqrt{2}, \mathrm{C} : \sqrt{5}$

기출 유형 10쪽~16쪽

01 ⑤	02 ②	03 ①, ④	04 ①
05 ④	06 $\frac{10}{3}$	07 ⑤	08 ④
09 ⑤	10 ⑤	11 3개	12 ④
13 ④	14 ②	15 ①	16 ④
17 ③	18 ②	19 4	20 ②
21 ②	22 ②	23 ④	24 ③
25 6	26 ③	27 ⑤	28 ④
29 ②, ⑤	30 4개	31 18개	32 ①
33 ⑤	34 ①	35 ④	36 ⑤
37 1개	38 ③	39 $-1+\sqrt{2}$	40 ④
41 ②	42 27	43 ⑤	44 ②
45 ②	46 ④	47 ④	48 4개
49 ③	50 ①	51 ③	

서술형 17쪽~18쪽

01 6　01-1 35　01-2 5개

02 (1) $\sqrt{2}$ (2) $\mathrm{P} : 2+\sqrt{2}, \mathrm{Q} : 2-\sqrt{2}$

02-1 (1) $\sqrt{10}$ (2) $\mathrm{P} : -1+\sqrt{10}, \mathrm{Q} : -1-\sqrt{10}$

03 $-\sqrt{5}$　04 $-4a-b$　05 16개　06 12

07 (1) $a>b$ (2) $a<c$ (3) $b<a<c$

실전 중단원 학교 시험 1회 19쪽~22쪽

01 ④	02 ⑤	03 ②	04 ②	05 ②
06 ④	07 ③	08 ⑤	09 ④	10 ④
11 ①	12 ④	13 ②	14 ②	15 ③
16 ③	17 ②	18 ④		

19 (1) 2 (2) $-\frac{5}{2}$ (3) -5

20 $\mathrm{P} : 1-\sqrt{13}, \mathrm{Q} : 1+\sqrt{26}$　21 $8a$　22 100

23 64

실전 중단원 학교 시험 2회 23쪽~26쪽

01 ③, ⑤	02 ⑤	03 ③	04 ④	05 ③
06 ②	07 ②	08 ③	09 ⑤	10 ①
11 ②	12 ④	13 ③	14 ③	15 ③
16 ③	17 ①	18 ②	19 1	20 0
21 17	22 (1) 2 (2) 5, 6, 7, 8, 9 (3) 16			23 7

교과서 속 특이 문제 27쪽

01 $\sqrt{2}$　02 10　03 $\sqrt{13}<2+\sqrt{5}$

04 태연, 시현

2 근호를 포함한 식의 계산

개념 check 30쪽~31쪽

1 (1) $\sqrt{39}$ (2) $\sqrt{\frac{7}{3}}$ (3) $6\sqrt{21}$ (4) 6 (5) $3\sqrt{3}$

2 (1) $3\sqrt{2}$ (2) $5\sqrt{3}$ (3) $2\sqrt{30}$ (4) $10\sqrt{6}$

3 (1) $\sqrt{54}$ (2) $\sqrt{20}$ (3) $\sqrt{\frac{20}{9}}$ (4) $\sqrt{\frac{7}{20}}$

4 (1) $\frac{2\sqrt{5}}{5}$ (2) $4\sqrt{2}$ (3) $-\sqrt{3}$ (4) $\frac{\sqrt{35}}{7}$

5 (1) $7\sqrt{2}$ (2) $-\sqrt{6}$ (3) $10\sqrt{3}$ (4) $4\sqrt{7}-\sqrt{6}$

6 (1) $2\sqrt{3}-6$ (2) $\sqrt{3}-6$ (3) $3\sqrt{3}$ (4) $\sqrt{3}-\sqrt{5}$

7 (1) 2.371 (2) 2.437 (3) 23.71 (4) 0.2437

8 (1) 정수 부분 : 1, 소수 부분 : $\sqrt{2}-1$
(2) 정수 부분 : 3, 소수 부분 : $\sqrt{10}-3$

기출 유형 ○ 32쪽~37쪽

01 ④	02 ③	03 ⑤	04 ④
05 ④	06 ②	07 ②	08 ①
09 ④	10 ⑤	11 $3ab$	12 ②
13 ①	14 ⑤	15 ③	16 5
17 ⑤	18 $3+3\sqrt{2}$	19 $2\sqrt{42}$	20 ③
21 ②	22 ⑤	23 $3\sqrt{3}$	24 ②
25 $22+\sqrt{2}$	26 $2\sqrt{13}$	27 ③	28 $12+4\sqrt{2}$
29 9	30 ①	31 $(54+22\sqrt{30})\text{ cm}^2$	
32 ⑤	33 ③	34 ③	35 ⑤
36 ③	37 ④	38 ④	39 ③
40 ②	41 ②		

서술형 ▫ 38쪽~39쪽

01 $a=\frac{1}{5}$, $b=\frac{3}{5}$　01-1 $a=\frac{1}{5}$, $b=\frac{5}{4}$

02 (1) $a=5$, $b=4\sqrt{2}-5$ (2) $9\sqrt{2}-5$

02-1 (1) $a=6$, $b=2\sqrt{10}-6$ (2) 18　02-2 $3\sqrt{3}-4$

03 $10x+\frac{1}{10}y$　04 $3\sqrt{2}$　05 $-\frac{1}{3}$

06 $(75\sqrt{2}-60)\text{ m}^2$

07 (1) 3.162 (2) 35.07 (3) 11.5 (4) 0.155

실전! 중단원 학교 시험 1회 40쪽~43쪽

01 ④	02 ②	03 ③	04 ④	05 ②
06 ④	07 ③	08 ④	09 ⑤	10 ③
11 ②	12 ①	13 ②	14 ④	15 ④
16 ⑤	17 ⑤	18 ⑤	19 16	20 $6\sqrt{2}-3$
21 $4\sqrt{6}$	22 (1) $A>B$ (2) $A<C$ (3) $B<A<C$			
23 $3a-1$				

실전! 중단원 학교 시험 2회 44쪽~47쪽

01 ②	02 ④	03 ⑤	04 ④	05 ③
06 ④	07 ①	08 ③	09 ⑤	10 ⑤
11 ④	12 ②	13 ④	14 ②	15 ②
16 ④	17 ④	18 ④	19 63	20 6
21 $3+\sqrt{2}$	22 $(24\sqrt{6}+22\sqrt{2})\text{ cm}$	23 $15+\sqrt{5}$		

교과서 속 특이 문제 ○ 48쪽

01 $5\sqrt{3}$　02 $5\sqrt{5}\text{ cm}$　03 $16\sqrt{2}+8$

04 $(6\sqrt{2}+12)\text{ cm}$

Ⅱ. 다항식의 곱셈과 인수분해

1 다항식의 곱셈

개념 check 50쪽~51쪽

1 (1) $6ab+9a-2b-3$
(2) $2ac-3ad+4bc-6bd$
(3) $10ac+2ad-15bc-3bd$
(4) $2x^2+6xy-3x+3y-2$

2 (1) $4a^2+20ab+25b^2$　(2) $36a^2-48ab+16b^2$
(3) $16a^2-49b^2$　(4) $\frac{1}{9}x^2-4y^2$
(5) $x^2+2x-48$　(6) $x^2+\frac{5}{6}x+\frac{1}{6}$
(7) $6x^2+5x-6$　(8) $15x^2+14x-8$

3 (1) $4x^2-4xy+y^2+4x-2y+1$
(2) $x^2+2xy+y^2-1$

4 (1) 10816 (2) 2209 (3) 9991 (4) 35.99
(5) 10506 (6) $5+2\sqrt{6}$ (7) $6-2\sqrt{5}$ (8) 1

5 (1) $3+2\sqrt{2}$ (2) $\frac{\sqrt{5}-\sqrt{3}}{2}$　6 (1) 13 (2) 25

기출 유형 ○ 52쪽~57쪽

01 ③	02 ⑤	03 25	04 ②
05 ④	06 ⑤	07 ②	08 ㄴ, ㅁ
09 ③	10 ②	11 10	12 ③
13 ④	14 ①	15 ①, ④	16 ②
17 37	18 17	19 ③	20 $(5x-3)\text{ m}^2$
21 ①	22 ②	23 ⑤	24 13
25 ③	26 ⑤	27 413	28 8
29 ③	30 -15	31 ⑤	32 ③
33 ②	34 -8	35 ⑤	36 ③
37 ⑤	38 14	39 ①	40 ④
41 ②	42 ⑤	43 ⑤	44 ③

서술형 ▫ 58쪽~59쪽

01 16　01-1 22

02 (1) $2\sqrt{5}$ (2) 10　02-1 (1) $\sqrt{7}$ (2) 12

03 $5a^2-11ab+\frac{37}{4}b^2$　04 7　05 -6

06 219　07 4　08 $2\sqrt{2}$

실전 중단원 학교 시험 1회

60쪽~63쪽

01 ③ 02 ① 03 ④ 04 ⑤ 05 ②
06 ③ 07 ⑤ 08 ① 09 ④ 10 ③, ④
11 ③ 12 ② 13 ④ 14 ⑤ 15 ①
16 ④ 17 ③ 18 ⑤ 19 1 20 19
21 71 22 (1) $2x^2+7x-15$ (2) $18x^2+18x+4$
(3) $22x^2+32x-26$ 23 (1) 11 (2) 119

실전 중단원 학교 시험 2회

64쪽~67쪽

01 ② 02 ④ 03 ① 04 ④ 05 ③
06 ③ 07 ③ 08 ② 09 ② 10 ③
11 ⑤ 12 ③ 13 ⑤ 14 ② 15 ③
16 ② 17 ④ 18 ① 19 1 20 13
21 $10x^2+10y^2$ 22 40 23 (1) 68 (2) 8개

교과서 속 특이 문제

68쪽

01 $9x^2-3x-33$ 02 55
03 $8\sqrt{3}$ 04 $\sqrt{7}-\sqrt{5}$

2 인수분해

개념 check

70쪽~71쪽

1 (1) $b(2a+c)$ (2) $x(x-8)$
(3) $5a^2(2b-1)$ (4) $3y(2x+4y-3z)$
2 (1) $(x+8)^2$ (2) $(3x-y)^2$
(3) $(x+6)(x-6)$ (4) $(2x+9)(2x-9)$
3 (1) $(x+2)(x+5)$ (2) $(x+3)(x-4)$
(3) $(x-3)(2x-1)$ (4) $(x-1)(5x+3)$
4 (1) 25 (2) 49 (3) $\pm 16x$ (4) $\pm 8ab$
5 (1) $(x+y+3)(x+y-3)$ (2) $(x+2)(x-2)$
(3) $(a+1)(b-1)$ (4) $(x+y-9)(x-y+9)$
(5) $(x+2)(x+y-1)$ (6) $(a-1)(a+b+3)$
6 (1) 900 (2) 400 (3) 400 (4) 60
7 900 8 16

기출 유형

72쪽~79쪽

01 ③ 02 ④ 03 ② 04 ①
05 ① 06 ④ 07 ⑤ 08 ③
09 ⑤ 10 ④ 11 9 12 23
13 ④ 14 ② 15 ④ 16 ③
17 ③ 18 ⑤ 19 $2x-3$ 20 ③
21 ⑤ 22 ② 23 ② 24 ⑤
25 ③ 26 21 27 ① 28 ②
29 $2(x+1)(x-5)$ 30 ④
31 $4(x-1)(x-2)$ 32 ③ 33 ⑤
34 $a=-2$, 세로의 길이 : $4x+5y$ 35 $x+7$
36 6 37 ① 38 ②, ③
39 $(2x+1)(2x-1)(x+1)$ 40 ③ 41 ③
42 ④ 43 $(3x^2-9x-1)(x-2)(x-1)$
44 ② 45 ② 46 ②, ③ 47 ③
48 4 49 ③ 50 0 51 ①
52 ④ 53 1 54 -55 55 ④
56 3 57 ⑤ 58 ①

서술형

80쪽~81쪽

01 $\frac{11}{2}$, $-\frac{9}{2}$ 01-1 11, -13
02 (1) $x^2-7x+10$ (2) $(x-2)(x-5)$
02-1 (1) $x^2+3x-18$ (2) $(x-3)(x+6)$
03 7 04 -13 05 $6x-5$ 06 $4x+2$
07 76 08 5

실전 중단원 학교 시험 1회

82쪽~85쪽

01 ② 02 ③ 03 ③ 04 ⑤ 05 ①
06 ② 07 ④ 08 ③ 09 ③ 10 ⑤
11 ⑤ 12 ④ 13 ③ 14 ⑤ 15 ③
16 ① 17 ② 18 ④ 19 2
20 $(x+y-3)(x+y-5)$ 21 -72 22 1
23 8

실전 중단원 학교 시험 2회 86쪽~89쪽

01 ④ 02 ③ 03 ① 04 ④ 05 ②
06 ①, ⑤ 07 ③ 08 ③ 09 ④ 10 ①
11 ④ 12 ⑤ 13 ① 14 ① 15 ②
16 ④ 17 ⑤ 18 ③ 19 5
20 $x^2+10x+25$ 21 $(3x-8)(x+9)$ 22 620
23 10

교과서 속 특이 문제 90쪽~91쪽

01 105 02 7가지 03 최댓값 : 16, 최솟값 : 7
04 1245 05 3개 06 10 m 07 6
08 성준 : 45개, 진호 : 55개

부록

고난도 50 94쪽~102쪽

01 24 02 30 03 9 04 10개
05 144 06 60 07 163 08 20
09 224개 10 a 11 $\frac{4\sqrt{3}}{9}$배 12 -2
13 0 14 18 15 $6\sqrt{10}$
16 $(2+\sqrt{2})\pi$ cm 17 $\frac{\sqrt{6}}{2}$ 18 $a=2$, $b=\frac{1}{6}$
19 $\left(\frac{14\sqrt{3}}{3}+\frac{8}{3}\right)$ cm 20 $6-2\sqrt{5}$
21 $(16\sqrt{2}+6\sqrt{3})$ cm 22 $12\sqrt{3}\pi$
23 $F(6\sqrt{2}+4, 2\sqrt{2})$ 24 $8\sqrt{2}-12$
25 2020 26 $\frac{1}{3^{16}}$ 27 -40
28 $-8a^2+20ab-12b^2$ 29 8 30 $9\sqrt{15}$
31 7 32 $2\sqrt{5}$ 33 40 34 1
35 4 36 5 37 2 38 193
39 10 40 $\frac{3}{x}$ 41 30 42 39
43 $30x-6$ 44 4개 45 150 46 16
47 $\frac{442}{21}$ 48 $\frac{11}{21}$ 49 390 50 $10\sqrt{5}+9$

중간고사 대비 실전 모의고사 1회 103쪽~106쪽

01 ④ 02 ⑤ 03 ③ 04 ① 05 ③
06 ③ 07 ② 08 ② 09 ⑤ 10 ⑤
11 ③ 12 ② 13 ③ 14 ③ 15 ⑤
16 ② 17 ⑤ 18 ③ 19 -2 20 4
21 (1) $A=14+6\sqrt{5}$, $B=6+2\sqrt{5}$ (2) $8+4\sqrt{5}$
22 -2 23 $(2x+3)(x-1)$

중간고사 대비 실전 모의고사 2회 107쪽~110쪽

01 ④ 02 ⑤ 03 ① 04 ④ 05 ③
06 ③ 07 ④ 08 ① 09 ⑤ 10 ⑤
11 ④ 12 ① 13 ④ 14 ④ 15 ⑤
16 ② 17 ⑤ 18 ③ 19 3 20 $\frac{6\sqrt{5}}{5}$
21 (1) $a=39$, $b=15$ (2) 98 22 197 23 2

중간고사 대비 실전 모의고사 3회 111쪽~114쪽

01 ② 02 ① 03 ⑤ 04 ① 05 ④
06 ③ 07 ① 08 ④ 09 ④ 10 ④
11 ⑤ 12 ③ 13 ③ 14 ② 15 ②
16 ③ 17 ① 18 ③ 19 $\frac{2}{3}(x+9)$
20 (1) $\frac{7}{12}, \frac{2}{3}, \frac{3}{4}, \frac{5}{6}, \frac{11}{12}$ (2) $\frac{3}{2}$ 21 $\frac{2\sqrt{3}-3\sqrt{2}}{24}$
22 $10x^2-x-2$ 23 $(a-1)(a+6)$

중간고사 대비 실전 모의고사 4회 115쪽~118쪽

01 ③ 02 ⑤ 03 ③ 04 ① 05 ②
06 ③ 07 ④ 08 ⑤ 09 ④ 10 ④
11 ④ 12 ⑤ 13 ④ 14 ① 15 ④
16 ② 17 ⑤ 18 ③ 19 12
20 (1) $-\sqrt{18}$, $-\sqrt{(-3)^2}$, $\sqrt{3}$, $(-\sqrt{2})^2$, $\frac{3}{\sqrt{2}}$ (2) $\frac{9\sqrt{2}}{2}$
21 $52x^2-40xy-2y^2$ 22 87
23 (1) $(x+3)(x-2)(x^2+x-8)$ (2) $2x+1$

중간고사 대비 실전 모의고사 5회 119쪽~122쪽

01 ③ 02 ③ 03 ② 04 ② 05 ⑤
06 ⑤ 07 ⑤ 08 ② 09 ⑤ 10 ④
11 ② 12 ③ 13 ① 14 ③ 15 ①
16 ③ 17 ② 18 ① 19 $6+\sqrt{2}$ 20 7개
21 $(x+4)(x-1)$ 22 5
23 (1) $(5n-2)(n-4)$ (2) $n=5$, 소수 : 23

1 제곱근과 실수

I. 실수와 그 연산

8쪽~9쪽

개념 check

1 답 (1) $8,\ -8$ (2) $0.5,\ -0.5$ (3) $\frac{7}{6},\ -\frac{7}{6}$ (4) $\sqrt{11},\ -\sqrt{11}$

2 답 (1) 5 (2) 0.6 (3) -5 (4) -0.6 (5) $5,\ -5$ (6) $0.6,\ -0.6$ (7) 5 (8) 0.6

3 답 (1) 2 (2) 5 (3) 8 (4) 10 (5) -0.1 (6) -2

4 답 (1) $\sqrt{2}<\sqrt{3}$ (2) $\sqrt{13}>\sqrt{11}$ (3) $7>\sqrt{10}$ (4) $4<\sqrt{17}$ (5) $\sqrt{0.1}>0.1$ (6) $-\sqrt{\frac{1}{2}}>-\frac{3}{2}$

(1) $2<3$이므로 $\sqrt{2}<\sqrt{3}$
(2) $13>11$이므로 $\sqrt{13}>\sqrt{11}$
(3) $7=\sqrt{49}$이므로 $\sqrt{49}>\sqrt{10}$ $\quad\therefore 7>\sqrt{10}$
(4) $4=\sqrt{16}$이므로 $\sqrt{16}<\sqrt{17}$ $\quad\therefore 4<\sqrt{17}$
(5) $0.1=\sqrt{0.01}$이므로 $\sqrt{0.1}>\sqrt{0.01}$ $\quad\therefore \sqrt{0.1}>0.1$
(6) $\frac{3}{2}=\sqrt{\frac{9}{4}}$이므로 $\sqrt{\frac{1}{2}}<\sqrt{\frac{9}{4}}$
$\sqrt{\frac{1}{2}}<\frac{3}{2}$ $\quad\therefore -\sqrt{\frac{1}{2}}>-\frac{3}{2}$

5 답 (1) 유리수 (2) 무리수 (3) 유리수 (4) 무리수
(1) $\sqrt{0.04}=\sqrt{0.2^2}=0.2$이므로 유리수이다.
(2) 근호 안의 수 12는 유리수의 제곱이 아니므로 무리수이다.
(3) $\sqrt{169}=\sqrt{13^2}=13$이므로 유리수이다.
(4) 근호 안의 수 $\frac{5}{49}$는 유리수의 제곱이 아니므로 무리수이다.

6 답 (1) × (2) ○
(1) 유리수인 동시에 무리수인 수는 없다.
(2) 유리수가 아닌 수는 모두 무리수이다.

7 답 $\mathrm{P}(-2+\sqrt{5}),\ \mathrm{Q}(-2-\sqrt{5})$
$\overline{\mathrm{AB}}=\sqrt{2^2+1^2}=\sqrt{5}$이므로 $\overline{\mathrm{AP}}=\overline{\mathrm{AQ}}=\overline{\mathrm{AB}}=\sqrt{5}$
$\therefore \mathrm{P}(-2+\sqrt{5}),\ \mathrm{Q}(-2-\sqrt{5})$

8 답 $\mathrm{A}:-\sqrt{3},\ \mathrm{B}:\sqrt{2},\ \mathrm{C}:\sqrt{5}$
두 양수에서는 절댓값이 큰 수가 크고, 두 음수에서는 절댓값이 큰 수가 작다.
$2=\sqrt{4},\ 3=\sqrt{9}$이므로
$-2<-\sqrt{3}<-1,\ 1<\sqrt{2}<2<\sqrt{5}<3$
따라서 세 점 A, B, C에 대응하는 수는 차례대로 $-\sqrt{3},\ \sqrt{2},\ \sqrt{5}$이다.

기출 유형

10쪽~16쪽

유형 01 제곱근의 뜻과 이해 (10쪽)

x는 a의 제곱근이다. → $x^2=a\ (a\geq 0)$
(1) 양수 a의 제곱근 : $\sqrt{a},\ -\sqrt{a}$
(2) 0의 제곱근 : 0
(3) 음수 a의 제곱근 : 없다.

01 답 ⑤
① 0의 제곱근은 0이다.
② $\sqrt{100}=10$이므로 $\sqrt{100}$의 제곱근은 $\pm\sqrt{10}$이다.
③ $\sqrt{36}=6$의 제곱근은 $\pm\sqrt{6}$이다.
④ $-\sqrt{5}$는 5의 음의 제곱근이다.
따라서 옳은 것은 ⑤이다.

02 답 ②
① 제곱근 5는 $\sqrt{5}$이다.
③ -64의 제곱근은 없다.
④ 제곱하여 9가 되는 수는 ± 3이다.
⑤ 3의 제곱근은 $\pm\sqrt{3}$이다.
따라서 옳은 것은 ②이다.

03 답 ①, ④
① $\sqrt{(-7)^2}=\sqrt{7^2}=7$
④ $0.\dot{4}=\frac{4}{9}$이므로 $0.\dot{4}$의 제곱근은 $\pm\frac{2}{3}$이다.
⑤ $\frac{25}{9}$의 제곱근은 $\pm\frac{5}{3}$로 2개이고, 두 제곱근의 합은
$\frac{5}{3}+\left(-\frac{5}{3}\right)=0$
따라서 옳지 않은 것은 ①, ④이다.

유형 02 제곱근 구하기 (10쪽)

어떤 수의 제곱 또는 근호를 포함한 수의 제곱근을 구할 때는 먼저 주어진 수를 간단히 한다.

04 답 ①
$\sqrt{81}=9$의 제곱근은 ± 3이다.

05 답 ④
$\sqrt{16}=4$의 음의 제곱근은 -2이고, 제곱근 4는 2이므로 그 합은
$(-2)+2=0$

06 답 $\frac{10}{3}$
$\sqrt{256}=16$의 양의 제곱근은 4 $\quad\therefore a=4$
$\frac{4}{9}$의 음의 제곱근은 $-\frac{2}{3}$ $\quad\therefore b=-\frac{2}{3}$
$\therefore a+b=4+\left(-\frac{2}{3}\right)=\frac{10}{3}$

07 답 ⑤
$\sqrt{\frac{1}{16}}=\frac{1}{4}$의 양의 제곱근은 $\frac{1}{2}$ $\quad\therefore a=\frac{1}{2}$
$\sqrt{(-6)^2}=6$의 음의 제곱근은 $-\sqrt{6}$ $\quad\therefore b=-\sqrt{6}$
$\therefore 2ab=2\times\frac{1}{2}\times(-\sqrt{6})=-\sqrt{6}$

유형 03 제곱근의 성질 (11쪽)

$a>0$일 때
(1) $(\sqrt{a})^2=(-\sqrt{a})^2=a$
(2) $\sqrt{a^2}=\sqrt{(-a)^2}=a$

08 답 ④

①, ②, ③, ⑤ 5

④ -5

따라서 값이 나머지 넷과 다른 하나는 ④이다.

09 답 ⑤

⑤ $-(-\sqrt{10})^2=-10$

따라서 옳지 않은 것은 ⑤이다.

10 답 ⑤

① $\sqrt{(-3)^2}=3$

② 제곱근 $\frac{16}{25}$은 $\sqrt{\frac{16}{25}}=\frac{4}{5}$이다.

③ 81의 제곱근은 ±9이다.

④ $-\sqrt{16}=-4$의 제곱근은 없다.

따라서 옳은 것은 ⑤이다.

11 답 3개

ㄴ. $\sqrt{16}=4$의 제곱근은 ±2이다.

ㅁ. x의 제곱근은 $\pm\sqrt{x}=a$이므로 $a^2=x$이다.

따라서 옳은 것은 ㄱ, ㄷ, ㄹ의 3개이다.

유형 04 제곱근의 성질을 이용한 계산 (11쪽)

제곱근의 성질을 이용하여 근호를 없앤 후 계산한다.

12 답 ④

① $\sqrt{3^2}+(\sqrt{7})^2=3+7=10$

② $\sqrt{7^2}-(-\sqrt{3})^2=7-3=4$

③ $\sqrt{5^2}-\sqrt{(-3)^2}=5-3=2$

④ $(\sqrt{3})^2+\sqrt{(-5)^2}=3+5=8$

⑤ $\sqrt{11^2}-(-\sqrt{2})^2=11-2=9$

따라서 계산한 값이 옳지 않은 것은 ④이다.

13 답 ④

$\sqrt{4}\times\sqrt{(-3)^2}+(-\sqrt{5})^2=2\times3+5=11$

14 답 ②

$\sqrt{64}+(-\sqrt{10})^2\times(\sqrt{0.9})^2-\sqrt{(-11)^2}=8+10\times0.9-11$
$=8+9-11=6$

15 답 ①

① $-(\sqrt{3})^2+\sqrt{(-4)^2}=-3+4=1$

② $(-\sqrt{5})^2-\sqrt{4}=5-2=3$

③ $\sqrt{16}\times\sqrt{\left(-\frac{1}{2}\right)^2}=4\times\frac{1}{2}=2$

④ $\sqrt{(-9)^2}\div\sqrt{\frac{9}{4}}=9\div\frac{3}{2}=9\times\frac{2}{3}=6$

⑤ $\sqrt{(-4)^2}\times\sqrt{0.36}=4\times0.6=2.4$

따라서 계산 결과가 가장 작은 것은 ①이다.

유형 05 $\sqrt{a^2}$의 성질 (12쪽)

$\sqrt{a^2}=\sqrt{(-a)^2}=|a|=\begin{cases} a & (a\ge0) \\ -a & (a<0)\end{cases}$

참고 $\sqrt{(\text{양수})^2}=(\text{양수})$, $\sqrt{(\text{음수})^2}=-(\text{음수})$

16 답 ④

①, ②, ③, ⑤ a

④ $-a$

따라서 값이 나머지 넷과 다른 하나는 ④이다.

17 답 ③

① $a<0$이므로 $\sqrt{a^2}=-a$

② $-5a>0$이므로 $\sqrt{(-5a)^2}=-5a$

③ $3a<0$이므로 $-\sqrt{(3a)^2}=-(-3a)=3a$

④ $-\sqrt{25a^2}=-\sqrt{(5a)^2}$이고, $5a<0$이므로
$-\sqrt{25a^2}=-\sqrt{(5a)^2}=-(-5a)=5a$

⑤ $\sqrt{36a^2}=\sqrt{(6a)^2}$이고, $6a<0$이므로
$\sqrt{36a^2}=\sqrt{(6a)^2}=-6a$

따라서 옳지 않은 것은 ③이다.

유형 06 $\sqrt{a^2}$, $\sqrt{(a-b)^2}$ 꼴을 포함한 식을 간단히 하기 (12쪽)

$\sqrt{(a-b)^2}$ 꼴을 간단히 할 때는 먼저 $a-b$의 부호를 조사한다.

즉, $\begin{cases} a-b>0\text{이면 } \sqrt{(a-b)^2}=a-b \\ a-b<0\text{이면 } \sqrt{(a-b)^2}=-(a-b)\end{cases}$

18 답 ②

$a<b<0$이므로 $-b>0$, $a-b<0$

$\therefore \sqrt{a^2}+\sqrt{(-b)^2}-\sqrt{(a-b)^2}=(-a)+(-b)-\{-(a-b)\}$
$=-a-b+a-b=-2b$

19 답 4

$-3<x<1$이므로 $x+3>0$, $x-1<0$

$\therefore \sqrt{(x+3)^2}+\sqrt{(x-1)^2}=x+3-(x-1)=4$

20 답 ②

$-1<a<4$이므로 $2a+3>0$, $a-5<0$

$\therefore \sqrt{(2a+3)^2}-\sqrt{(a-5)^2}=(2a+3)-\{-(a-5)\}$
$=2a+3+a-5$
$=3a-2$

21 답 ②

$a-c<0$에서 $a<c$이고, $ac<0$이므로 $a<0$, $c>0$

$bc<0$, $c>0$이므로 $b<0$ $\quad\therefore b-c<0$

$\therefore \sqrt{a^2}+\sqrt{b^2}-\sqrt{c^2}-\sqrt{(b-c)^2}$
$=(-a)+(-b)-c-\{-(b-c)\}$
$=-a-b-c+b-c$
$=-a-2c$

유형 07 $\sqrt{Ax}$, $\sqrt{\frac{A}{x}}$가 자연수가 되도록 하는 자연수 x의 값 구하기 (12쪽)

❶ 자연수 A를 소인수분해한다.

❷ 소인수의 지수가 모두 짝수가 되도록 하는 x의 값을 찾는다.

22 답 ②

$\sqrt{150n}=\sqrt{2\times3\times5^2\times n}$이 자연수가 되려면 소인수의 지수가 모두 짝수가 되어야 하므로 $n=2\times3\times(\text{자연수})^2$ 꼴이어야 한다.

따라서 두 자리의 자연수 n은 $2\times3\times2^2$, $2\times3\times3^2$, $2\times3\times4^2$의 3개이다.

23 답 ④

$\sqrt{\frac{180}{x}}=\sqrt{\frac{2^2\times3^2\times5}{x}}$가 자연수가 되려면 소인수의 지수가 모두 짝수가 되어야 하므로 자연수 x는 180의 약수이고

$x=5\times(\text{자연수})^2$ 꼴이어야 한다.

따라서 자연수 x는 5×1^2, 5×2^2, 5×3^2, $5\times2^2\times3^2$의 4개이다.

유형 08 $\sqrt{A\pm x}$가 자연수가 되도록 하는 자연수 x의 값 구하기 — 13쪽

(1) 자연수 x에 대하여 $\sqrt{\square+x}$가 자연수가 되려면 $\square+x$가 제곱인 수이어야 한다. 즉, □보다 큰 제곱인 수를 찾으면 된다.

(2) 자연수 x에 대하여 $\sqrt{\triangle-x}$가 자연수가 되려면 $\triangle-x$가 제곱인 수이어야 한다. 즉, △보다 작은 제곱인 수를 찾으면 된다.

24 답 ③

$\sqrt{15-n}$이 자연수가 되려면 $15-n$은 제곱인 수이고 n이 자연수이므로 $15-n<15$, 즉 $15-n$의 값은 15보다 작은 제곱인 수 1, 4, 9이어야 한다.

$15-n=1$일 때 $n=14$

$15-n=4$일 때 $n=11$

$15-n=9$일 때 $n=6$

따라서 자연수 n은 6, 11, 14의 3개이다.

25 답 6

$\sqrt{10+n}$이 자연수가 되려면 $10+n$은 제곱인 수이고 n이 자연수이므로 $10+n>10$, 즉 $10+n$의 값은 10보다 큰 제곱인 수 16, 25, 36, …이어야 한다.

따라서 가장 작은 자연수 n은

$10+n=16 \quad \therefore n=6$

26 답 ③

$\sqrt{20-2n}$이 정수가 되려면 $20-2n$은 0 또는 20보다 작은 제곱인 수 1, 4, 9, 16이어야 한다.

$20-2n=0$일 때 $n=10$

$20-2n=1$일 때 $n=\frac{19}{2}$

$20-2n=4$일 때 $n=8$

$20-2n=9$일 때 $n=\frac{11}{2}$

$20-2n=16$일 때 $n=2$

따라서 자연수 n은 2, 8, 10의 3개이다.

27 답 ⑤

$\sqrt{50-a}-\sqrt{5+b}$가 가장 큰 자연수가 되려면 $\sqrt{50-a}$가 가장 큰 자연수이고 $\sqrt{5+b}$가 가장 작은 자연수이어야 한다.

$\sqrt{50-a}$가 가장 큰 자연수일 때는

$50-a=49 \quad \therefore a=1$

$\sqrt{5+b}$가 가장 작은 자연수일 때는

$5+b=9 \quad \therefore b=4$

$\therefore a+b=1+4=5$

유형 09 제곱근의 대소 관계 — 13쪽

$a>0$, $b>0$일 때,

(1) $a<b$이면 $\sqrt{a}<\sqrt{b}$

(2) $\sqrt{a}<\sqrt{b}$이면 $a<b$

참고 근호가 있는 수와 없는 수의 비교는 근호가 없는 수를 근호가 있는 수로 바꾸어 비교한다.

28 답 ④

① $3=\sqrt{9}$이므로 $\sqrt{9}>\sqrt{8} \quad \therefore 3>\sqrt{8}$

② $0.2=\sqrt{0.04}$이므로 $\sqrt{0.04}<\sqrt{0.2} \quad \therefore 0.2<\sqrt{0.2}$

③ $4=\sqrt{16}$이므로 $\sqrt{17}>\sqrt{16} \quad \therefore \sqrt{17}>4$

④ $\frac{1}{2}=\sqrt{\frac{1}{4}}$이고 $\sqrt{\frac{3}{4}}>\sqrt{\frac{1}{4}}$이므로 $\sqrt{\frac{3}{4}}>\frac{1}{2}$

$\therefore -\sqrt{\frac{3}{4}}<-\frac{1}{2}$

⑤ $\sqrt{\frac{2}{3}}>\sqrt{\frac{1}{4}}$이므로 $-\sqrt{\frac{2}{3}}<-\sqrt{\frac{1}{4}}$

따라서 대소 관계가 옳지 않은 것은 ④이다.

29 답 ②, ⑤

① $8=\sqrt{64}$이므로 $\sqrt{64}<\sqrt{70} \quad \therefore 8<\sqrt{70}$

② $2=\sqrt{4}$이고 $\sqrt{4}>\sqrt{3}$이므로 $2>\sqrt{3} \quad \therefore -2<-\sqrt{3}$

③ $\frac{1}{6}=\sqrt{\frac{1}{36}}$이므로 $\sqrt{\frac{1}{30}}>\sqrt{\frac{1}{36}} \quad \therefore \sqrt{\frac{1}{30}}>\frac{1}{6}$

④ $\sqrt{5}>\sqrt{\frac{24}{5}}$이므로 $-\sqrt{5}<-\sqrt{\frac{24}{5}}$

⑤ $\frac{1}{2}=\sqrt{\frac{1}{4}}$이고 $\sqrt{\frac{1}{4}}<\sqrt{\frac{7}{2}}$이므로 $\frac{1}{2}<\sqrt{\frac{7}{2}}$

$\therefore -\frac{1}{2}>-\sqrt{\frac{7}{2}}$

따라서 대소 관계가 옳은 것은 ②, ⑤이다.

유형 10 제곱근을 포함한 부등식 — 13쪽

제곱근을 포함한 부등식은 각 변을 제곱하여 근호를 없앤 후 푼다.

$a>0$, $b>0$, $c>0$일 때

$\sqrt{a}<\sqrt{b}<\sqrt{c} \rightarrow (\sqrt{a})^2<(\sqrt{b})^2<(\sqrt{c})^2$

$\rightarrow a<b<c$

30 답 4개

$2<\sqrt{3x}<4$에서 $4<3x<16$

$\therefore \frac{4}{3}<x<\frac{16}{3}$

따라서 자연수 x는 2, 3, 4, 5의 4개이다.

31 답 18개

$9=\sqrt{81}$과 $10=\sqrt{100}$ 사이에 있는 점은

$100-81-1=18$(개)

다른 풀이

자연수의 양의 제곱근 중 무리수에 대응하는 점은

1과 2 사이에는 2개

2와 3 사이에는 4개

3과 4 사이에는 6개

⋮

이므로 자연수 n과 $n+1$ 사이에는 $2n$개이다.

따라서 9와 10 사이에 있는 점은

$2\times9=18$(개)

32 답 ①

$5<\sqrt{5a+2}\le7$에서 $25<5a+2\le49$

$23<5a\le47$ $\quad\therefore \frac{23}{5}<a\le\frac{47}{5}$

따라서 정수 a는 5, 6, 7, 8, 9의 5개이다.

33 답 ⑤

$6<2\sqrt{x-1}<7$에서 $3<\sqrt{x-1}<\frac{7}{2}$

$9<x-1<\frac{49}{4}$ $\quad\therefore 10<x<\frac{53}{4}$

따라서 자연수 x는 11, 12, 13으로 가장 큰 수는 13, 가장 작은 수는 11이므로 구하는 합은

$13+11=24$

유형 11 유리수와 무리수의 구별 14쪽

소수로 나타낼 때, 순환소수가 아닌 무한소수로 나타내어지는 수를 무리수라 한다.

34 답 ①

$\sqrt{\frac{9}{4}}=\frac{3}{2}$, $3.\dot{3}$, $\sqrt{49}=7$, $\sqrt{14^2}=14$는 유리수이다.

따라서 무리수는 $\sqrt{5}$, π, $\sqrt{0.1}$의 3개이다.

35 답 ④

① 순환소수가 아닌 무한소수는 무리수이다.

② $\sqrt{16}$과 같이 근호 안의 수가 (자연수)^2 꼴이면 그 수는 유리수이다.

③ 무리수는 순환소수가 아닌 무한소수로 나타낼 수 있다.

⑤ 넓이가 5인 정사각형의 한 변의 길이 $\sqrt{5}$는 무리수이다.

따라서 옳은 것은 ④이다.

유형 12 실수의 이해 14쪽

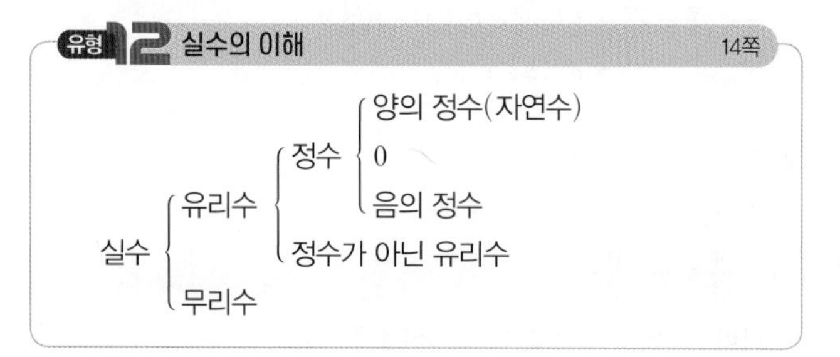

36 답 ⑤

① $\sqrt{2}$와 $\sqrt{11}$ 사이에는 $\sqrt{4}=2$, $\sqrt{9}=3$의 정수 2개가 있다.

② $\sqrt{5}$와 $\sqrt{6}$ 사이에는 무수히 많은 유리수가 있다.

③ 3과 4 사이에는 무수히 많은 무리수가 있다.

④ $\frac{1}{2}$과 $\frac{1}{7}$ 사이에는 무수히 많은 무리수가 있다.

따라서 옳은 것은 ⑤이다.

37 답 1개

$-\sqrt{16}=-4$, $\sqrt{0.\dot{4}}=\sqrt{\frac{4}{9}}=\frac{2}{3}$, $\sqrt{1.44}=\sqrt{1.2^2}=1.2$,

$\sqrt{\frac{4}{81}}=\frac{2}{9}$는 유리수이다.

따라서 □ 안에 해당하는 것은 무리수이므로 주어진 수 중 무리수는 $\sqrt{2.5}$의 1개이다.

38 답 ③

③ 무리수는 실수이므로 수직선 위의 한 점에 대응시킬 수 있다.

따라서 옳지 않은 것은 ③이다.

유형 13 무리수를 수직선 위에 나타내기 15쪽

정사각형(또는 직사각형)의 대각선의 길이가 $\sqrt{a}$일 때,

(1) 대응하는 점이 기준점의 왼쪽에 있으면 ➜ (기준점)$-\sqrt{a}$

(2) 대응하는 점이 기준점의 오른쪽에 있으면 ➜ (기준점)$+\sqrt{a}$

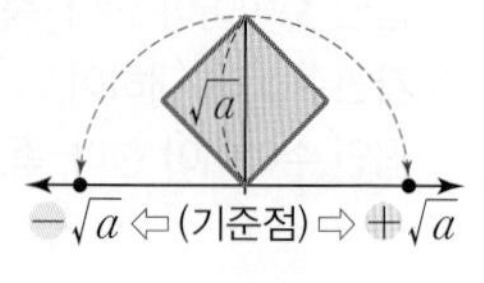

39 답 $-1+\sqrt{2}$

$\overline{BP}=\overline{BD}=\sqrt{1^2+1^2}=\sqrt{2}$이므로 점 P에 대응하는 수는 $-1+\sqrt{2}$

40 답 ④

$\overline{CA}=\overline{BD}=\sqrt{1^2+1^2}=\sqrt{2}$

$\overline{CP}=\overline{CA}=\sqrt{2}$이고, 점 P에 대응하는 수가 $4-\sqrt{2}$이므로 점 C에 대응하는 수는 4이다.

따라서 점 B에 대응하는 수는 3이고, $\overline{BQ}=\overline{BD}=\sqrt{2}$이므로 점 Q에 대응하는 수는 $3+\sqrt{2}$이다.

41 답 ②

$\overline{OA}=\sqrt{1^2+2^2}=\sqrt{5}$

$\overline{OP}=\overline{OA}=\sqrt{5}$이므로 점 P에 대응하는 수는 $-1+\sqrt{5}$이다.

42 답 27

작은 정사각형의 한 변의 길이는 $\sqrt{2^2+1^2}=\sqrt{5}$이고, 큰 정사각형의 한 변의 길이는 $\sqrt{3^2+1^2}=\sqrt{10}$이므로

㈎ 점 A에 대응하는 수는 $-3-\sqrt{5}$이다. $\quad\therefore a=5$

㈏ 점 B에 대응하는 수는 $2-\sqrt{10}$이다. $\quad\therefore b=2,\ c=10$

㈐ 점 C에 대응하는 수는 $-3+\sqrt{5}$이다. $\quad\therefore d=-3$

㈑ 점 D에 대응하는 수는 $2+\sqrt{10}$이다.

$\therefore a+2b+3c+4d=5+2\times2+3\times10+4\times(-3)$

$=5+4+30-12=27$

유형 14 수직선에서 무리수에 대응하는 점 찾기 15쪽

제곱근의 대소 관계를 이용하여 주어진 무리수가 어떤 연속된 정수 사이에 있는지를 먼저 확인한다.

43 답 ⑤

① $\sqrt{4}<\sqrt{6}<\sqrt{9}$에서 $2<\sqrt{6}<3$

② $\sqrt{4}<\sqrt{5}<\sqrt{9}$에서 $2<\sqrt{5}<3$이므로 $-3<-\sqrt{5}<-2$

③ $\sqrt{9}<\sqrt{10}<\sqrt{16}$에서 $3<\sqrt{10}<4$이므로 $-4<-\sqrt{10}<-3$

④ $1<\sqrt{2}<\sqrt{4}$에서 $1<\sqrt{2}<2$이므로 $-1<-2+\sqrt{2}<0$

⑤ $-3<-\sqrt{5}<-2$에서 $-2<1-\sqrt{5}<-1$
따라서 수직선 위의 ㉠ 구간에 대응하는 점이 있는 수는 ⑤이다.

44 답 ②
$\sqrt{4}<\sqrt{8}<\sqrt{9}$에서 $2<\sqrt{8}<3$이므로 $-3<-\sqrt{8}<-2$
$\therefore 0<3-\sqrt{8}<1$
따라서 a의 값은 0이다.

45 답 ②
ㄱ. $\sqrt{9}<\sqrt{15}<\sqrt{16}$에서 $3<\sqrt{15}<4$이므로 $-4<-\sqrt{15}<-3$
$\therefore -2<2-\sqrt{15}<-1$
즉, 점 A에 대응한다.
ㄴ. $1<\sqrt{3}<\sqrt{4}$에서 $1<\sqrt{3}<2$이므로 점 C에 대응한다.
ㄷ. $1<\sqrt{3}<2$에서 $-1<-2+\sqrt{3}<0$이므로 점 B에 대응한다.
따라서 세 점 A, B, C에 대응하는 수를 차례대로 적으면 ㄱ, ㄷ, ㄴ이다.

유형 15 두 실수 사이의 수 16쪽

a, b가 실수이고 $a<b$일 때 a, b 사이에 있는 실수를 찾으려면
[방법 1] 평균을 이용한다.
→ a, b의 평균 : $\dfrac{a+b}{2}$

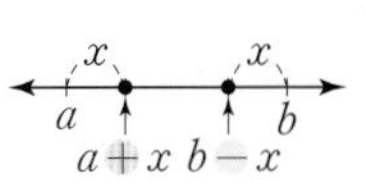

[방법 2] a, b의 차보다 작은 양수(x)를 a에 더하거나 b에서 뺀다.
(x, x, a, $a+x$, $b-x$, b)

46 답 ④
④ $\dfrac{\sqrt{5}+\sqrt{6}}{2}$은 $\sqrt{5}$와 $\sqrt{6}$의 평균이므로 $\sqrt{5}$와 $\sqrt{6}$ 사이에 있다.

47 답 ④
$1<\sqrt{3}<\sqrt{4}$에서 $1<\sqrt{3}<2$
$\sqrt{9}<\sqrt{10}<\sqrt{16}$에서 $3<\sqrt{10}<4$
① $3<7<10$이므로 $\sqrt{3}<\sqrt{7}<\sqrt{10}$
② $3=\sqrt{9}$이므로 $\sqrt{3}<\sqrt{9}<\sqrt{10}$ $\quad\therefore \sqrt{3}<3<\sqrt{10}$
③ $3<\sqrt{10}<4$에서 $2<\sqrt{10}-1<3$이므로 $\sqrt{3}<\sqrt{10}-1<\sqrt{10}$
④ $\sqrt{4}<\sqrt{5}<\sqrt{9}$에서 $2<\sqrt{5}<3$이므로 $4<\sqrt{5}+2<5$
즉, $\sqrt{5}+2$는 $\sqrt{3}$과 $\sqrt{10}$ 사이의 수가 아니다.
⑤ $1<\sqrt{3}<2$에서 $2<\sqrt{3}+1<3$이므로
$\sqrt{3}<\sqrt{3}+1<\sqrt{10}$

48 답 4개
$1<\sqrt{3}<\sqrt{4}$에서 $1<\sqrt{3}<2$이므로 $-2<-\sqrt{3}<-1$
$\therefore 0<2-\sqrt{3}<1$
$\sqrt{4}<\sqrt{7}<\sqrt{9}$에서 $2<\sqrt{7}<3$이므로 $-3<-\sqrt{7}<-2$
$\therefore 4<7-\sqrt{7}<5$
따라서 $2-\sqrt{3}$과 $7-\sqrt{7}$ 사이에 있는 정수는 1, 2, 3, 4의 4개이다.

49 답 ③
$1<\sqrt{2}<2$이므로 두 정수 a, b와 $a+\sqrt{2}$, $b-\sqrt{2}$를 수직선 위에 나타내면

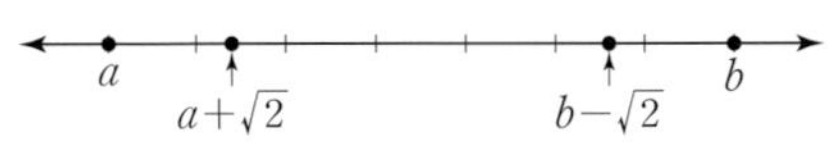

a와 $a+\sqrt{2}$ 사이에 있는 정수는 1개, $a+\sqrt{2}$와 $b-\sqrt{2}$ 사이에 있는 정수는 4개, $b-\sqrt{2}$와 b 사이에 있는 정수는 1개이므로 a와 b 사이에 있는 정수의 개수는
$1+4+1=6$
따라서 $b=a+7$이므로
$b-a=7$

유형 16 실수의 대소 관계 16쪽

두 실수 A, B의 대소 비교 → $A-B$의 부호를 조사한다.
(1) $A-B>0$ → $A>B$
(2) $A-B=0$ → $A=B$
(3) $A-B<0$ → $A<B$

50 답 ①
$\sqrt{6}-3<2$, $-\sqrt{2}+4>2$, $1+\sqrt{5}>2$이므로 $-\sqrt{2}+4$, $1+\sqrt{5}$ 중 작은 수가 오른쪽에서 두 번째에 있는 수이다.
$(-\sqrt{2}+4)-(1+\sqrt{5})=3-\sqrt{2}-\sqrt{5}<0$이므로
$-\sqrt{2}+4<1+\sqrt{5}$
따라서 수직선 위에 나타낼 때, 오른쪽에서 두 번째에 있는 수는 $-\sqrt{2}+4$이다.

다른 풀이
① $1<\sqrt{2}<2$에서 $-2<-\sqrt{2}<-1$이므로 $2<-\sqrt{2}+4<3$
③ $2<\sqrt{5}<3$에서 $3<1+\sqrt{5}<4$
④ $2<\sqrt{5}<3$에서 $-3<-\sqrt{5}<-2$
⑤ $2<\sqrt{6}<3$에서 $-1<\sqrt{6}-3<0$
따라서 ④<⑤<②<①<③이므로 수직선 위에 나타낼 때, 오른쪽에서 두 번째에 있는 수는 ①이다.

51 답 ③
① $4-(5-\sqrt{2})=-1+\sqrt{2}>0$이므로 $4>5-\sqrt{2}$
② $(\sqrt{13}-1)-3=\sqrt{13}-4=\sqrt{13}-\sqrt{16}<0$이므로 $\sqrt{13}-1<3$
③ $(\sqrt{15}-\sqrt{3})-(4-\sqrt{3})=\sqrt{15}-4=\sqrt{15}-\sqrt{16}<0$이므로
$\sqrt{15}-\sqrt{3}<4-\sqrt{3}$
④ $(\sqrt{12}+1)-(\sqrt{18}+1)=\sqrt{12}-\sqrt{18}<0$이므로
$\sqrt{12}+1<\sqrt{18}+1$
⑤ $(2+\sqrt{18})-(2+\sqrt{15})=\sqrt{18}-\sqrt{15}>0$이므로
$2+\sqrt{18}>2+\sqrt{15}$
따라서 옳은 것은 ③이다.

서술형

17쪽~18쪽

01 답 6
채점 기준 1 54를 소인수분해하기 ··· 1점
54를 소인수분해하면
$54=2\times3^3$
채점 기준 2 $\sqrt{54x}$가 자연수가 되는 x의 꼴 찾기 ··· 2점
$\sqrt{54x}$가 자연수가 되려면
$x=2\times3\times(\text{자연수})^2$ 꼴이어야 한다.
채점 기준 3 x의 값 구하기 ··· 1점
따라서 가장 작은 자연수 x의 값은 $x=2\times3=6$

01-1 답 35

채점 기준 1 140을 소인수분해하기 … 1점

140을 소인수분해하면

$140=2^2\times5\times7$

채점 기준 2 $\sqrt{140x}$가 자연수가 되는 x의 꼴 찾기 … 2점

$\sqrt{140x}$가 자연수가 되려면

$x=5\times7\times(\text{자연수})^2$ 꼴이어야 한다.

채점 기준 3 x의 값 구하기 … 1점

따라서 가장 작은 자연수 x의 값은

$x=5\times7=35$

01-2 답 5개

$\sqrt{3x}$가 자연수가 되려면 $x=3\times(\text{자연수})^2$ 꼴이어야 한다. …… ❶

$1<x<100$이므로 자연수 x는

3×1^2, 3×2^2, 3×3^2, 3×4^2, 3×5^2의 5개이다. …… ❷

채점 기준	배점
❶ $\sqrt{3x}$가 자연수가 되는 x의 꼴 찾기	3점
❷ 조건을 만족시키는 x의 개수 구하기	3점

02 답 (1) $\sqrt{2}$ (2) P : $2+\sqrt{2}$, Q : $2-\sqrt{2}$

(1) **채점 기준 1** □ABCD의 한 변의 길이 구하기 … 2점

(□ABCD의 한 변의 길이)$=\sqrt{\boxed{1}^2+\boxed{1}^2}=\sqrt{\boxed{2}}$

(2) **채점 기준 2** 두 점 P, Q에 대응하는 수 각각 구하기 … 4점

점 P는 점 A의 좌표인 2에서 $\overline{AB}$의 길이만큼 오른쪽에 있으므로 점 P에 대응하는 수는 $2+\sqrt{2}$이다.

또, 점 Q는 점 A의 좌표인 2에서 $\overline{AD}$의 길이만큼 왼쪽에 있으므로 점 Q에 대응하는 수는 $2-\sqrt{2}$이다.

다른 풀이

(1) 정사각형의 넓이는 2이므로 정사각형의 한 변의 길이는 $\sqrt{2}$

02-1 답 (1) $\sqrt{10}$ (2) P : $-1+\sqrt{10}$, Q : $-1-\sqrt{10}$

(1) **채점 기준 1** □ABCD의 한 변의 길이 구하기 … 2점

(□ABCD의 한 변의 길이)$=\sqrt{3^2+1^2}=\sqrt{10}$

(2) **채점 기준 2** 두 점 P, Q에 대응하는 수 각각 구하기 … 4점

점 P는 점 A의 좌표인 -1에서 $\overline{AB}$의 길이만큼 오른쪽에 있으므로 점 P에 대응하는 수는 $-1+\sqrt{10}$이다.

또, 점 Q는 점 A의 좌표인 -1에서 $\overline{AD}$의 길이만큼 왼쪽에 있으므로 점 Q에 대응하는 수는 $-1-\sqrt{10}$이다.

03 답 $-\sqrt{5}$

$$A=\sqrt{\frac{25}{9}}\times(-\sqrt{6})^2\div\sqrt{(-2)^2}$$
$$=\sqrt{\left(\frac{5}{3}\right)^2}\times(-\sqrt{6})^2\div\sqrt{(-2)^2}$$
$$=\frac{5}{3}\times6\div2$$
$$=\frac{5}{3}\times6\times\frac{1}{2}=5 \quad \text{…… ❶}$$

따라서 $A=5$의 음의 제곱근은 $-\sqrt{5}$이다. …… ❷

채점 기준	배점
❶ A를 바르게 계산하기	2점
❷ A의 음의 제곱근 구하기	2점

04 답 $-4a-b$

$\sqrt{a^2}=-a$에서 $a<0$

$\sqrt{(-b)^2}=b$에서 $b>0$ …… ❶

$-3a>0$, $\sqrt{4b^2}=\sqrt{(2b)^2}=2b>0$, $a-b<0$이므로 …… ❷

$\sqrt{(-3a)^2}-\sqrt{4b^2}+\sqrt{(a-b)^2}=-3a-2b-(a-b)$

$=-4a-b$ …… ❸

채점 기준	배점
❶ a, b의 부호 판별하기	2점
❷ $-3a$, $2b$, $a-b$의 부호 판별하기	2점
❸ 주어진 식 간단히 하기	2점

05 답 16개

$2<\frac{\sqrt{3x}}{2}<4$에서 $4<\sqrt{3x}<8$

$16<3x<64$ $\quad\therefore \frac{16}{3}<x<\frac{64}{3}$ …… ❶

따라서 자연수 x는 6, 7, 8, …, 19, 20, 21의 16개이다. …… ❷

채점 기준	배점
❶ x의 값의 범위 구하기	3점
❷ 부등식을 만족시키는 자연수 x의 개수 구하기	3점

06 답 12

두 액자의 한 변의 길이는 각각 $\sqrt{48-x}$ cm, $\sqrt{75x}$ cm이다.

$\sqrt{48-x}$가 자연수가 되려면 $48-x$는 제곱인 수이고 x가 자연수이므로 $48-x<48$, 즉 $48-x$의 값은 48보다 작은 제곱인 수 1, 4, 9, 16, 25, 36이다.

$48-x=1$일 때 $x=47$, $48-x=4$일 때 $x=44$

$48-x=9$일 때 $x=39$, $48-x=16$일 때 $x=32$

$48-x=25$일 때 $x=23$, $48-x=36$일 때 $x=12$ …… ❶

$\sqrt{75x}=\sqrt{3\times5^2\times x}$가 자연수가 되려면 $x=3\times(\text{자연수})^2$ 꼴이어야 한다.

즉, 자연수 x는 3×1^2, 3×2^2, 3×3^2, 3×4^2, … …… ❷

따라서 두 조건을 동시에 만족시키는 자연수 x의 값은 12이다. …… ❸

채점 기준	배점
❶ $\sqrt{48-x}$가 자연수가 되도록 하는 x의 값 구하기	2점
❷ $\sqrt{75x}$가 자연수가 되도록 하는 x의 값 구하기	2점
❸ 두 조건을 모두 만족시키는 x의 값 구하기	2점

07 답 (1) $a>b$ (2) $a<c$ (3) $b<a<c$

(1) $a-b=(2+\sqrt{5})-(\sqrt{2}+\sqrt{5})=2-\sqrt{2}=\sqrt{4}-\sqrt{2}>0$

$\therefore a>b$ …… ㉠ …… ❶

(2) $a-c=(2+\sqrt{5})-(\sqrt{7}+2)=\sqrt{5}-\sqrt{7}<0$

$\therefore a<c$ …… ㉡ …… ❷

(3) ㉠, ㉡에 의해

$b<a<c$ …… ❸

채점 기준	배점
❶ a, b의 대소 비교하기	3점
❷ a, c의 대소 비교하기	3점
❸ a, b, c의 대소 비교하기	1점

중단원 학교 시험 1회

19쪽~22쪽

01 ④ 02 ⑤ 03 ② 04 ② 05 ②
06 ④ 07 ③ 08 ⑤ 09 ④ 10 ④
11 ① 12 ④ 13 ② 14 ② 15 ③
16 ③ 17 ② 18 ④
19 (1) 2 (2) $-\frac{5}{2}$ (3) -5
20 P : $1-\sqrt{13}$, Q : $1+\sqrt{26}$ 21 $8a$ 22 100
23 64

01 답 ④ 유형 01

① 제곱근 7은 $\sqrt{7}$이다.
② 0의 제곱근은 0이다.
③ 제곱근 3은 $\sqrt{3}$이고, 3의 제곱근은 $\pm\sqrt{3}$으로 서로 같지 않다.
⑤ 음수의 제곱근은 없다.
따라서 옳은 것은 ④이다.

02 답 ⑤ 유형 02

$\sqrt{25}=5$의 제곱근은 $\pm\sqrt{5}$이다.

03 답 ② 유형 03

① $\sqrt{0.81}=\sqrt{0.9^2}=0.9$
③ $-\sqrt{36}=-\sqrt{6^2}=-6$
④ $\sqrt{\frac{49}{100}}=\sqrt{\left(\frac{7}{10}\right)^2}=\frac{7}{10}$
⑤ $\sqrt{\frac{121}{4}}=\sqrt{\left(\frac{11}{2}\right)^2}=\frac{11}{2}$
따라서 근호를 사용하지 않고 나타낼 수 없는 것은 ②이다.

04 답 ② 유형 03

① $-\sqrt{(-8)^2}=-8$ ③ $\sqrt{\frac{1}{16}}=\frac{1}{4}$
④ $\sqrt{\left(-\frac{1}{2}\right)^2}=\frac{1}{2}$ ⑤ $\sqrt{4^2}=4$
따라서 옳은 것은 ②이다.

05 답 ② 유형 04

$$\begin{aligned}\sqrt{64}\times\left(-\sqrt{\frac{1}{4}}\right)-\sqrt{(-5)^2}&=\sqrt{8^2}\times\left\{-\sqrt{\left(\frac{1}{2}\right)^2}\right\}-\sqrt{(-5)^2}\\&=8\times\left(-\frac{1}{2}\right)-5\\&=-9\end{aligned}$$

06 답 ④ 유형 05

$a>0$, $b<0$이므로 $3a>0$, $-a<0$, $5b<0$

$$\begin{aligned}\therefore \sqrt{(3a)^2}+\sqrt{(-a)^2}-\sqrt{(5b)^2}&=3a+\{-(-a)\}-(-5b)\\&=4a+5b\end{aligned}$$

07 답 ③ 유형 06

$0<a<3$이므로 $a>0$, $a-3<0$, $-a<0$

$$\begin{aligned}\sqrt{a^2}+\sqrt{(a-3)^2}-\sqrt{(-a)^2}&=a+\{-(a-3)\}-\{-(-a)\}\\&=a-a+3-a\\&=-a+3\end{aligned}$$

08 답 ⑤ 유형 01

각 단계의 정사각형 넓이는 그 전 단계의 정사각형 넓이의 $\frac{1}{2}$이 되고, 한 변의 길이가 $\sqrt{a}$ cm인 정사각형 모양의 종이의 넓이는 a cm^{2}이므로

1단계 : $a\times\frac{1}{2}=\frac{1}{2}a\,(\text{cm}^2)$

2단계 : $\frac{1}{2}a\times\frac{1}{2}=\frac{1}{4}a\,(\text{cm}^2)$

3단계 : $\frac{1}{4}a\times\frac{1}{2}=\frac{1}{8}a\,(\text{cm}^2)$

4단계 : $\frac{1}{8}a\times\frac{1}{2}=\frac{1}{16}a\,(\text{cm}^2)$

따라서 $\frac{1}{16}a=8$이므로 $a=16\times8=128$

다른 풀이

각 단계의 정사각형 넓이는 그 다음 단계인 정사각형 넓이의 2배이므로 한 변의 길이가 $\sqrt{a}$ cm인 정사각형 모양의 종이의 넓이는
$8\times2\times2\times2\times2=128$
$\therefore a=128$

09 답 ④ 유형 09

④ $0.3=\sqrt{0.3^2}=\sqrt{0.09}$이므로 $\sqrt{0.09}<\sqrt{0.2}$
$\therefore 0.3<\sqrt{0.2}$
따라서 옳지 않은 것은 ④이다.

10 답 ④ 유형 07

$\sqrt{\frac{300a}{7}}=\sqrt{\frac{2^2\times3\times5^2\times a}{7}}$가 자연수가 되려면 소인수의 지수가 모두 짝수가 되어야 하므로 $a=3\times7\times(\text{자연수})^2$ 꼴이어야 한다.
따라서 가장 작은 자연수 a는 $3\times7\times1^2=21$

11 답 ① 유형 08

$\sqrt{15+x}$가 자연수가 되려면 $15+x$는 제곱인 수이고 x가 자연수이므로 $15+x>15$이어야 한다.
즉, $15+x$의 값은 15보다 큰 제곱인 수 16, 25, 36, …이므로 가장 작은 두 자리의 자연수 x는
$15+x=25$ $\therefore x=10$

12 답 ④ 유형 11

$-\sqrt{36}=-6$, $\sqrt{0.25}=0.5$, $2-\sqrt{9}=2-3=-1$이므로 유리수이다.
따라서 무리수는 모두 5개이다.

13 답 ② 유형 10

$4<\sqrt{2a}<6$에서 $\sqrt{16}<\sqrt{2a}<\sqrt{36}$이므로
$16<2a<36$ $\therefore 8<a<18$
따라서 자연수 a의 개수는
$18-8-1=9$

14 답 ② 유형 12

② -1과 $\sqrt{5}$ 사이에는 정수가 0, 1, 2의 3개뿐이다.

15 답 ③ 유형 10

$f(x)=10$인 자연수 x는 $10\leq\sqrt{x}<11$에서

$10^2 \le x < 11^2$　　$\therefore 100 \le x < 121$
따라서 자연수 x의 개수는
$121-100=21$

16 답 ③　　유형 13

한 변의 길이가 1인 정사각형의 대각선의 길이는 $\sqrt{2}$이다.
따라서 $1+\sqrt{2}$는 1에서 $\sqrt{2}$만큼 더한 수이므로 $1+\sqrt{2}$에 대응하는 점은 점 C이다.

17 답 ②　　유형 16

① $3-(\sqrt{10}-1)=4-\sqrt{10}=\sqrt{16}-\sqrt{10}>0$
　이므로 $3>\sqrt{10}-1$
② $(2-\sqrt{3})-(\sqrt{5}-\sqrt{3})=2-\sqrt{5}=\sqrt{4}-\sqrt{5}<0$
　이므로 $2-\sqrt{3}<\sqrt{5}-\sqrt{3}$
③ $6-\sqrt{2}-4=2-\sqrt{2}=\sqrt{4}-\sqrt{2}>0$
　이므로 $6-\sqrt{2}>4$
④ $\sqrt{20}-3-1=\sqrt{20}-4=\sqrt{20}-\sqrt{16}>0$
　이므로 $\sqrt{20}-3>1$
⑤ $(\sqrt{5}+3)-(\sqrt{5}+\sqrt{8})=3-\sqrt{8}=\sqrt{9}-\sqrt{8}>0$
　이므로 $\sqrt{5}+3>\sqrt{5}+\sqrt{8}$
따라서 부등호의 방향이 나머지 넷과 다른 하나는 ②이다.

18 답 ④　　유형 13 + 유형 15

$\overline{AC}=\sqrt{1^2+2^2}=\sqrt{5}$
점 A는 다음 그림과 같이 움직이므로

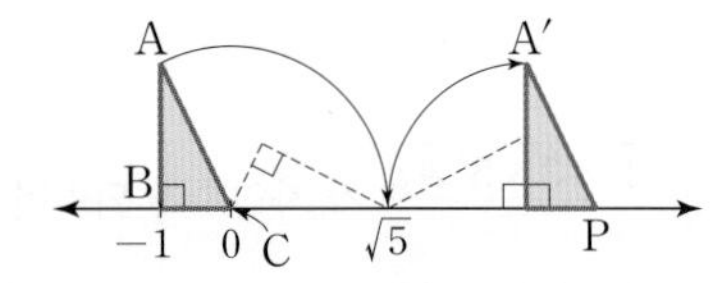

점 P에 대응하는 수는 $\sqrt{5}+2+1=3+\sqrt{5}$
④ $\sqrt{10}>3$이므로 $\sqrt{5}+\sqrt{10}>3+\sqrt{5}$
따라서 -1과 $3+\sqrt{5}$ 사이에 있는 수가 아닌 것은 ④이다.

19 답 (1) 2　(2) $-\frac{5}{2}$　(3) -5　　유형 02

(1) $\sqrt{16}=4$의 양의 제곱근은 2이므로
　$a=2$　…… ❶
(2) $\frac{25}{4}=\left(\frac{5}{2}\right)^2$의 음의 제곱근은 $-\frac{5}{2}$이므로
　$b=-\frac{5}{2}$　…… ❷
(3) $ab=2\times\left(-\frac{5}{2}\right)=-5$　…… ❸

채점 기준	배점
❶ a의 값 구하기	1점
❷ b의 값 구하기	1점
❸ ab의 값 구하기	2점

20 답 P : $1-\sqrt{13}$, Q : $1+\sqrt{26}$　　유형 13

$\overline{AP}=\overline{AD}=\sqrt{3^2+2^2}=\sqrt{13}$　…… ❶
따라서 점 P에 대응하는 수는
$1-\sqrt{13}$　…… ❷
$\overline{AQ}=\overline{AC}=\sqrt{1^2+5^2}=\sqrt{26}$　…… ❸
따라서 점 Q에 대응하는 수는
$1+\sqrt{26}$　…… ❹

채점 기준	배점
❶ $\overline{AP}$의 길이 구하기	1점
❷ 점 P에 대응하는 수 구하기	2점
❸ $\overline{AQ}$의 길이 구하기	1점
❹ 점 Q에 대응하는 수 구하기	2점

21 답 $8a$　　유형 06

$a-b>0$에서 $a>b$이고 $ab<0$이므로
$a>0,\ b<0$　…… ❶
따라서 $5a>0,\ b<0,\ b-3a<0$이므로　…… ❷
$\sqrt{25a^2}-\sqrt{b^2}+\sqrt{(b-3a)^2}=\sqrt{(5a)^2}-\sqrt{b^2}+\sqrt{(b-3a)^2}$
$=5a-(-b)+\{-(b-3a)\}$
$=5a+b-b+3a$
$=8a$　…… ❸

채점 기준	배점
❶ $a,\ b$의 부호 판별하기	2점
❷ $5a,\ b,\ b-3a$의 부호 판별하기	2점
❸ 주어진 식을 간단히 하기	2점

22 답 100　　유형 10

$5<\sqrt{3x}<7$에서 $25<3x<49$
$\therefore \frac{25}{3}<x<\frac{49}{3}$　…… ❶
따라서 주어진 부등식을 만족시키는 자연수 x는 9, 10, 11, 12, 13, 14, 15, 16이므로 구하는 합은　…… ❷
$9+10+11+12+13+14+15+16=100$　…… ❸

채점 기준	배점
❶ x의 값의 범위 구하기	2점
❷ 부등식을 만족시키는 자연수 x의 값 구하기	3점
❸ 자연수 x의 값의 합 구하기	2점

23 답 64　　유형 08

$\sqrt{400-x}-\sqrt{200+y}$가 가장 큰 정수가 되려면 $\sqrt{400-x}$는 가장 큰 자연수, $\sqrt{200+y}$는 가장 작은 자연수이어야 한다.
$\sqrt{400-x}$가 가장 큰 자연수가 되려면 $400-x$는 제곱인 수이고 x가 자연수이므로 $400-x<400$
즉, $400-x$의 값은 400보다 작은 제곱인 수 1, 4, 9, ⋯, 19^2이어야 한다.
따라서 $400-x=19^2$일 때 $x=39$　…… ❶
$\sqrt{200+y}$가 가장 작은 자연수가 되려면 $200+y$는 제곱인 수이고 y가 자연수이므로 $200+y>200$
즉, $200+y$의 값은 200보다 큰 제곱인 수 15^2, 16^2, 17^2, ⋯이어야 한다.
따라서 $200+y=15^2$일 때 $y=25$　…… ❷
$\therefore x+y=39+25=64$　…… ❸

채점 기준	배점
❶ 조건을 만족시키는 x의 값 구하기	3점
❷ 조건을 만족시키는 y의 값 구하기	3점
❸ $x+y$의 값 구하기	1점

중단원 학교 시험 2회

23쪽~26쪽

01 ③, ⑤	02 ⑤	03 ③	04 ④	05 ③
06 ②	07 ②	08 ③	09 ⑤	10 ①
11 ②	12 ④	13 ③	14 ③	15 ③
16 ③	17 ①	18 ②	19 1	20 0
21 17	22 (1) 2	(2) 5, 6, 7, 8, 9	(3) 16	23 7

01 답 ③, ⑤ 유형 01

③ 4의 제곱근은 ± 2이다.

⑤ 0의 제곱근은 1개, 양수의 제곱근은 2개이다.

따라서 옳지 않은 것은 ③, ⑤이다.

02 답 ⑤ 유형 02

$15^2=225$, $(-15)^2=225$이므로 225의 제곱근은 ± 15이다.

03 답 ③ 유형 02

(두 정사각형의 넓이의 합)$=3^2+5^2=9+25=34$

새로 만든 정사각형의 한 변의 길이를 x라 하면

새로 만든 정사각형의 넓이는 $x^2=34$

$x>0$이므로 $x=\sqrt{34}$

04 답 ④ 유형 02

주어진 수의 제곱근은

$\pm\sqrt{\frac{25}{81}}=\pm\frac{5}{9}$, $\pm\sqrt{0.01}=\pm 0.1$, $\pm\sqrt{144}=\pm 12$

$\pm\sqrt{\frac{9}{20}}$, $\pm\sqrt{0.\dot{1}}=\pm\sqrt{\frac{1}{9}}=\pm\frac{1}{3}$

따라서 주어진 수의 제곱근 중 근호를 사용하지 않고 나타낼 수 있는 수는 4개이다.

05 답 ③ 유형 03

① $\sqrt{\frac{1}{9}}=\frac{1}{3}$ ② $\sqrt{\left(\frac{1}{5}\right)^2}=\frac{1}{5}$ ③ $\left(\sqrt{\frac{1}{10}}\right)^2=\frac{1}{10}$

④ $\sqrt{\left(-\frac{1}{2}\right)^2}=\frac{1}{2}$ ⑤ $\left(-\sqrt{\frac{1}{6}}\right)^2=\frac{1}{6}$

따라서 가장 작은 수는 ③이다.

06 답 ② 유형 04

$$\sqrt{81}-\sqrt{(-3)^2}+(-\sqrt{4})^2=\sqrt{9^2}-\sqrt{(-3)^2}+(-\sqrt{4})^2$$
$$=9-3+4=10$$

07 답 ② 유형 04

② $(-\sqrt{3})^2+\sqrt{6^2}=3+6=9$

따라서 옳지 않은 것은 ②이다.

08 답 ③ 유형 05

$a<0$이므로 $5a<0$, $-7a>0$

$$\therefore \sqrt{a^2}-\sqrt{25a^2}+\sqrt{(-7a)^2}=\sqrt{a^2}-\sqrt{(5a)^2}+\sqrt{(-7a)^2}$$
$$=(-a)-(-5a)+(-7a)$$
$$=-a+5a-7a=-3a$$

09 답 ⑤ 유형 06

$-1<a<2$이므로 $a+1>0$, $a-2<0$

$$\therefore \sqrt{(a+1)^2}+\sqrt{(a-2)^2}=(a+1)+\{-(a-2)\}$$
$$=a+1-a+2=3$$

10 답 ① 유형 07

$\sqrt{\frac{45}{2}a}=\sqrt{\frac{3^2\times5\times a}{2}}$가 자연수가 되려면 소인수의 지수가 모두 짝수가 되어야 하므로 $a=2\times5\times$(자연수)^2 꼴이어야 한다.

따라서 가장 작은 자연수 a는 $2\times5\times1^2=10$

11 답 ② 유형 08

$A=\sqrt{27-x}-\sqrt{12y}$가 가장 큰 자연수가 되려면 $\sqrt{27-x}$는 가장 큰 자연수, $\sqrt{12y}$는 가장 작은 자연수이어야 한다.

$\sqrt{27-x}$가 가장 큰 자연수가 되려면 $27-x=25$ $\therefore x=2$

$\sqrt{12y}$가 가장 작은 자연수가 되려면 $12y=2^2\times3\times y$ $\therefore y=3$

$\therefore x+y=2+3=5$

12 답 ④ 유형 12

① $\sqrt{4}-1=2-1=1$이므로 유리수이다.

② $-\sqrt{25}=-\sqrt{5^2}=-5$이므로 유리수이다.

③ $\sqrt{\frac{9}{49}}=\sqrt{\left(\frac{3}{7}\right)^2}=\frac{3}{7}$이므로 유리수이다.

⑤ $2.\dot{3}$은 순환소수이므로 유리수이다.

따라서 □ 안에 해당하는 것은 무리수이므로 ④이다.

13 답 ③ 유형 10

$5<\sqrt{5x}<10$에서 $25<5x<100$

$\therefore 5<x<20$

따라서 주어진 부등식을 만족시키는 자연수 x는 6, 7, 8, $\cdots$, 19이므로

$A=19$, $B=6$

$\therefore A-B=19-6=13$

14 답 ③ 유형 12

ㄴ. $\sqrt{3}$은 순환하지 않는 무한소수로 나타내어진다.

ㄷ. $\sqrt{7}$과 $\sqrt{8}$ 사이에는 무수히 많은 유리수가 있다.

따라서 옳은 것은 ㄱ, ㄹ이다.

15 답 ③ 유형 14

$\sqrt{49}<\sqrt{60}<\sqrt{64}$이므로 $7<\sqrt{60}<8$

따라서 $\sqrt{60}$에 대응하는 점이 있는 구간은 ③이다.

16 답 ③ 유형 14

유리수에 대응하는 점은 근호 안의 수가 제곱인 수이다.

따라서 근호 안의 수가 1^2, 2^2, $\cdots$, 12^2인 경우 유리수가 되므로 무리수에 대응하는 점은 $150-12=138$(개)

17 답 ① 유형 13+유형 15

$\overline{AC}=\overline{BD}=\sqrt{1^2+1^2}=\sqrt{2}$

점 Q에 대응하는 수가 $\sqrt{2}-2$이므로 점 A에 대응하는 수는 -2이다.

따라서 점 B에 대응하는 수는 -1이므로 점 P에 대응하는 수는 $-1-\sqrt{2}$이다.

① $-2-\sqrt{2}$는 $-1-\sqrt{2}$보다 작은 수이므로 두 수 사이의 수가 아니다.

18 답 ② 유형 16

② $(4-\sqrt{3})-2=2-\sqrt{3}=\sqrt{4}-\sqrt{3}>0$

$\therefore 4-\sqrt{3}>2$

③ $(\sqrt{15}-2)-3=\sqrt{15}-5=\sqrt{15}-\sqrt{25}<0$

$\therefore \sqrt{15}-2<3$

④ $(1+\sqrt{2})-2=\sqrt{2}-1>0$
 $\therefore 1+\sqrt{2}>2$
⑤ $-1-(-\sqrt{7}+1)=-2+\sqrt{7}=-\sqrt{4}+\sqrt{7}>0$
 $\therefore -1>-\sqrt{7}+1$
따라서 옳지 않은 것은 ②이다.

19 답 1 유형02

$(-5)^2=25$의 양의 제곱근은 5이므로
$a=5$ …… ❶
$\sqrt{256}=\sqrt{16^2}=16$의 음의 제곱근은 -4이므로
$b=-4$ …… ❷
$\therefore a+b=5+(-4)=1$ …… ❸

채점 기준	배점
❶ a의 값 구하기	1점
❷ b의 값 구하기	1점
❸ $a+b$의 값 구하기	2점

20 답 0 유형06

$0<a<b<1$이므로 $a-1<0$, $1-b>0$, $a-b<0$ …… ❶
$\therefore \sqrt{(a-1)^2}-\sqrt{(1-b)^2}-\sqrt{(a-b)^2}$
$=-(a-1)-(1-b)-\{-(a-b)\}$
$=-a+1-1+b+a-b=0$ …… ❷

채점 기준	배점
❶ $a-1$, $1-b$, $a-b$의 부호 판별하기	3점
❷ 주어진 식 간단히 하기	3점

21 답 17 유형04+유형09

양수에서 $\sqrt{0.3^2}<\sqrt{\frac{5}{2}}<\sqrt{7}$이므로
$a=\sqrt{7}$ …… ❶
음수에서 $-\sqrt{10}<-\sqrt{1.2}$이므로
$b=-\sqrt{10}$ …… ❷
$\therefore a^2+b^2=(\sqrt{7})^2+(-\sqrt{10})^2$
$=7+10=17$ …… ❸

채점 기준	배점
❶ a의 값 구하기	2점
❷ b의 값 구하기	2점
❸ a^2+b^2의 값 구하기	2점

22 답 (1) 2 (2) 5, 6, 7, 8, 9 (3) 16 유형10

(1) $\sqrt{4}<\sqrt{5}<\sqrt{9}$이므로 $2<\sqrt{5}<3$
 즉, $\sqrt{5}$ 미만인 자연수는 1, 2의 2개이다.
 $\therefore n(5)=2$ …… ❶
(2) $\sqrt{x}$ 미만인 자연수가 2개이려면 $\sqrt{4}<\sqrt{x}\le\sqrt{9}$이어야 하므로 구하는 자연수 x는 5, 6, 7, 8, 9이다. …… ❷
(3) $n(1)+n(2)+n(3)+\cdots+n(9)+n(10)$
 $=0+1+1+1+2+2+2+2+2+3=16$ …… ❸

채점 기준	배점
❶ $n(5)$의 값 구하기	2점
❷ $n(x)=2$인 자연수 x의 값 구하기	2점
❸ 주어진 식의 값 구하기	3점

23 답 7 유형04+유형13

$\overline{AP}=\overline{AB}=\sqrt{1^2+1^2}=\sqrt{2}$
따라서 점 P에 대응하는 수는
$a=-2-\sqrt{2}$ …… ❶
$\overline{CQ}=\overline{CD}=\sqrt{1^2+2^2}=\sqrt{5}$
따라서 점 Q에 대응하는 수는
$b=1+\sqrt{5}$ …… ❷
$\therefore (a+2)^2+(b-1)^2=(-2-\sqrt{2}+2)^2+(1+\sqrt{5}-1)^2$
$=2+5=7$ …… ❸

채점 기준	배점
❶ a의 값 구하기	2점
❷ b의 값 구하기	2점
❸ $(a+2)^2+(b-1)^2$의 값 구하기	3점

교과서 속 특이 문제

27쪽

01 답 $\sqrt{2}$

A4 용지와 A5 용지는 서로 닮음이므로
$1:\frac{x}{2}=x:1$
$\frac{x^2}{2}=1$, $x^2=2$
$x>0$이므로 $x=\sqrt{2}$

02 답 10

$v=\sqrt{2\times9.8\times h}$
$=\sqrt{2\times\frac{49}{5}\times h}$
$=\sqrt{2\times\frac{7^2}{5}\times h}$
v가 자연수가 되려면 $h=2\times5\times(\text{자연수})^2$ 꼴이여야 한다.
따라서 가장 작은 자연수 h는
$2\times5\times1^2=10$

03 답 $\sqrt{13}<2+\sqrt{5}$

△ABC의 각 변의 길이는
$\overline{BC}=\sqrt{1^2+2^2}=\sqrt{5}$
$\overline{AC}=\sqrt{3^2+2^2}=\sqrt{13}$
$\overline{AB}=2$
$2=\sqrt{4}$이므로
$2<\sqrt{5}<\sqrt{13}$
△ABC에서 가장 긴 변의 길이는 나머지 두 변의 길이의 합보다 작으므로 $\sqrt{13}<2+\sqrt{5}$

04 답 태연, 시현

정우 : $\sqrt{2}$는 $1.4\cdots$, $\sqrt{3}$은 $1.7\cdots$이므로 $\sqrt{2}+0.5$는 $\sqrt{2}$와 $\sqrt{3}$ 사이에 있는 수가 아니다.
따라서 옳게 찾은 학생은 태연, 시현이다.

2 근호를 포함한 식의 계산

I. 실수와 그 연산

30쪽~31쪽

개념 check

1 답 (1) $\sqrt{39}$ (2) $\sqrt{\frac{7}{3}}$ (3) $6\sqrt{21}$ (4) 6 (5) $3\sqrt{3}$

(1) $\sqrt{3}\sqrt{13}=\sqrt{3\times13}=\sqrt{39}$

(2) $\sqrt{\frac{7}{5}}\sqrt{\frac{5}{3}}=\sqrt{\frac{7}{5}\times\frac{5}{3}}=\sqrt{\frac{7}{3}}$

(3) $3\sqrt{3}\times2\sqrt{7}=3\times2\times\sqrt{3\times7}=6\sqrt{21}$

(4) $\sqrt{72}\div\sqrt{2}=\frac{\sqrt{72}}{\sqrt{2}}=\sqrt{\frac{72}{2}}=\sqrt{36}=\sqrt{6^2}=6$

(5) $6\sqrt{\frac{6}{5}}\div2\sqrt{\frac{2}{5}}=\frac{6}{2}\times\sqrt{\frac{6}{5}}\times\sqrt{\frac{5}{2}}$
$=3\sqrt{\frac{6}{5}\times\frac{5}{2}}=3\sqrt{3}$

2 답 (1) $3\sqrt{2}$ (2) $5\sqrt{3}$ (3) $2\sqrt{30}$ (4) $10\sqrt{6}$

(1) $\sqrt{18}=\sqrt{3^2\times2}=3\sqrt{2}$

(2) $\sqrt{75}=\sqrt{5^2\times3}=5\sqrt{3}$

(3) $\sqrt{120}=\sqrt{2^2\times30}=2\sqrt{30}$

(4) $\sqrt{600}=\sqrt{10^2\times6}=10\sqrt{6}$

3 답 (1) $\sqrt{54}$ (2) $\sqrt{20}$ (3) $\sqrt{\frac{20}{9}}$ (4) $\sqrt{\frac{7}{20}}$

(1) $3\sqrt{6}=\sqrt{3^2}\sqrt{6}=\sqrt{3^2\times6}=\sqrt{54}$

(2) $2\sqrt{5}=\sqrt{2^2}\sqrt{5}=\sqrt{2^2\times5}=\sqrt{20}$

(3) $\frac{1}{3}\sqrt{20}=\sqrt{\frac{1}{3^2}}\sqrt{20}=\sqrt{\frac{1}{3^2}\times20}=\sqrt{\frac{1}{9}\times20}=\sqrt{\frac{20}{9}}$

(4) $\frac{1}{2}\sqrt{\frac{7}{5}}=\sqrt{\frac{1}{2^2}}\sqrt{\frac{7}{5}}=\sqrt{\frac{1}{2^2}\times\frac{7}{5}}=\sqrt{\frac{1}{4}\times\frac{7}{5}}=\sqrt{\frac{7}{20}}$

4 답 (1) $\frac{2\sqrt{5}}{5}$ (2) $4\sqrt{2}$ (3) $-\sqrt{3}$ (4) $\frac{\sqrt{35}}{7}$

(1) $\frac{2}{\sqrt{5}}=\frac{2\times\sqrt{5}}{\sqrt{5}\times\sqrt{5}}=\frac{2\sqrt{5}}{5}$

(2) $\frac{8}{\sqrt{2}}=\frac{8\times\sqrt{2}}{\sqrt{2}\times\sqrt{2}}=4\sqrt{2}$

(3) $-\frac{3}{\sqrt{3}}=-\frac{3\times\sqrt{3}}{\sqrt{3}\times\sqrt{3}}=-\sqrt{3}$

(4) $\frac{\sqrt{5}}{\sqrt{7}}=\frac{\sqrt{5}\times\sqrt{7}}{\sqrt{7}\times\sqrt{7}}=\frac{\sqrt{35}}{7}$

5 답 (1) $7\sqrt{2}$ (2) $-\sqrt{6}$ (3) $10\sqrt{3}$ (4) $4\sqrt{7}-\sqrt{6}$

(1) $3\sqrt{2}+4\sqrt{2}=(3+4)\sqrt{2}=7\sqrt{2}$

(2) $-3\sqrt{6}+2\sqrt{6}=(-3+2)\sqrt{6}=-\sqrt{6}$

(3) $3\sqrt{3}-5\sqrt{3}+12\sqrt{3}=(3-5+12)\sqrt{3}=10\sqrt{3}$

(4) $4\sqrt{7}-\sqrt{54}+2\sqrt{6}=4\sqrt{7}-3\sqrt{6}+2\sqrt{6}$
$=4\sqrt{7}+(-3+2)\sqrt{6}=4\sqrt{7}-\sqrt{6}$

6 답 (1) $2\sqrt{3}-6$ (2) $\sqrt{3}-6$ (3) $3\sqrt{3}$ (4) $\sqrt{3}-\sqrt{5}$

(1) $\sqrt{2}(\sqrt{6}-3\sqrt{2})=\sqrt{2}\times\sqrt{6}-\sqrt{2}\times3\sqrt{2}$
$=\sqrt{12}-6=2\sqrt{3}-6$

(2) $6\sqrt{3}-\sqrt{3}(2\sqrt{3}+5)=6\sqrt{3}-\sqrt{3}\times2\sqrt{3}-\sqrt{3}\times5$
$=6\sqrt{3}-6-5\sqrt{3}=\sqrt{3}-6$

(3) $\sqrt{18}\times\frac{5}{\sqrt{6}}-\sqrt{15}\div\frac{\sqrt{5}}{2}=\sqrt{18}\times\frac{5}{\sqrt{6}}-\sqrt{15}\times\frac{2}{\sqrt{5}}$
$=5\sqrt{3}-2\sqrt{3}=3\sqrt{3}$

(4) $(\sqrt{21}-\sqrt{35})\div\sqrt{7}=(\sqrt{21}-\sqrt{35})\times\frac{1}{\sqrt{7}}$
$=\frac{\sqrt{21}}{\sqrt{7}}-\frac{\sqrt{35}}{\sqrt{7}}$
$=\sqrt{\frac{21}{7}}-\sqrt{\frac{35}{7}}$
$=\sqrt{3}-\sqrt{5}$

7 답 (1) 2.371 (2) 2.437 (3) 23.71 (4) 0.2437

(3) $\sqrt{562}=\sqrt{10^2\times5.62}$
$=10\sqrt{5.62}=10\times2.371=23.71$

(4) $\sqrt{0.0594}=\sqrt{\frac{5.94}{10^2}}=\frac{\sqrt{5.94}}{10}$
$=\frac{2.437}{10}=0.2437$

8 답 (1) 정수 부분 : 1, 소수 부분 : $\sqrt{2}-1$
(2) 정수 부분 : 3, 소수 부분 : $\sqrt{10}-3$

(1) $1<\sqrt{2}<2$이므로
정수 부분은 1이고 소수 부분은 $\sqrt{2}-1$이다.

(2) $3<\sqrt{10}<4$이므로
정수 부분은 3이고 소수 부분은 $\sqrt{10}-3$이다.

기출 유형

32쪽~37쪽

유형 01 제곱근의 곱셈과 나눗셈 32쪽

$a>0$, $b>0$이고 m, n이 유리수일 때

(1) $\sqrt{a}\times\sqrt{b}=\sqrt{a}\sqrt{b}=\sqrt{ab}$

(2) $m\sqrt{a}\times n\sqrt{b}=mn\sqrt{ab}$

(3) $\sqrt{a}\div\sqrt{b}=\frac{\sqrt{a}}{\sqrt{b}}=\sqrt{\frac{a}{b}}$

(4) $m\sqrt{a}\div n\sqrt{b}=\frac{m}{n}\sqrt{\frac{a}{b}}$ (단, $n\neq0$)

01 답 ④

$-3\sqrt{2}\times\sqrt{15}\times\left(-\frac{1}{\sqrt{5}}\right)=-3\times\sqrt{30}\times\left(-\frac{1}{\sqrt{5}}\right)$
$=3\times\sqrt{\frac{30}{5}}=3\sqrt{6}$

02 답 ③

① $-\frac{\sqrt{80}}{4}=-\frac{\sqrt{80}}{\sqrt{16}}=-\sqrt{\frac{80}{16}}=-\sqrt{5}$

② $2\sqrt{3}\times4\sqrt{2}=2\times4\times\sqrt{3\times2}=8\sqrt{6}$

③ $2\sqrt{6}\times\frac{\sqrt{5}}{\sqrt{2}}=2\sqrt{\frac{6\times5}{2}}=2\sqrt{15}$

④ $3\sqrt{15}\div\sqrt{3}=3\sqrt{15}\times\frac{1}{\sqrt{3}}=3\sqrt{\frac{15}{3}}=3\sqrt{5}$

⑤ $\sqrt{120}\div(-\sqrt{12})=-\frac{\sqrt{120}}{\sqrt{12}}=-\sqrt{\frac{120}{12}}=-\sqrt{10}$

03 답 ⑤

직사각형 A의 가로의 길이는 $\sqrt{3}$cm, 세로의 길이는 $\sqrt{12}$cm이므로 넓이는 $\sqrt{3}\times\sqrt{12}=\sqrt{36}=\sqrt{6^2}=6(\text{cm}^2)$

04 답 ④

$a=\frac{\sqrt{7}}{\sqrt{3}}\times\frac{\sqrt{9}}{\sqrt{7}}=\sqrt{\frac{7\times9}{3\times7}}=\sqrt{3}$

$b=\sqrt{10}\div\sqrt{2}=\sqrt{\frac{10}{2}}=\sqrt{5}$

$\therefore ab=\sqrt{3}\times\sqrt{5}=\sqrt{15}$

05 답 ④

① $\sqrt{30}\div\sqrt{5}=\frac{\sqrt{30}}{\sqrt{5}}=\sqrt{\frac{30}{5}}=\sqrt{6}$

② $\sqrt{\frac{5}{3}}\times\sqrt{\frac{18}{5}}=\sqrt{\frac{5}{3}\times\frac{18}{5}}=\sqrt{6}$

③ $\sqrt{15}\div\frac{\sqrt{5}}{\sqrt{2}}=\sqrt{15}\times\frac{\sqrt{2}}{\sqrt{5}}=\sqrt{15\times\frac{2}{5}}=\sqrt{6}$

④ $2\sqrt{42}\div4\sqrt{7}=\frac{2\sqrt{42}}{4\sqrt{7}}=\frac{1}{2}\sqrt{\frac{42}{7}}=\frac{\sqrt{6}}{2}$

⑤ $\sqrt{\frac{15}{2}}\div\frac{\sqrt{5}}{\sqrt{2}}\div\frac{1}{\sqrt{2}}=\frac{\sqrt{15}}{\sqrt{2}}\times\frac{\sqrt{2}}{\sqrt{5}}\times\frac{\sqrt{2}}{1}=\sqrt{3}\times\sqrt{2}=\sqrt{6}$

유형 02 근호가 있는 식의 변형 32쪽

$a>0$, $b>0$일 때

(1) $\sqrt{a^2b}=\sqrt{a^2}\sqrt{b}=a\sqrt{b}$

(2) $\sqrt{\frac{a}{b^2}}=\frac{\sqrt{a}}{\sqrt{b^2}}=\frac{\sqrt{a}}{b}$

06 답 ②

① $2\sqrt{6}=\sqrt{2^2\times6}=\sqrt{24}$ $\quad\therefore \square=24$

② $\sqrt{153}=\sqrt{3^2\times17}=3\sqrt{17}$ $\quad\therefore \square=3$

③ $\frac{1}{3}\sqrt{5}=\sqrt{\frac{1}{3^2}\times5}=\sqrt{\frac{5}{9}}$ $\quad\therefore \square=9$

④ $-\sqrt{\frac{9}{48}}=-\sqrt{\frac{3^2}{2^4\times3}}=-\frac{\sqrt{3}}{4}$ $\quad\therefore \square=4$

⑤ $\sqrt{3}\sqrt{5}\sqrt{10}=\sqrt{3\times5\times2\times5}=\sqrt{5^2\times6}=5\sqrt{6}$ $\quad\therefore \square=5$

따라서 □ 안에 알맞은 수가 가장 작은 것은 ②이다.

07 답 ②

$3\sqrt{3}=\sqrt{3^2\times3}=\sqrt{27}$이므로 $a=27$

$\sqrt{63}=\sqrt{3^2\times7}=3\sqrt{7}$이므로 $b=3$

$\therefore a-b=27-3=24$

08 답 ①

$\sqrt{\frac{28}{25}}=\sqrt{\frac{2^2\times7}{5^2}}=\frac{2}{5}\sqrt{7}$이므로 $a=\frac{2}{5}$

$\sqrt{0.05}=\sqrt{\frac{5}{10^2}}=\frac{1}{10}\sqrt{5}$이므로 $b=\frac{1}{10}$

$\therefore ab=\frac{2}{5}\times\frac{1}{10}=\frac{1}{25}$

참고 근호 안의 수가 소수일 때는 분수로 고친 후 제곱인 인수를 근호 밖으로 꺼낸다.

09 답 ④

$\sqrt{5}\times\sqrt{6}\times\sqrt{7}\times\sqrt{8}\times\sqrt{9}\times\sqrt{10}$

$=\sqrt{5\times2\times3\times7\times2^3\times3^2\times2\times5}$

$=\sqrt{2^5\times3^3\times5^2\times7}$

$=4\times3\times5\times\sqrt{2\times3\times7}=60\sqrt{42}$

$\therefore A=60$

10 답 ⑤

$a\sqrt{\frac{9b}{a}}+b\sqrt{\frac{49a}{b}}=\sqrt{a^2\times\frac{9b}{a}}+\sqrt{b^2\times\frac{49a}{b}}$

$=\sqrt{9ab}+\sqrt{49ab}$

$=\sqrt{9\times4}+\sqrt{49\times4}$

$=\sqrt{3^2\times2^2}+\sqrt{7^2\times2^2}$

$=6+14=20$

유형 03 문자를 사용하여 제곱근 표현하기 33쪽

❶ 근호 안의 수를 소인수분해한다.

❷ 근호 안의 제곱인 인수를 근호 밖으로 꺼낸다.

❸ 주어진 문자로 나타낸다.

11 답 $3ab$

$\sqrt{90}=\sqrt{2\times3^2\times5}=3\sqrt{2\times5}=3\times\sqrt{2}\times\sqrt{5}=3ab$

12 답 ②

$\sqrt{48}-\sqrt{72}=\sqrt{2^4\times3}-\sqrt{2^3\times3^2}$

$=4\sqrt{3}-6\sqrt{2}$

$=-6a+4b$

13 답 ①

$\sqrt{0.0175}=\sqrt{\frac{5^2\times7}{100^2}}=\frac{5\times\sqrt{7}}{100}=\frac{a^2b}{100}$

14 답 ⑤

$\sqrt{23000}+\sqrt{0.23}=\sqrt{2.3\times100^2}+\sqrt{\frac{23}{10^2}}$

$=100\sqrt{2.3}+\frac{1}{10}\sqrt{23}$

$=100a+\frac{1}{10}b$

유형 04 분모의 유리화 34쪽

$a>0$, $b>0$이고 m, n이 유리수일 때

(1) $\frac{a}{\sqrt{b}}=\frac{a\times\sqrt{b}}{\sqrt{b}\times\sqrt{b}}=\frac{a\sqrt{b}}{b}$

(2) $\frac{m\sqrt{a}}{n\sqrt{b}}=\frac{m\sqrt{a}\times\sqrt{b}}{n\sqrt{b}\times\sqrt{b}}=\frac{m\sqrt{ab}}{nb}$ (단, $n\neq0$)

분모의 유리화를 할 때, 근호 안의 수를 가장 작은 자연수가 되게 한 후 유리화하는 것이 편리하다.

15 답 ③

③ $\frac{8}{\sqrt{2}}=\frac{8\times\sqrt{2}}{\sqrt{2}\times\sqrt{2}}=\frac{8\sqrt{2}}{2}=4\sqrt{2}$

16 답 5

$$\frac{\sqrt{a}}{2\sqrt{3}}=\frac{\sqrt{a}\times\sqrt{3}}{2\sqrt{3}\times\sqrt{3}}=\frac{\sqrt{3a}}{6}$$

이므로 $3a=15$ $\therefore a=5$

17 답 ⑤

$$\frac{4\sqrt{6}-6\sqrt{3}}{\sqrt{2}}=\frac{(4\sqrt{6}-6\sqrt{3})\times\sqrt{2}}{\sqrt{2}\times\sqrt{2}}$$
$$=\frac{8\sqrt{3}-6\sqrt{6}}{2}$$
$$=4\sqrt{3}-3\sqrt{6}$$

이므로 $a=4$, $b=-3$

$\therefore a-b=4-(-3)=7$

18 답 $3+3\sqrt{2}$

$\overline{AD}=\overline{BC}=\sqrt{1^2+1^2}=\sqrt{2}$이므로 두 점 P, Q의 좌표는

$P(6-\sqrt{2})$, $Q(5+\sqrt{2})$

즉, $a=6-\sqrt{2}$, $b=5+\sqrt{2}$이므로

$$\frac{a}{\sqrt{2}}+\frac{20}{b-\sqrt{2}}=\frac{6-\sqrt{2}}{\sqrt{2}}+\frac{20}{(5+\sqrt{2})-\sqrt{2}}$$
$$=\frac{(6-\sqrt{2})\times\sqrt{2}}{\sqrt{2}\times\sqrt{2}}+4$$
$$=\frac{6\sqrt{2}-2}{2}+4$$
$$=3\sqrt{2}-1+4$$
$$=3+3\sqrt{2}$$

유형 05 제곱근의 곱셈과 나눗셈의 혼합 계산 34쪽

❶ 나눗셈은 역수의 곱셈으로 고친다.
❷ 근호 안의 제곱인 인수를 근호 밖으로 꺼낸다.
❸ 분모를 유리화하여 식을 정리한다.

19 답 $2\sqrt{42}$

$$\frac{\sqrt{28}}{\sqrt{10}}\div\frac{\sqrt{7}}{\sqrt{35}}\times\sqrt{12}=\sqrt{\frac{28}{10}}\times\sqrt{\frac{35}{7}}\times\sqrt{12}$$
$$=\sqrt{\frac{28}{10}\times\frac{35}{7}\times12}$$
$$=\sqrt{4\times7\times6}$$
$$=\sqrt{2^3\times3\times7}=2\sqrt{42}$$

20 답 ③

$$\frac{\sqrt{18}}{\sqrt{5}}\times\frac{\sqrt{10}}{4}\div\frac{\sqrt{20}}{\sqrt{12}}=\frac{\sqrt{18}}{\sqrt{5}}\times\frac{\sqrt{10}}{\sqrt{16}}\times\frac{\sqrt{12}}{\sqrt{20}}$$
$$=\sqrt{\frac{18}{5}\times\frac{10}{16}\times\frac{12}{20}}$$
$$=\sqrt{\frac{3^3}{2^2\times5}}=\frac{3\sqrt{3}}{2\sqrt{5}}$$
$$=\frac{3\sqrt{3}\times\sqrt{5}}{2\sqrt{5}\times\sqrt{5}}=\frac{3}{10}\sqrt{15}$$

$\therefore a=\frac{3}{10}$

21 답 ②

$\sqrt{32}=4\sqrt{2}$에서 $a=4$

$$\sqrt{\frac{242}{5}}=\sqrt{\frac{2\times121}{5}}=\frac{11\sqrt{2}}{\sqrt{5}}$$
$$=\frac{11\sqrt{2}\times\sqrt{5}}{\sqrt{5}\times\sqrt{5}}=\frac{11\sqrt{10}}{5}$$

에서 $b=10$

$\frac{\sqrt{12}}{\sqrt{5}}\times\frac{1}{\sqrt{15}}=\sqrt{\frac{12}{5\times15}}=\sqrt{\frac{2^2}{5^2}}=\frac{2}{5}$에서 $c=5$

$\frac{\sqrt{30}}{\sqrt{7}}\div\frac{\sqrt{5}}{\sqrt{21}}=\sqrt{\frac{30}{7}\times\frac{21}{5}}=\sqrt{18}=3\sqrt{2}$에서 $d=2$

$$\frac{\sqrt{2}}{\sqrt{3}}\div\sqrt{\frac{3}{10}}\times\sqrt{\frac{5}{2}}=\sqrt{\frac{2}{3}\times\frac{10}{3}\times\frac{5}{2}}=\sqrt{\frac{2\times5^2}{3^2}}=\frac{5}{3}\sqrt{2}$$

에서 $e=\frac{5}{3}$

따라서 $a\sim e$ 중에서 그 값이 가장 큰 것은 b이다.

22 답 ⑤

삼각형의 높이를 h cm라 하면

$\frac{1}{2}\times3\sqrt{2}\times h=54$, $\frac{3\sqrt{2}}{2}h=54$

$$\therefore h=54\times\frac{2}{3\sqrt{2}}=\frac{36}{\sqrt{2}}=\frac{36\sqrt{2}}{\sqrt{2}\times\sqrt{2}}=18\sqrt{2}$$

23 답 $3\sqrt{3}$

(직사각형의 넓이)$=\sqrt{27}\times\sqrt{5}=3\sqrt{15}$ (cm²)이고

(삼각형의 넓이)$=\frac{1}{2}\times x\times\sqrt{20}$ (cm²)이므로

$\frac{1}{2}\times x\times2\sqrt{5}=3\sqrt{15}$

$\sqrt{5}x=3\sqrt{15}$

$$\therefore x=\frac{3\sqrt{15}}{\sqrt{5}}=\frac{15\sqrt{3}}{5}=3\sqrt{3}$$

유형 06 제곱근의 덧셈과 뺄셈 35쪽

$a>0$이고 m, n이 유리수일 때
(1) $m\sqrt{a}+n\sqrt{a}=(m+n)\sqrt{a}$
(2) $m\sqrt{a}-n\sqrt{a}=(m-n)\sqrt{a}$

24 답 ②

$6\sqrt{2}+3\sqrt{2}-5\sqrt{2}=(6+3-5)\sqrt{2}=4\sqrt{2}$

25 답 $22+\sqrt{2}$

$$\sqrt{5}\left(\sqrt{125}-\frac{3}{\sqrt{5}}\right)+\frac{8}{\sqrt{2}}-3\sqrt{2}$$
$$=\sqrt{5}\left(5\sqrt{5}-\frac{3}{\sqrt{5}}\right)+4\sqrt{2}-3\sqrt{2}$$
$$=25-3+(4-3)\sqrt{2}$$
$$=22+\sqrt{2}$$

참고 괄호가 있으면 분배법칙을 이용하여 괄호를 풀어 계산한다.
$a>0$, $b>0$, $c>0$일 때
(1) $\sqrt{a}(\sqrt{b}+\sqrt{c})=\sqrt{ab}+\sqrt{ac}$
(2) $(\sqrt{a}+\sqrt{b})\sqrt{c}=\sqrt{ac}+\sqrt{bc}$

26 답 $2\sqrt{13}$

$\overline{BA}=\overline{BC}=\sqrt{2^2+3^2}=\sqrt{13}$이므로

두 점 E, F의 좌표는 $E(3-\sqrt{13})$, $F(3+\sqrt{13})$

$\therefore \overline{EF}=(3+\sqrt{13})-(3-\sqrt{13})$

$=3+\sqrt{13}-3+\sqrt{13}=2\sqrt{13}$

27 답 ③

(작은 정사각형의 넓이)+(큰 정사각형의 넓이)$=9\text{ cm}^2$이고

(작은 정사각형의 넓이) : (큰 정사각형의 넓이)$=1:2$이므로

(작은 정사각형의 넓이)$=9\times\frac{1}{3}=3(\text{cm}^2)$

(큰 정사각형의 넓이)$=9\times\frac{2}{3}=6(\text{cm}^2)$

따라서 작은 정사각형의 한 변의 길이는 $\sqrt{3}$ cm, 큰 정사각형의 한 변의 길이는 $\sqrt{6}$ cm이다.

다음 그림에서 〈그림 1〉의 둘레의 길이는 〈그림 2〉의 둘레의 길이와 같다.

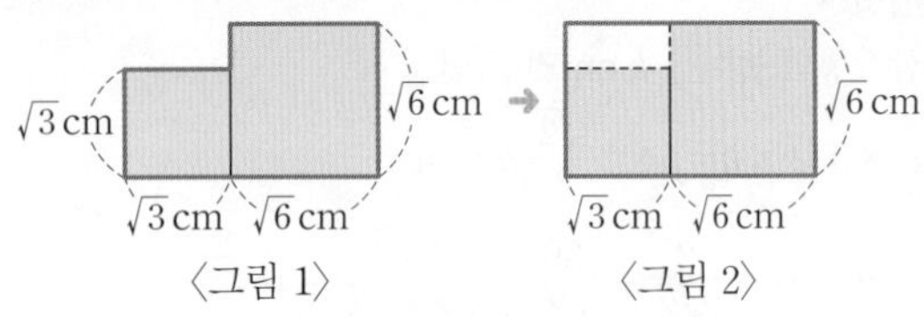

$\therefore$ (주어진 도형의 둘레의 길이)

$=2\{(\sqrt{3}+\sqrt{6})+\sqrt{6}\}=2(\sqrt{3}+2\sqrt{6})$

$=2\sqrt{3}+4\sqrt{6}\,(\text{cm})$

28 답 $12+4\sqrt{2}$

각 변의 길이를 그림에 표시하면 다음과 같다.

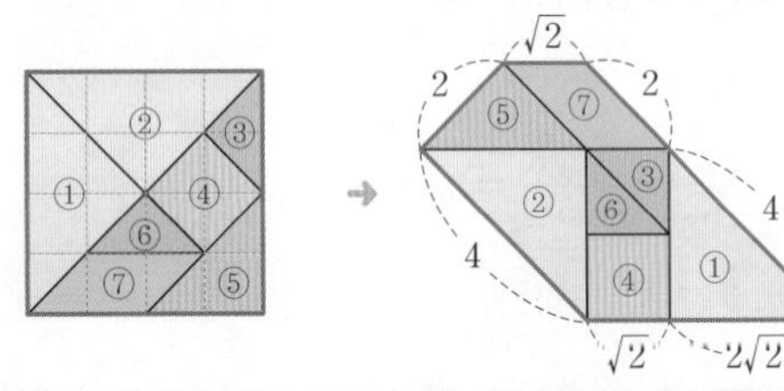

따라서 새로 만들어진 도형의 둘레의 길이는

$2+\sqrt{2}+2+4+2\sqrt{2}+\sqrt{2}+4$

$=12+4\sqrt{2}$

유형 07 근호를 포함한 복잡한 식의 계산 36쪽

❶ 괄호가 있으면 분배법칙을 이용하여 괄호를 푼다.

❷ 근호 안에 제곱인 인수가 있으면 근호 밖으로 꺼낸다.

❸ 분모에 근호를 포함한 무리수가 있으면 분모를 유리화한다.

❹ 곱셈, 나눗셈을 먼저 계산한다.

❺ 근호 안의 수가 같은 것끼리 모아서 덧셈, 뺄셈을 계산한다.

29 답 9

$(\sqrt{3^3}-\sqrt{54})\div\sqrt{(-3)^2}+3\sqrt{6}(\sqrt{2}+1)$

$=(3\sqrt{3}-3\sqrt{6})\div3+3\sqrt{6}(\sqrt{2}+1)$

$=\sqrt{3}-\sqrt{6}+6\sqrt{3}+3\sqrt{6}$

$=7\sqrt{3}+2\sqrt{6}$

이므로 $a=7$, $b=2$

$\therefore a+b=7+2=9$

30 답 ①

(사다리꼴의 넓이)$=\frac{1}{2}\times(\sqrt{12}+\sqrt{27})\times\sqrt{6}$

$=\frac{1}{2}\times(2\sqrt{3}+3\sqrt{3})\times\sqrt{6}$

$=\frac{1}{2}\times5\sqrt{3}\times\sqrt{6}$

$=\frac{15\sqrt{2}}{2}\,(\text{cm}^2)$

31 답 $(54+22\sqrt{30})\text{ cm}^2$

직육면체의 겉넓이는

$2\{\sqrt{24}\times(\sqrt{5}+\sqrt{6})+\sqrt{45}\times(\sqrt{5}+\sqrt{6})+\sqrt{24}\times\sqrt{45}\}$

$=2\{2\sqrt{6}(\sqrt{5}+\sqrt{6})+3\sqrt{5}(\sqrt{5}+\sqrt{6})+2\sqrt{6}\times3\sqrt{5}\}$

$=2(2\sqrt{30}+12+15+3\sqrt{30}+6\sqrt{30})$

$=2(27+11\sqrt{30})$

$=54+22\sqrt{30}\,(\text{cm}^2)$

32 답 ⑤

$\frac{4}{\sqrt{2}}+\sqrt{2}(\sqrt{2}-a)+\frac{\sqrt{6}+\sqrt{3}}{\sqrt{3}}$

$=2\sqrt{2}+2-a\sqrt{2}+\frac{3\sqrt{2}+3}{3}$

$=2\sqrt{2}+2-a\sqrt{2}+\sqrt{2}+1$

$=(3-a)\sqrt{2}+3$

이 식이 유리수가 되려면 $3-a=0$

$\therefore a=3$

유형 08 제곱근표를 이용한 제곱근의 값 36쪽

제곱근의 값을 구할 때 근호 안의 수가

(1) 100 이상이면 근호 안의 수를 10^2, 10^4, 10^6, …과의 곱으로 나타낸 후 $\sqrt{a^2b}=a\sqrt{b}$임을 이용한다.

(2) 0 이상 1 미만이면 근호 안의 수를 $\frac{1}{10^2}$, $\frac{1}{10^4}$, $\frac{1}{10^6}$, …과의 곱으로 나타낸 후 $\sqrt{\frac{a}{b^2}}=\frac{\sqrt{a}}{b}$임을 이용한다.

33 답 ③

① $\sqrt{0.05}=\sqrt{\frac{5}{10^2}}=\frac{1}{10}\sqrt{5}=\frac{1}{10}\times2.236=0.2236$

② $\sqrt{20}=\sqrt{2^2\times5}=2\sqrt{5}=2\times2.236=4.472$

④ $\sqrt{500}=\sqrt{10^2\times5}=10\sqrt{5}=10\times2.236=22.36$

⑤ $\sqrt{50000}=\sqrt{10^4\times5}=100\sqrt{5}=100\times2.236=223.6$

34 답 ③

ㄱ. $\sqrt{633}=\sqrt{10^2\times6.33}=10\sqrt{6.33}$

ㄴ. $\sqrt{6240}=\sqrt{10^2\times62.4}=10\sqrt{62.4}=10\times7.899=78.99$

ㄷ. $\sqrt{0.644}=\sqrt{\frac{1}{10^2}\times64.4}=\frac{1}{10}\sqrt{64.4}$

$=\frac{1}{10}\times8.025=0.8025$

ㄹ. $\sqrt{0.0602}=\sqrt{\frac{1}{10^2}\times6.02}=\frac{1}{10}\sqrt{6.02}$

따라서 주어진 제곱근표를 이용하여 그 값을 구할 수 있는 것은 ㄴ, ㄷ이다.

35 답 ⑤

① $\sqrt{150}=\sqrt{10^2\times1.5}=10\sqrt{1.5}=10\times1.225=12.25$

② $\sqrt{142}=\sqrt{10^2\times1.42}=10\sqrt{1.42}=10\times1.192=11.92$

③ $\sqrt{0.0173}=\sqrt{\frac{1.73}{10^2}}=\frac{1}{10}\sqrt{1.73}=\frac{1}{10}\times1.315=0.1315$

④ $\sqrt{13400}=\sqrt{10^4\times1.34}=100\sqrt{1.34}=100\times1.158=115.8$

⑤ $\sqrt{1330}=\sqrt{10^2\times13.3}=10\sqrt{13.3}$

유형 09 실수의 대소 관계 37쪽

$a-b$의 부호를 이용하여 두 실수 a, b의 대소를 비교한다.

(1) $a-b>0 \rightarrow a>b$

(2) $a-b=0 \rightarrow a=b$

(3) $a-b<0 \rightarrow a<b$

36 답 ③

① $12-(\sqrt{3}+10)=12-\sqrt{3}-10=2-\sqrt{3}=\sqrt{4}-\sqrt{3}>0$

$\therefore 12>\sqrt{3}+10$

② $8-2\sqrt{3}-(2\sqrt{3}+1)=8-2\sqrt{3}-2\sqrt{3}-1$
$=7-4\sqrt{3}=\sqrt{49}-\sqrt{48}>0$

$\therefore 8-2\sqrt{3}>2\sqrt{3}+1$

③ $2\sqrt{3}-3\sqrt{2}-(-3\sqrt{2}+\sqrt{3})=2\sqrt{3}-3\sqrt{2}+3\sqrt{2}-\sqrt{3}$
$=\sqrt{3}>0$

$\therefore 2\sqrt{3}-3\sqrt{2}>-3\sqrt{2}+\sqrt{3}$

④ $\sqrt{5}-2\sqrt{3}-(\sqrt{3}-2\sqrt{5})=\sqrt{5}-2\sqrt{3}-\sqrt{3}+2\sqrt{5}$
$=3\sqrt{5}-3\sqrt{3}$
$=\sqrt{45}-\sqrt{27}>0$

$\therefore \sqrt{5}-2\sqrt{3}>\sqrt{3}-2\sqrt{5}$

⑤ $\sqrt{5}-\sqrt{3}-(\sqrt{2}-\sqrt{3})=\sqrt{5}-\sqrt{3}-\sqrt{2}+\sqrt{3}=\sqrt{5}-\sqrt{2}>0$

$\therefore \sqrt{5}-\sqrt{3}>\sqrt{2}-\sqrt{3}$

37 답 ④

ㄱ. $1+\sqrt{3}-(3-\sqrt{3})=1+\sqrt{3}-3+\sqrt{3}$
$=2\sqrt{3}-2$
$=\sqrt{12}-\sqrt{4}>0$

$\therefore 1+\sqrt{3}>3-\sqrt{3}$

ㄴ. $3\sqrt{3}-4-(3-\sqrt{3})=3\sqrt{3}-4-3+\sqrt{3}$
$=4\sqrt{3}-7$
$=\sqrt{48}-\sqrt{49}<0$

$\therefore 3\sqrt{3}-4<3-\sqrt{3}$

ㄷ. $-1+\sqrt{2}-(1-\sqrt{2})=-1+\sqrt{2}-1+\sqrt{2}$
$=2\sqrt{2}-2$
$=\sqrt{8}-\sqrt{4}>0$

$\therefore -1+\sqrt{2}>1-\sqrt{2}$

ㄹ. $5\sqrt{3}-\sqrt{12}-(\sqrt{2}+\sqrt{18})=5\sqrt{3}-2\sqrt{3}-(\sqrt{2}+3\sqrt{2})$
$=3\sqrt{3}-4\sqrt{2}$
$=\sqrt{27}-\sqrt{32}<0$

$\therefore 5\sqrt{3}-\sqrt{12}<\sqrt{2}+\sqrt{18}$

따라서 옳은 것은 ㄴ, ㄹ이다.

38 답 ④

$a-b=\sqrt{12}-\sqrt{3}-(\sqrt{3}+3)$
$=2\sqrt{3}-\sqrt{3}-\sqrt{3}-3=-3<0$

$\therefore a<b$ …… ㉠

$a-c=\sqrt{12}-\sqrt{3}-(3\sqrt{3}-4)$
$=2\sqrt{3}-\sqrt{3}-3\sqrt{3}+4$
$=4-2\sqrt{3}$
$=\sqrt{16}-\sqrt{12}>0$

$\therefore a>c$ …… ㉡

㉠, ㉡에 의해 $c<a<b$

유형 10 무리수의 정수 부분과 소수 부분 37쪽

(무리수의 소수 부분) = (무리수) − (무리수의 정수 부분)

39 답 ③

$1<\sqrt{2}<2$에서

$4<3+\sqrt{2}<5$이므로 $a=4$

$\therefore b=(3+\sqrt{2})-4=\sqrt{2}-1$

$\therefore a+3b=4+3(\sqrt{2}-1)=1+3\sqrt{2}$

40 답 ②

$\sqrt{18}=3\sqrt{2}$이고

$\sqrt{16}<\sqrt{18}<\sqrt{25}$에서 $4<\sqrt{18}<5$이므로

$a=3\sqrt{2}-4$

$\sqrt{1}<\sqrt{2}<\sqrt{4}$에서 $1<\sqrt{2}<2$이므로

$-2<-\sqrt{2}<-1$, $1<3-\sqrt{2}<2$

$\therefore b=(3-\sqrt{2})-1=2-\sqrt{2}$

$\therefore a+b=(3\sqrt{2}-4)+(2-\sqrt{2})=-2+2\sqrt{2}$

41 답 ②

$\sqrt{9}<\sqrt{10}<\sqrt{16}$에서 $3<\sqrt{10}<4$이므로

$2<\sqrt{10}-1<3$ $\therefore a=2$

$\therefore b=(\sqrt{10}-1)-2=\sqrt{10}-3$

$$\therefore \frac{20}{3a+2b}=\frac{20}{3\times2+2(\sqrt{10}-3)}=\frac{20}{2\sqrt{10}}=\frac{10}{\sqrt{10}}=\frac{10\times\sqrt{10}}{\sqrt{10}\times\sqrt{10}}=\sqrt{10}$$

서술형 38쪽~39쪽

01 답 $a=\frac{1}{5}$, $b=\frac{3}{5}$

채점 기준 1 a의 값 구하기 … 2점

$\sqrt{0.4}=\sqrt{\frac{4}{10}}=\sqrt{\frac{\boxed{2}^2}{10}}=\frac{\boxed{2}}{\sqrt{10}}=\frac{1}{5}\sqrt{10}$

$\therefore a=\frac{1}{5}$

채점 기준 2 b의 값 구하기 … 2점

$\sqrt{\frac{63}{25}}=\sqrt{\frac{\boxed{3}^2\times\boxed{7}}{5^2}}=\frac{3}{5}\sqrt{7}$

$\therefore b=\frac{3}{5}$

01-1 답 $a=\frac{1}{5}$, $b=\frac{5}{4}$

채점 기준 1 a의 값 구하기 … 2점

$\sqrt{0.24}=\sqrt{\frac{24}{100}}=\sqrt{\frac{2^2\times6}{10^2}}=\frac{1}{5}\sqrt{6}$

$\therefore a=\frac{1}{5}$

채점 기준 2 b의 값 구하기 … 2점

$\sqrt{\frac{125}{16}}=\sqrt{\frac{5^2\times5}{4^2}}=\frac{5}{4}\sqrt{5}$

$\therefore b=\frac{5}{4}$

02 답 (1) $a=5$, $b=4\sqrt{2}-5$ (2) $9\sqrt{2}-5$

(1) 채점 기준 1 a, b의 값 각각 구하기 … 4점

$4\sqrt{2}$를 $\sqrt{a}$ 꼴로 나타내면 $4\sqrt{2}=\sqrt{32}$이고,

$\sqrt{25}<\sqrt{32}<\sqrt{36}$에서

$5<\sqrt{32}<6$이므로

$4\sqrt{2}$의 정수 부분은 5 $\therefore a=5$

$\therefore b=4\sqrt{2}-5$

(2) 채점 기준 2 $\sqrt{2}a+b$의 값 구하기 … 2점

$\sqrt{2}a+b=5\sqrt{2}+4\sqrt{2}-5$

$=9\sqrt{2}-5$

02-1 답 (1) $a=6$, $b=2\sqrt{10}-6$ (2) 18

(1) 채점 기준 1 a, b의 값 각각 구하기 … 4점

$2\sqrt{10}$을 $\sqrt{a}$ 꼴로 나타내면 $\sqrt{40}$이고,

$\sqrt{36}<\sqrt{40}<\sqrt{49}$에서 $6<\sqrt{40}<7$이므로

$2\sqrt{10}$의 정수 부분은 6 $\therefore a=6$

$\therefore b=2\sqrt{10}-6$

(2) 채점 기준 2 $\sqrt{10}a-3b$의 값 구하기 … 2점

$\sqrt{10}a-3b=6\sqrt{10}-3(2\sqrt{10}-6)=18$

02-2 답 $3\sqrt{3}-4$

$2\sqrt{3}=\sqrt{12}$이고,

$\sqrt{9}<\sqrt{12}<\sqrt{16}$에서 $3<\sqrt{12}<4$이므로

$-4<-\sqrt{12}<-3$

$5-4<5-\sqrt{12}<5-3$

$\therefore 1<5-2\sqrt{3}<2$

따라서 $5-2\sqrt{3}$의 정수 부분은 1이므로 $a=1$ …… ❶

$b=(5-2\sqrt{3})-1=4-2\sqrt{3}$ …… ❷

$\therefore \sqrt{3}a-b=\sqrt{3}\times1-(4-2\sqrt{3})=3\sqrt{3}-4$ …… ❸

채점 기준	배점
❶ a의 값 구하기	2점
❷ b의 값 구하기	2점
❸ $\sqrt{3}a-b$의 값 구하기	2점

03 답 $10x+\frac{1}{10}y$

$\sqrt{390}=\sqrt{3.9\times10^2}=10\sqrt{3.9}=10x$ …… ❶

$\sqrt{0.39}=\sqrt{\frac{39}{10^2}}=\frac{\sqrt{39}}{10}=\frac{1}{10}y$ …… ❷

$\therefore \sqrt{390}+\sqrt{0.39}=10x+\frac{1}{10}y$ …… ❸

채점 기준	배점
❶ $\sqrt{390}$을 x를 사용하여 나타내기	2점
❷ $\sqrt{0.39}$를 y를 사용하여 나타내기	2점
❸ $\sqrt{390}+\sqrt{0.39}$를 x, y를 사용하여 나타내기	1점

04 답 $3\sqrt{2}$

$\sqrt{18}\div\sqrt{24}\times\sqrt{84}=3\sqrt{2}\div2\sqrt{6}\times2\sqrt{21}$

$=3\sqrt{2}\times\frac{1}{2\sqrt{6}}\times2\sqrt{21}$

$=3\sqrt{7}$

$\therefore a=3$ …… ❶

$5\sqrt{3}-\sqrt{12}+\sqrt{27}=5\sqrt{3}-2\sqrt{3}+3\sqrt{3}=6\sqrt{3}$

$\therefore b=6$ …… ❷

$\therefore \sqrt{ab}=\sqrt{3\times6}=\sqrt{3^2\times2}=3\sqrt{2}$ …… ❸

채점 기준	배점
❶ a의 값 구하기	2점
❷ b의 값 구하기	2점
❸ $\sqrt{ab}$의 값 구하기	1점

05 답 $-\frac{1}{3}$

$a\sqrt{2}(3-\sqrt{2})+\sqrt{2}(1+2\sqrt{2})=3a\sqrt{2}-2a+\sqrt{2}+4$

$=(4-2a)+(3a+1)\sqrt{2}$ …… ❶

이 식이 유리수가 되려면 $3a+1=0$ $\therefore a=-\frac{1}{3}$ …… ❷

채점 기준	배점
❶ 주어진 식 정리하기	3점
❷ 유리수가 되도록 하는 a의 값 구하기	3점

06 답 $(75\sqrt{2}-60)\ \mathrm{m}^2$

토마토를 심은 밭은 넓이가 $24\ \mathrm{m}^2$인 정사각형이므로 토마토를 심은 밭의 한 변의 길이는

$\sqrt{24}=\sqrt{2^2\times6}=2\sqrt{6}\ (\mathrm{m})$ …… ❶

고구마를 심은 직사각형 모양의 밭의

가로의 길이는 $7\sqrt{6}-2\sqrt{6}=5\sqrt{6}\ (\mathrm{m})$

세로의 길이는 $(5\sqrt{3}-2\sqrt{6})\ \mathrm{m}$ …… ❷

$\therefore$ (고구마를 심은 밭의 넓이)$=5\sqrt{6}(5\sqrt{3}-2\sqrt{6})$

$=25\sqrt{18}-60$

$=75\sqrt{2}-60\ (\mathrm{m}^2)$ …… ❸

채점 기준	배점
❶ 토마토를 심은 정사각형 모양의 밭의 한 변의 길이 구하기	2점
❷ 고구마를 심은 직사각형 모양의 밭의 가로, 세로의 길이 각각 구하기	2점
❸ 고구마를 심은 밭의 넓이 구하기	2점

07 답 (1) 3.162 (2) 35.07 (3) 11.5 (4) 0.155

(1) $\sqrt{10}$의 값은 왼쪽의 수 10의 가로줄과 위쪽의 수 0이 만나는 곳의 수인 3.162이다. …… ❶

(2) $\sqrt{1230}=\sqrt{10^2\times12.3}=10\times3.507=35.07$ …… ❷

(3) 주어진 제곱근표에서 값이 3.391인 수의 왼쪽의 수는 11, 위쪽의 수는 5이므로
$a=11.5$ …… ❸

(4) $0.3937=\frac{1}{10}\times3.937$이고 주어진 제곱근표에서 값이 3.937인 수의 왼쪽의 수는 15, 위쪽의 수는 5이므로
$\sqrt{15.5}=3.937$
$\therefore b=\left(\frac{1}{10}\right)^2\times15.5=0.155$ …… ❹

채점 기준	배점
❶ $\sqrt{10}$의 값 구하기	1점
❷ $\sqrt{1230}$의 값 구하기	2점
❸ $\sqrt{a}$의 값이 3.391인 a의 값 구하기	2점
❹ $\sqrt{b}$의 값이 0.3937인 b의 값 구하기	2점

실전 중단원 마무리 학교 시험 1회

40쪽~43쪽

01 ④	02 ②	03 ③	04 ④	05 ②
06 ④	07 ③	08 ④	09 ⑤	10 ③
11 ②	12 ①	13 ②	14 ④	15 ④
16 ⑤	17 ⑤	18 ⑤	19 16	20 $6\sqrt{2}-3$
21 $4\sqrt{6}$	22 (1) $A>B$ (2) $A<C$ (3) $B<A<C$			
23 $3a-1$				

01 답 ④ 유형 01

$2\sqrt{7}\times4\sqrt{2}=8\sqrt{14}$

02 답 ② 유형 01+유형 02

② $\sqrt{\frac{15}{2}}\div\sqrt{\frac{5}{6}}=\sqrt{\frac{15}{2}}\times\sqrt{\frac{6}{5}}$
$=\sqrt{\frac{15}{2}\times\frac{6}{5}}=\sqrt{3^2}=3$

03 답 ③ 유형 02

① $\sqrt{24}=\sqrt{2^2\times6}=2\sqrt{6}$ $\therefore \square=6$
② $\sqrt{45}=\sqrt{3^2\times5}=3\sqrt{5}$ $\therefore \square=5$
③ $\sqrt{28}=\sqrt{2^2\times7}=2\sqrt{7}$ $\therefore \square=7$
④ $\sqrt{96}=\sqrt{4^2\times6}=4\sqrt{6}$ $\therefore \square=4$
⑤ $\sqrt{27}=\sqrt{3^2\times3}=3\sqrt{3}$ $\therefore \square=3$
따라서 □ 안에 알맞은 수가 가장 큰 것은 ③이다.

04 답 ④ 유형 02

직사각형의 넓이는 $10\times2=20\,(\text{cm}^2)$이므로 넓이가 20 cm^2인 정사각형의 한 변의 길이는
$\sqrt{20}=\sqrt{2^2\times5}=2\sqrt{5}\,(\text{cm})$

05 답 ② 유형 02

150을 소인수분해하면 $150=2\times3\times5^2$이고,
$\sqrt{150a}=\sqrt{2\times3\times5^2\times a}=b\sqrt{3}$이므로 $a=2\times(\text{자연수})^2$ 꼴이어야 한다.
이때 $a+b$의 값이 가장 작은 수이어야 하므로 $a=2$
$b\sqrt{3}=\sqrt{2^2\times3\times5^2}=10\sqrt{3}$이므로 $b=10$
$\therefore a+b=2+10=12$

06 답 ④ 유형 03

$\sqrt{450}=\sqrt{2\times3^2\times5^2}=\sqrt{2}\times(\sqrt{3})^2\times(\sqrt{5})^2=5ab^2$

07 답 ③ 유형 06

$b=a+\frac{1}{a}$에 $a=\sqrt{3}$을 대입하면
$b=\sqrt{3}+\frac{1}{\sqrt{3}}=\sqrt{3}+\frac{\sqrt{3}}{3}=\frac{4\sqrt{3}}{3}=\frac{4}{3}a$
따라서 b는 a의 $\frac{4}{3}$배이다.

08 답 ④ 유형 04

$\frac{\sqrt{6}+\sqrt{12}}{2\sqrt{8}}=\frac{\sqrt{6}+\sqrt{12}}{4\sqrt{2}}=\frac{(\sqrt{6}+\sqrt{12})\times\sqrt{2}}{4\sqrt{2}\times\sqrt{2}}$
$=\frac{2\sqrt{3}+2\sqrt{6}}{8}=\frac{1}{4}\sqrt{3}+\frac{1}{4}\sqrt{6}$
이므로 $A=\frac{1}{4}$, $B=\frac{1}{4}$
$\therefore A+B=\frac{1}{4}+\frac{1}{4}=\frac{1}{2}$

09 답 ⑤ 유형 05

직육면체의 높이를 h cm라 하면
$120\sqrt{6}=3\sqrt{5}\times\sqrt{10}\times h$이므로
$h=\frac{120\sqrt{6}}{3\sqrt{5}\times\sqrt{10}}=\frac{40\sqrt{6}}{5\sqrt{2}}$
$=8\sqrt{3}$

10 답 ③ 유형 04+유형 06

$\sqrt{\frac{b}{a}}+\sqrt{\frac{a}{b}}=\frac{\sqrt{b}}{\sqrt{a}}+\frac{\sqrt{a}}{\sqrt{b}}$
$=\frac{\sqrt{b}\times\sqrt{a}}{\sqrt{a}\times\sqrt{a}}+\frac{\sqrt{a}\times\sqrt{b}}{\sqrt{b}\times\sqrt{b}}$
$=\frac{\sqrt{ab}}{a}+\frac{\sqrt{ab}}{b}$
$=\frac{b\sqrt{ab}}{ab}+\frac{a\sqrt{ab}}{ab}$
$=\frac{(a+b)\sqrt{ab}}{ab}$
$a+b=9$, $ab=18$이므로
$(\text{주어진 식})=\frac{9\sqrt{18}}{18}=\frac{3\sqrt{2}}{2}$

11 답 ② 유형 06

$\sqrt{5}+2\sqrt{7}+\sqrt{45}-\sqrt{b}=\sqrt{5}+2\sqrt{7}+3\sqrt{5}-\sqrt{b}$
$=4\sqrt{5}+2\sqrt{7}-\sqrt{b}$

이므로 $4\sqrt{5}=a\sqrt{5}$, $2\sqrt{7}-\sqrt{b}=0$

$\therefore a=4,\ b=2^2\times7=28$

$\therefore b-a=28-4=24$

12 답 ① 유형 04 + 유형 06

$\frac{\sqrt{10}+2\sqrt{3}}{\sqrt{2}}+\frac{\sqrt{15}-3\sqrt{2}}{\sqrt{3}}$

$=\frac{\sqrt{2}(\sqrt{10}+2\sqrt{3})}{\sqrt{2}\times\sqrt{2}}+\frac{\sqrt{3}(\sqrt{15}-3\sqrt{2})}{\sqrt{3}\times\sqrt{3}}$

$=\frac{2\sqrt{5}+2\sqrt{6}}{2}+\frac{3\sqrt{5}-3\sqrt{6}}{3}$

$=\sqrt{5}+\sqrt{6}+\sqrt{5}-\sqrt{6}=2\sqrt{5}$

13 답 ② 유형 07

$\sqrt{54}\left(\frac{1}{\sqrt{3}}-\frac{1}{\sqrt{6}}\right)+a(2-\sqrt{2})=\sqrt{18}-\sqrt{9}+2a-a\sqrt{2}$
$=3\sqrt{2}-3+2a-a\sqrt{2}$
$=-3+2a+(3-a)\sqrt{2}$

이 식이 유리수가 되려면

$3-a=0 \quad \therefore a=3$

14 답 ④ 유형 06

세 정사각형의 한 변의 길이를 각각 구하면

$\sqrt{20}=2\sqrt{5}\,(\text{cm})$, $\sqrt{125}=5\sqrt{5}\,(\text{cm})$, $\sqrt{45}=3\sqrt{5}\,(\text{cm})$

$\therefore \overline{AB}=2\sqrt{5}+5\sqrt{5}=7\sqrt{5}\,(\text{cm})$

$\overline{BC}=5\sqrt{5}+3\sqrt{5}=8\sqrt{5}\,(\text{cm})$

$\therefore \overline{AB}+\overline{BC}=7\sqrt{5}+8\sqrt{5}=15\sqrt{5}\,(\text{cm})$

15 답 ④ 유형 06

정사각형 ABCD의 대각선의 길이가 6이므로 그 넓이는

$\overline{AD}^2=\frac{1}{2}\times6\times6=18$

$\therefore \overline{AD}=\sqrt{18}=3\sqrt{2}$

$\overline{AD}=\overline{AP}=3\sqrt{2}$이므로 점 P의 좌표는 $4+3\sqrt{2}$

$\overline{CD}=\overline{CQ}=3\sqrt{2}$이므로 점 Q의 좌표는 $10-3\sqrt{2}$

$\therefore \overline{PQ}=(4+3\sqrt{2})-(10-3\sqrt{2})$
$=4+3\sqrt{2}-10+3\sqrt{2}=6\sqrt{2}-6$

16 답 ⑤ 유형 08

$\sqrt{4.52}=2.126$이므로

$\sqrt{452}=\sqrt{4.52\times10^2}=10\sqrt{4.52}=10\times2.126=21.26$

17 답 ⑤ 유형 09

① $\sqrt{3}+2\sqrt{2}-(\sqrt{3}+\sqrt{5})=\sqrt{3}+2\sqrt{2}-\sqrt{3}-\sqrt{5}$
$=2\sqrt{2}-\sqrt{5}=\sqrt{8}-\sqrt{5}>0$

$\therefore \sqrt{3}+2\sqrt{2}>\sqrt{3}+\sqrt{5}$

② $-\sqrt{24}-(-4)=-\sqrt{24}+4=-\sqrt{24}+\sqrt{16}<0$

$\therefore -\sqrt{24}<-4$

③ $3\sqrt{2}-(\sqrt{6}+\sqrt{2})=3\sqrt{2}-\sqrt{6}-\sqrt{2}=2\sqrt{2}-\sqrt{6}$
$=\sqrt{8}-\sqrt{6}>0$

$\therefore 3\sqrt{2}>\sqrt{6}+\sqrt{2}$

④ $4\sqrt{3}-1-(2\sqrt{13}-1)=4\sqrt{3}-2\sqrt{13}=\sqrt{48}-\sqrt{52}<0$

$\therefore 4\sqrt{3}-1<2\sqrt{13}-1$

⑤ $4-\sqrt{3}-2\sqrt{3}=4-3\sqrt{3}=\sqrt{16}-\sqrt{27}<0$

$\therefore 4-\sqrt{3}<2\sqrt{3}$

따라서 두 실수의 대소 관계가 옳은 것은 ⑤이다.

18 답 ⑤ 유형 10

$2\sqrt{6}=\sqrt{24}$이고, $\sqrt{16}<\sqrt{24}<\sqrt{25}$에서 $4<2\sqrt{6}<5$이므로

$-5<-2\sqrt{6}<-4 \qquad \therefore 2<7-2\sqrt{6}<3$

따라서 $7-2\sqrt{6}$의 정수 부분은 2이므로 $a=2$

소수 부분은 $(7-2\sqrt{6})-2=5-2\sqrt{6} \qquad \therefore b=5-2\sqrt{6}$

$\therefore 4a-b=4\times2-(5-2\sqrt{6})$
$=8-5+2\sqrt{6}=3+2\sqrt{6}$

19 답 16 유형 02

$\sqrt{250}=\sqrt{5^2\times10}=5\sqrt{10}$이므로 $a=5$ …… ❶

$4\sqrt{5}=\sqrt{4^2\times5}=\sqrt{80}$이므로 $b=80$ …… ❷

$\therefore \frac{b}{a}=\frac{80}{5}=16$ …… ❸

채점 기준	배점
❶ a의 값 구하기	2점
❷ b의 값 구하기	2점
❸ $\frac{b}{a}$의 값 구하기	2점

20 답 $6\sqrt{2}-3$ 유형 07

$(2\sqrt{3}+\sqrt{6})\div\sqrt{3}-\sqrt{5}(\sqrt{5}-\sqrt{10})$

$=\frac{2\sqrt{3}+\sqrt{6}}{\sqrt{3}}-\sqrt{5}(\sqrt{5}-\sqrt{10})$

$=(2+\sqrt{2})-(5-5\sqrt{2})$ …… ❶

$=2+\sqrt{2}-5+5\sqrt{2}$

$=6\sqrt{2}-3$ …… ❷

채점 기준	배점
❶ 곱셈, 나눗셈 바르게 하기	2점
❷ 계산하기	2점

21 답 $4\sqrt{6}$ 유형 07

(사다리꼴의 넓이)$=\frac{1}{2}\times(3\sqrt{2}+5\sqrt{2})\times2\sqrt{6}$

$=\frac{1}{2}\times8\sqrt{2}\times2\sqrt{6}$

$=16\sqrt{3}$ …… ❶

직사각형의 세로의 길이를 x라 하면

(직사각형의 넓이)$=2\sqrt{2}x$ …… ❷

따라서 $16\sqrt{3}=2\sqrt{2}x$이므로

$x=\frac{16\sqrt{3}}{2\sqrt{2}}=4\sqrt{6}$ …… ❸

채점 기준	배점
❶ 사다리꼴의 넓이 구하기	2점
❷ 직사각형의 넓이 구하기	2점
❸ 직사각형의 세로의 길이 구하기	2점

22 답 (1) $A>B$ (2) $A<C$ (3) $B<A<C$ 유형 09

(1) $A=\sqrt{2}\times\sqrt{3}\times\sqrt{18}=\sqrt{2\times3\times18}=6\sqrt{3}$

$B=6\sqrt{5}-4\sqrt{5}+2\sqrt{5}=4\sqrt{5}$

$A-B=6\sqrt{3}-4\sqrt{5}=\sqrt{108}-\sqrt{80}>0$

$\therefore A>B$ ...... ❶

(2) $A-C=6\sqrt{3}-(4\sqrt{3}+4)=2\sqrt{3}-4=\sqrt{12}-\sqrt{16}<0$

$\therefore A<C$ ...... ❷

(3) $B<A$, $A<C$이므로 $B<A<C$ ...... ❸

채점 기준	배점
❶ A, B의 대소 관계를 부등호를 사용하여 나타내기	3점
❷ A, C의 대소 관계를 부등호를 사용하여 나타내기	3점
❸ A, B, C의 대소 관계를 부등호를 사용하여 나타내기	1점

23 답 $3a-1$ 유형 10

$\sqrt{1}<\sqrt{2}<\sqrt{4}$에서 $1<\sqrt{2}<2$

따라서 $\sqrt{2}$의 정수 부분은 1이므로

$a=\sqrt{2}-1$ ...... ❶

$\sqrt{16}<\sqrt{18}<\sqrt{25}$에서 $4<\sqrt{18}<5$

따라서 $\sqrt{18}$의 정수 부분은 4이므로 소수 부분은

$\sqrt{18}-4=3\sqrt{2}-4$ ...... ❷

이때 $a=\sqrt{2}-1$이므로 $\sqrt{2}=a+1$

$\therefore 3\sqrt{2}-4=3(a+1)-4=3a-1$ ...... ❸

채점 기준	배점
❶ a의 값 구하기	2점
❷ $\sqrt{18}$의 소수 부분 구하기	2점
❸ $\sqrt{18}$의 소수 부분을 a를 사용하여 나타내기	3점

실전 중단원 01 학교 시험 2회

44쪽~47쪽

01 ②	02 ④	03 ⑤	04 ④	05 ③
06 ④	07 ①	08 ③	09 ⑤	10 ⑤
11 ④	12 ②	13 ④	14 ②	15 ②
16 ④	17 ④	18 ④	19 63	20 6
21 $3+\sqrt{2}$	22 $(24\sqrt{6}+22\sqrt{2})$ cm	23 $15+\sqrt{5}$		

01 답 ② 유형 01

$\sqrt{125}\times\sqrt{\frac{3}{25}}=\sqrt{125\times\frac{3}{25}}=\sqrt{15}$

02 답 ④ 유형 01

① $\sqrt{2}\times\sqrt{5}=\sqrt{2\times5}=\sqrt{10}$

② $\sqrt{\frac{4}{3}}\times\sqrt{\frac{15}{2}}=\sqrt{\frac{4}{3}\times\frac{15}{2}}=\sqrt{10}$

③ $\sqrt{30}\div\sqrt{3}=\frac{\sqrt{30}}{\sqrt{3}}=\sqrt{\frac{30}{3}}=\sqrt{10}$

④ $\sqrt{\frac{35}{6}}\div\sqrt{\frac{5}{12}}=\sqrt{\frac{35}{6}}\times\sqrt{\frac{12}{5}}=\sqrt{\frac{35}{6}\times\frac{12}{5}}=\sqrt{14}$

⑤ $\sqrt{6}\div\frac{\sqrt{3}}{\sqrt{5}}=\sqrt{6}\times\frac{\sqrt{5}}{\sqrt{3}}=\sqrt{6\times\frac{5}{3}}=\sqrt{10}$

따라서 계산 결과가 나머지 넷과 다른 하나는 ④이다.

03 답 ⑤ 유형 01 + 유형 02

넓이가 60인 정사각형의 한 변의 길이는

$\sqrt{60}=\sqrt{2^2\times15}=2\sqrt{15}$

넓이가 108인 정사각형의 한 변의 길이는

$\sqrt{108}=\sqrt{6^2\times3}=6\sqrt{3}$

따라서 직사각형 모양의 화단의 넓이는

$2\sqrt{15}\times6\sqrt{3}=12\sqrt{45}=36\sqrt{5}$

04 답 ④ 유형 02

① $\sqrt{18}=\sqrt{3^2\times2}=3\sqrt{2}$

② $\sqrt{32}=\sqrt{4^2\times2}=4\sqrt{2}$

③ $-\sqrt{50}=-\sqrt{5^2\times2}=-5\sqrt{2}$

④ $\sqrt{54}=\sqrt{3^2\times6}=3\sqrt{6}$

⑤ $-\sqrt{98}=-\sqrt{7^2\times2}=-7\sqrt{2}$

따라서 b의 값이 나머지 넷과 다른 하나는 ④이다.

05 답 ③ 유형 02

닮음비가 1 : 2인 두 정사각형의 넓이의 비는 1 : 4이므로 작은 정사각형의 넓이는 $90\times\frac{1}{5}=18\,(\text{cm}^2)$

따라서 작은 정사각형의 한 변의 길이는

$\sqrt{18}=\sqrt{3^2\times2}=3\sqrt{2}\,(\text{cm})$

06 답 ④ 유형 03

$\sqrt{180}=\sqrt{2^2\times3^2\times5}=(\sqrt{2})^2\times(\sqrt{3})^2\times\sqrt{5}=2a^2b$

07 답 ① 유형 04

$\frac{8}{5\sqrt{2}}=\frac{8\times\sqrt{2}}{5\sqrt{2}\times\sqrt{2}}=\frac{8\sqrt{2}}{10}=\frac{4\sqrt{2}}{5}$

08 답 ③ 유형 05

사각뿔의 높이를 h cm라 하면

$\frac{1}{3}\times(3\sqrt{3}\times2\sqrt{6})\times h=24\sqrt{10}$

$2\sqrt{18}h=24\sqrt{10}$

$6\sqrt{2}h=24\sqrt{10}$

$\therefore h=\frac{24\sqrt{10}}{6\sqrt{2}}=4\sqrt{5}$

09 답 ⑤ 유형 03

① $\sqrt{0.003}=\sqrt{\frac{30}{10^4}}=\frac{\sqrt{30}}{100}=\frac{b}{100}$

② $\sqrt{0.03}=\sqrt{\frac{3}{10^2}}=\frac{\sqrt{3}}{10}=\frac{a}{10}$

③ $\sqrt{0.3}=\sqrt{\frac{30}{10^2}}=\frac{\sqrt{30}}{10}=\frac{b}{10}$

④ $\sqrt{300}=\sqrt{3\times10^2}=10\sqrt{3}=10a$

⑤ $\sqrt{30000}=\sqrt{3\times10^4}=100\sqrt{3}=100a$

10 답 ⑤ 유형02+유형06

$\sqrt{72}+\sqrt{27}-\sqrt{75}-\sqrt{18}$
$=\sqrt{6^2\times2}+\sqrt{3^2\times3}-\sqrt{5^2\times3}-\sqrt{3^2\times2}$
$=6\sqrt{2}+3\sqrt{3}-5\sqrt{3}-3\sqrt{2}$
$=3\sqrt{2}-2\sqrt{3}$
이므로 $a=3$, $b=-2$
$\therefore a-b=3-(-2)=5$

11 답 ④ 유형06

다음 그림과 같이 세 직각이등변삼각형의 빗변이 아닌 변의 길이를 각각 a cm, b cm, c cm라 하면

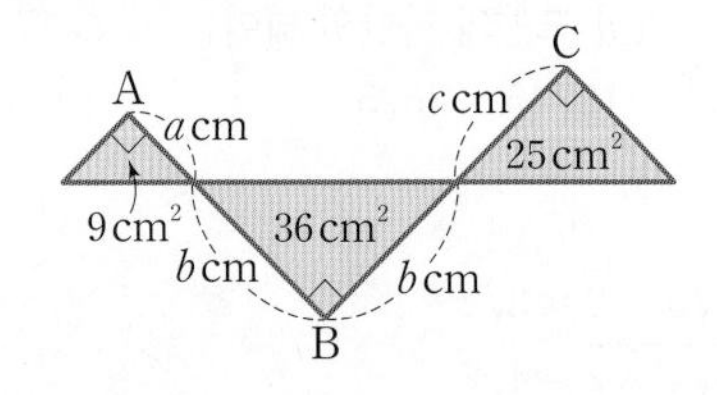

$\frac{1}{2}a^2=9$이므로 $a^2=18$
$\therefore a=3\sqrt{2}$ ($\because a>0$)
$\frac{1}{2}b^2=36$이므로 $b^2=72$
$\therefore b=6\sqrt{2}$ ($\because b>0$)
$\frac{1}{2}c^2=25$이므로 $c^2=50$
$\therefore c=5\sqrt{2}$ ($\because c>0$)
$\overline{AB}=a+b=3\sqrt{2}+6\sqrt{2}=9\sqrt{2}$ (cm)
$\overline{BC}=b+c=6\sqrt{2}+5\sqrt{2}=11\sqrt{2}$ (cm)
$\therefore \overline{AB}+\overline{BC}=9\sqrt{2}+11\sqrt{2}=20\sqrt{2}$ (cm)

12 답 ② 유형04+유형06

$\frac{10+\sqrt{15}}{\sqrt{5}}-\frac{6+\sqrt{15}}{\sqrt{3}}$
$=\frac{\sqrt{5}(10+\sqrt{15})}{\sqrt{5}\times\sqrt{5}}-\frac{\sqrt{3}(6+\sqrt{15})}{\sqrt{3}\times\sqrt{3}}$
$=\frac{10\sqrt{5}+5\sqrt{3}}{5}-\frac{6\sqrt{3}+3\sqrt{5}}{3}$
$=(2\sqrt{5}+\sqrt{3})-(2\sqrt{3}+\sqrt{5})$
$=\sqrt{5}-\sqrt{3}$

13 답 ④ 유형06

$4(3\sqrt{3}-a)-a\sqrt{12}=4(3\sqrt{3}-a)-a\sqrt{2^2\times3}$
$=12\sqrt{3}-4a-2a\sqrt{3}$
$=(12-2a)\sqrt{3}-4a$
이 식이 유리수가 되려면 $12-2a=0$
$2a=12$ $\therefore a=6$

14 답 ② 유형06

(직각삼각형의 빗변의 길이)$=\sqrt{(3\sqrt{2})^2+(4\sqrt{2})^2}$
$=\sqrt{50}=5\sqrt{2}$ (cm)
직사각형과 직각삼각형의 둘레의 길이가 서로 같으므로
$3\sqrt{2}+4\sqrt{2}+5\sqrt{2}=2(4\sqrt{2}+x)$
$12\sqrt{2}=8\sqrt{2}+2x$
$2x=4\sqrt{2}$ $\therefore x=2\sqrt{2}$

15 답 ② 유형06

$f(1)+f(2)+f(3)+\cdots+f(98)+f(99)$
$=(\sqrt{2}-\sqrt{1})+(\sqrt{3}-\sqrt{2})+(\sqrt{4}-\sqrt{3})+\cdots$
$+(\sqrt{99}-\sqrt{98})+(\sqrt{100}-\sqrt{99})$
$=-\sqrt{1}+\sqrt{100}=9$

16 답 ④ 유형08

제곱근표에서 18의 가로줄과 3의 세로줄이 만나는 곳의 수가 $\sqrt{18.3}$의 값이므로 $\sqrt{18.3}=4.278$

17 답 ④ 유형08

① $\sqrt{0.102}=\sqrt{\frac{10.2}{10^2}}=\frac{\sqrt{10.2}}{10}=\frac{3.194}{10}=0.3194$
② $\sqrt{0.114}=\sqrt{\frac{11.4}{10^2}}=\frac{\sqrt{11.4}}{10}=\frac{3.376}{10}=0.3376$
③ $\sqrt{0.16}=\sqrt{\frac{16}{10^2}}=\frac{\sqrt{16}}{10}=\frac{4}{10}=0.4$
④ $\sqrt{182}$의 값은 주어진 제곱근표를 이용하여 구할 수 없다.
⑤ $\sqrt{1940}=\sqrt{19.4\times10^2}=10\sqrt{19.4}=10\times4.405=44.05$

18 답 ④ 유형09

$A-B=(3\sqrt{2}+\sqrt{5})-3\sqrt{5}$
$=3\sqrt{2}-2\sqrt{5}=\sqrt{18}-\sqrt{20}<0$
이므로 $A<B$
$A-C=(3\sqrt{2}+\sqrt{5})-(4\sqrt{5}-2\sqrt{2})$
$=3\sqrt{2}+\sqrt{5}-4\sqrt{5}+2\sqrt{2}$
$=5\sqrt{2}-3\sqrt{5}=\sqrt{50}-\sqrt{45}>0$
이므로 $A>C$
$\therefore C<A<B$

19 답 63 유형02

$\sqrt{54}=\sqrt{3^2\times6}=3\sqrt{6}$이므로 $a=3$ ······ ❶
$2\sqrt{15}=\sqrt{2^2\times15}=\sqrt{60}$이므로 $b=60$ ······ ❷
$\therefore a+b=3+60=63$ ······ ❸

채점 기준	배점
❶ a의 값 구하기	1점
❷ b의 값 구하기	1점
❸ $a+b$의 값 구하기	2점

20 답 6 유형04+유형07

$\sqrt{2}(\sqrt{6}+4\sqrt{3})-\frac{9}{\sqrt{3}}+\sqrt{54}$
$=\sqrt{12}+4\sqrt{6}-\frac{9\times\sqrt{3}}{\sqrt{3}\times\sqrt{3}}+3\sqrt{6}$
$=2\sqrt{3}+4\sqrt{6}-3\sqrt{3}+3\sqrt{6}$
$=-\sqrt{3}+7\sqrt{6}$ ······ ❶
이므로 $a=-1$, $b=7$ ······ ❷
$\therefore a+b=(-1)+7=6$ ······ ❸

채점 기준	배점
❶ 식 정리하기	3점
❷ a, b의 값 각각 구하기	2점
❸ $a+b$의 값 구하기	1점

21 답 $3+\sqrt{2}$ 유형 06

정사각형 ABCD의 대각선의 길이가 2이므로 넓이는

$\overline{AD}^2=\frac{1}{2}\times2\times2=2$

$\therefore \overline{AD}=\sqrt{2}$

$\overline{AD}=\overline{AP}=\sqrt{2}$이므로 점 P의 좌표는 $-2+\sqrt{2}$ …… ❶

정사각형 EFGH의 대각선의 길이가 4이므로 넓이는

$\overline{EH}^2=\frac{1}{2}\times4\times4=8$

$\therefore \overline{EH}=\sqrt{8}=2\sqrt{2}$

$\overline{EH}=\overline{EQ}=2\sqrt{2}$이므로 점 Q의 좌표는 $1+2\sqrt{2}$ …… ❷

$\therefore \overline{PQ}=(1+2\sqrt{2})-(-2+\sqrt{2})$
$=1+2\sqrt{2}+2-\sqrt{2}$
$=3+\sqrt{2}$ …… ❸

채점 기준	배점
❶ 점 P의 좌표 구하기	2점
❷ 점 Q의 좌표 구하기	2점
❸ $\overline{PQ}$의 길이 구하기	3점

22 답 $(24\sqrt{6}+22\sqrt{2})$ cm 유형 06

정사각형의 한 변의 길이를 각각 구하면

$\sqrt{24}=\sqrt{2^2\times6}=2\sqrt{6}$ (cm)

$\sqrt{32}=\sqrt{4^2\times2}=4\sqrt{2}$ (cm)

$\sqrt{98}=\sqrt{7^2\times2}=7\sqrt{2}$ (cm)

$\sqrt{150}=\sqrt{5^2\times6}=5\sqrt{6}$ (cm) …… ❶

〈그림 1〉의 둘레의 길이는 〈그림 2〉의 둘레의 길이와 같다.

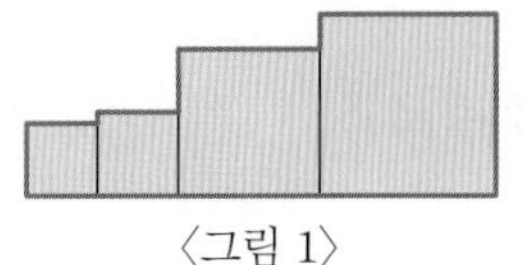
〈그림 1〉

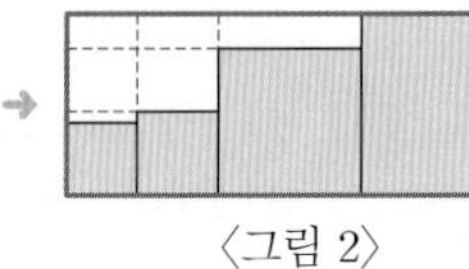
〈그림 2〉

따라서 구하는 도형의 둘레의 길이는

$2\times(2\sqrt{6}+4\sqrt{2}+7\sqrt{2}+5\sqrt{6}+5\sqrt{6})=2(12\sqrt{6}+11\sqrt{2})$
$=24\sqrt{6}+22\sqrt{2}$ (cm) …… ❷

채점 기준	배점
❶ 네 정사각형의 한 변의 길이 각각 구하기	4점
❷ 주어진 도형의 둘레의 길이 구하기	2점

23 답 $15+\sqrt{5}$ 유형 10

$\sqrt{36}<\sqrt{45}<\sqrt{49}$에서 $6<\sqrt{45}<7$이므로 $a=6$ …… ❶

$\sqrt{4}<\sqrt{5}<\sqrt{9}$에서 $2<\sqrt{5}<3$이므로

$-3<-\sqrt{5}<-2$

$2<5-\sqrt{5}<3$에서 $5-\sqrt{5}$의 소수 부분은

$(5-\sqrt{5})-2=3-\sqrt{5}$ $\therefore b=3-\sqrt{5}$ …… ❷

$\therefore 3a-b=18-(3-\sqrt{5})$
$=15+\sqrt{5}$ …… ❸

채점 기준	배점
❶ a의 값 구하기	3점
❷ b의 값 구하기	3점
❸ $3a-b$의 값 구하기	1점

교과서 속 특이 문제

48쪽

01 답 $5\sqrt{3}$

$\square EFGH=\frac{1}{2}\times300=150$이므로

$\square IJKL=\frac{1}{2}\times150=75$

따라서 $\square IJKL$의 한 변의 길이는

$\sqrt{75}=\sqrt{5^2\times3}=5\sqrt{3}$

02 답 $5\sqrt{5}$ cm

(새로 만들어진 정사각형의 넓이) $=(5\sqrt{2})^2+(5\sqrt{3})^2$
$=50+75$
$=125$ (cm²)

따라서 새로 만들어진 정사각형의 한 변의 길이는

$\sqrt{125}=\sqrt{5^2\times5}=5\sqrt{5}$ (cm)

03 답 $16\sqrt{2}+8$

중점을 연결하여 만든 정사각형의 넓이는 처음 정사각형 넓이의 $\frac{1}{2}$배이므로 그 넓이는 각각 64, 32, 16, 8이고 정사각형의 한 변의 길이는 각각 8, $4\sqrt{2}$, 4, $2\sqrt{2}$이므로 다음 그림과 같다.

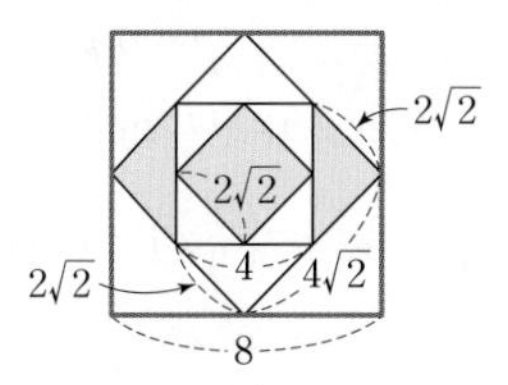

$\therefore$ (색칠한 도형의 둘레의 길이의 합)
$=2\sqrt{2}\times4+(2\sqrt{2}+2\sqrt{2}+4)\times2$
$=8\sqrt{2}+(4\sqrt{2}+4)\times2$
$=8\sqrt{2}+8\sqrt{2}+8$
$=16\sqrt{2}+8$

04 답 $(6\sqrt{2}+12)$ cm

각 변의 길이를 그림에 표시하면 다음과 같다.

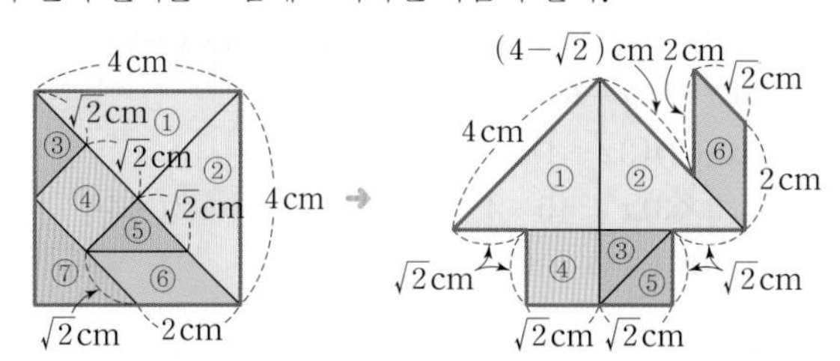

따라서 집 모양의 도형의 둘레의 길이는

$4+\sqrt{2}+\sqrt{2}+\sqrt{2}+\sqrt{2}+\sqrt{2}+\sqrt{2}+2+\sqrt{2}+2+(4-\sqrt{2})$
$=6\sqrt{2}+12$ (cm)

1 다항식의 곱셈

50쪽~51쪽

개념 check

1 답 (1) $6ab+9a-2b-3$
(2) $2ac-3ad+4bc-6bd$
(3) $10ac+2ad-15bc-3bd$
(4) $2x^2+6xy-3x+3y-2$

(4) $(2x+1)(x+3y-2)$
$=2x^2+6xy-4x+x+3y-2$
$=2x^2+6xy-3x+3y-2$

2 답 (1) $4a^2+20ab+25b^2$ (2) $36a^2-48ab+16b^2$
(3) $16a^2-49b^2$ (4) $\frac{1}{9}x^2-4y^2$
(5) $x^2+2x-48$ (6) $x^2+\frac{5}{6}x+\frac{1}{6}$
(7) $6x^2+5x-6$ (8) $15x^2+14x-8$

(1) $(2a+5b)^2=(2a)^2+2\times2a\times5b+(5b)^2$
$=4a^2+20ab+25b^2$

(2) $(6a-4b)^2=(6a)^2-2\times6a\times4b+(4b)^2$
$=36a^2-48ab+16b^2$

(3) $(4a-7b)(4a+7b)=(4a)^2-(7b)^2$
$=16a^2-49b^2$

(4) $\left(\frac{1}{3}x+2y\right)\left(\frac{1}{3}x-2y\right)=\left(\frac{1}{3}x\right)^2-(2y)^2$
$=\frac{1}{9}x^2-4y^2$

(5) $(x-6)(x+8)=x^2+(-6+8)x+(-6)\times8$
$=x^2+2x-48$

(6) $\left(x+\frac{1}{2}\right)\left(x+\frac{1}{3}\right)=x^2+\left(\frac{1}{2}+\frac{1}{3}\right)x+\frac{1}{2}\times\frac{1}{3}$
$=x^2+\frac{5}{6}x+\frac{1}{6}$

(7) $(2x+3)(3x-2)$
$=(2\times3)x^2+\{2\times(-2)+3\times3\}x+3\times(-2)$
$=6x^2+5x-6$

(8) $(5x-2)(3x+4)$
$=(5\times3)x^2+\{5\times4+(-2)\times3\}x+(-2)\times4$
$=15x^2+14x-8$

3 답 (1) $4x^2-4xy+y^2+4x-2y+1$
(2) $x^2+2xy+y^2-1$

(1) $2x-y=A$라 하면
$(2x-y+1)^2=(A+1)^2$
$=A^2+2A+1$
$=(2x-y)^2+2(2x-y)+1$
$=4x^2-4xy+y^2+4x-2y+1$

(2) $x+y=A$라 하면
$(x+y+1)(x+y-1)=(A+1)(A-1)$
$=A^2-1$
$=(x+y)^2-1$
$=x^2+2xy+y^2-1$

4 답 (1) 10816 (2) 2209
(3) 9991 (4) 35.99
(5) 10506 (6) $5+2\sqrt{6}$
(7) $6-2\sqrt{5}$ (8) 1

(1) $104^2=(100+4)^2$
$=100^2+2\times100\times4+4^2$
$=10000+800+16$
$=10816$

(2) $47^2=(50-3)^2$
$=50^2-2\times50\times3+3^2$
$=2500-300+9$
$=2209$

(3) $103\times97=(100+3)(100-3)$
$=100^2-3^2$
$=10000-9$
$=9991$

(4) $5.9\times6.1=(6-0.1)(6+0.1)$
$=6^2-0.1^2$
$=36-0.01$
$=35.99$

(5) $103\times102=(100+3)(100+2)$
$=100^2+(3+2)\times100+3\times2$
$=10000+500+6$
$=10506$

(6) $(\sqrt{3}+\sqrt{2})^2=(\sqrt{3})^2+2\times\sqrt{3}\times\sqrt{2}+(\sqrt{2})^2$
$=3+2\sqrt{6}+2$
$=5+2\sqrt{6}$

(7) $(1-\sqrt{5})^2=1^2-2\times1\times\sqrt{5}+(\sqrt{5})^2$
$=1-2\sqrt{5}+5$
$=6-2\sqrt{5}$

(8) $(\sqrt{2}+1)(\sqrt{2}-1)=(\sqrt{2})^2-1^2$
$=2-1=1$

5 답 (1) $3+2\sqrt{2}$ (2) $\frac{\sqrt{5}-\sqrt{3}}{2}$

(1) $\frac{2+\sqrt{2}}{2-\sqrt{2}}=\frac{(2+\sqrt{2})^2}{(2-\sqrt{2})(2+\sqrt{2})}$
$=\frac{2^2+2\times2\times\sqrt{2}+(\sqrt{2})^2}{4-2}$
$=\frac{6+4\sqrt{2}}{2}$
$=3+2\sqrt{2}$

(2) $\frac{1}{\sqrt{5}+\sqrt{3}}=\frac{\sqrt{5}-\sqrt{3}}{(\sqrt{5}+\sqrt{3})(\sqrt{5}-\sqrt{3})}$
$=\frac{\sqrt{5}-\sqrt{3}}{5-3}=\frac{\sqrt{5}-\sqrt{3}}{2}$

6 답 (1) 13 (2) 25

(1) $x^2+y^2=(x+y)^2-2xy$
$=1^2-2\times(-6)=13$

(2) $(x-y)^2=(x+y)^2-4xy$
$=1^2-4\times(-6)$
$=25$

기출 유형

52쪽~57쪽

유형 01 다항식과 다항식의 곱셈 52쪽

다항식과 다항식의 곱셈은 분배법칙을 이용하여 전개한 후 동류항끼리 계산한다.

$(a+b)(c+d)=\underset{①}{ac}+\underset{②}{ad}+\underset{③}{bc}+\underset{④}{bd}$

01 답 ③

$(x+5)(2x-3y-4)=2x^2-3xy-4x+10x-15y-20$

$=2x^2-3xy+6x-15y-20$

즉, x의 계수는 6, y의 계수는 -15이므로

두 수의 합은 $6+(-15)=-9$

02 답 ⑤

$(4x+3)(7x+a)=28x^2+4ax+21x+3a$

$=28x^2+(4a+21)x+3a$

x의 계수가 13이므로 $4a+21=13$

$4a=-8$

$\therefore a=-2$

유형 02 곱셈 공식 $(a+b)^2$, $(a-b)^2$ 52쪽

(1) $(a+b)^2=a+2ab+b^2$

(2) $(a-b)^2=a^2-2ab+b^2$

03 답 25

$(3x+ay)^2=9x^2+6axy+a^2y^2$이므로

$6a=b$, $a^2=25$

$a>0$이므로 $a=5$

$b=6a$에서 $b=6\times5=30$

$\therefore b-a=30-5=25$

04 답 ②

$(2a-3b)^2=4a^2-12ab+9b^2$

① $(2a+3b)^2=4a^2+12ab+9b^2$

② $(-2a+3b)^2=4a^2-12ab+9b^2$

③ $(-2a-3b)^2=\{-(2a+3b)\}^2$

$=(2a+3b)^2$

$=4a^2+12ab+9b^2$

④ $-(2a+3b)^2=-(4a^2+12ab+9b^2)$

$=-4a^2-12ab-9b^2$

⑤ $-(2a-3b)^2=-(4a^2-12ab+9b^2)$

$=-4a^2+12ab-9b^2$

따라서 $(2a-3b)^2$과 전개식이 같은 것은 ②이다.

참고 $(-a-b)^2=\{-(a+b)\}^2=(a+b)^2$

$(-a+b)^2=\{-(a-b)\}^2=(a-b)^2$

05 답 ④

④ $(2x+5)^2=4x^2+20x+25$

따라서 옳지 않은 것은 ④이다.

유형 03 곱셈 공식 $(a+b)(a-b)$ 52쪽

$(a+b)(a-b)=a^2-b^2$

06 답 ⑤

$(-5x-4y)(5x-4y)=-(5x+4y)(5x-4y)$

$=-\{(5x)^2-(4y)^2\}$

$=-25x^2+16y^2$

① $(5x-4y)(5x+4y)=25x^2-16y^2$

② $(5x-4y)(5x-4y)=(5x-4y)^2$

$=25x^2-40xy+16y^2$

③ $(5x+4y)(5x+4y)=(5x+4y)^2$

$=25x^2+40xy+16y^2$

④ $(5x-4y)(-5x+4y)=(5x-4y)\{-(5x-4y)\}$

$=-(5x-4y)^2$

$=-(25x^2-40xy+16y^2)$

$=-25x^2+40xy-16y^2$

⑤ $(5x+4y)(-5x+4y)=-(5x+4y)(5x-4y)$

$=-\{(5x)^2-(4y)^2\}$

$=-25x^2+16y^2$

따라서 $(-5x-4y)(5x-4y)$와 전개식이 같은 것은 ⑤이다.

07 답 ②

② $(-4+x)(-4-x)=-(x-4)(x+4)=16-x^2$

따라서 옳지 않은 것은 ②이다.

08 답 ㄴ, ㅁ

$(a-b)^2=a^2-2ab+b^2$

ㄱ. $-(a-b)^2=-(a^2-2ab+b^2)$

$=-a^2+2ab-b^2$

ㄴ. $(-a+b)^2=\{-(a-b)\}^2$

$=a^2-2ab+b^2$

ㄷ. $(-a-b)^2=\{-(a+b)\}^2$

$=a^2+2ab+b^2$

ㄹ. $-(a+b)^2=-(a^2+2ab+b^2)$

$=-a^2-2ab-b^2$

ㅁ. $(b-a)^2=\{-(a-b)\}^2=a^2-2ab+b^2$

ㅂ. $(a+b)(a-b)=a^2-b^2$

따라서 $(a-b)^2$과 전개식이 같은 것은 ㄴ, ㅁ이다.

09 답 ③

$(x-1)(x+1)(x^2+1)(x^4+1)=(x^2-1)(x^2+1)(x^4+1)$

$=(x^4-1)(x^4+1)$

$=x^8-1$

이므로 $a=8$, $b=-1$

$\therefore a-b=8-(-1)=9$

유형 04 곱셈 공식 $(x+a)(x+b)$, $(ax+b)(cx+d)$ 53쪽

(1) $(x+a)(x+b)=x^2+(a+b)x+ab$

(2) $(ax+b)(cx+d)=acx^2+(ad+bc)x+bd$

10 답 ②

$(x+a)(x-3)=x^2+(a-3)x-3a$이므로

$a-3=-8$

$\therefore a=-5$

11 답 10

$(ax-5)(2x+b)$

$=(a\times2)x^2+\{a\times b+(-5)\times2\}x+(-5)\times b$

$=2ax^2+(ab-10)x-5b$

이므로

$2a=6,\ ab-10=-c,\ -5b=-5$

$2a=6$에서 $a=3$

$-5b=-5$에서 $b=1$

$ab-10=-c$에서 $3-10=-c,\ -7=-c$

$\therefore c=7$

$\therefore ab+c=3\times1+7=10$

12 답 ③

① $(a-8)(a+7)=a^2-a-56 \quad \therefore \square=1$

② $(x+2)\left(x-\frac{1}{2}\right)=x^2+\frac{3}{2}x-1 \quad \therefore \square=1$

③ $(x+5)(x-6)=x^2-x-30 \quad \therefore \square=30$

④ $(a-4b)(a+3b)=a^2-ab-12b^2 \quad \therefore \square=1$

⑤ $\left(-x+\frac{3}{5}y\right)\left(-x+\frac{2}{5}y\right)=x^2-xy+\frac{6}{25}y^2 \quad \therefore \square=1$

따라서 나머지 넷과 다른 하나는 ③이다.

13 답 ④

$3(x-2)(5x+6)-2(3x-4)(x-1)$

$=3(5x^2-4x-12)-2(3x^2-7x+4)$

$=15x^2-12x-36-6x^2+14x-8$

$=9x^2+2x-44$

14 답 ①

$\left(3x+\frac{1}{2}a\right)\left(x+\frac{1}{4}\right)=3x^2+\left(\frac{3}{4}+\frac{1}{2}a\right)x+\frac{1}{8}a$

x의 계수는 $\frac{3}{4}+\frac{1}{2}a$, 상수항은 $\frac{1}{8}a$이므로

$\frac{3}{4}+\frac{1}{2}a=2\times\frac{1}{8}a$

$\frac{1}{2}a-\frac{1}{4}a=-\frac{3}{4}$

$\frac{1}{4}a=-\frac{3}{4}$

$\therefore a=-3$

유형 05 곱셈 공식 종합 54쪽

(1) $(a+b)^2=a^2+2ab+b^2$

(2) $(a-b)^2=a^2-2ab+b^2$

(3) $(a+b)(a-b)=a^2-b^2$

(4) $(x+a)(x+b)=x^2+(a+b)x+ab$

(5) $(ax+b)(cx+d)=acx^2+(ad+bc)x+bd$

15 답 ①, ④

① $(2xy-3)^2=(2xy)^2-2\times2xy\times3+3^2$

$=4x^2y^2-12xy+9$

④ $(-a+10)(10+a)=(10-a)(10+a)$

$=100-a^2$

따라서 옳지 않은 것은 ①, ④이다.

16 답 ②

① $(x+3)(x-3)=x^2-9 \quad \therefore \square=-9$

② $(3a+1)^2=9a^2+6a+1 \quad \therefore \square=6$

③ $(2x-3)^2=4x^2-12x+9 \quad \therefore \square=4$

④ $(y+5)(y-3)=y^2+2y-15 \quad \therefore \square=2$

⑤ $(2x+1)(2x+3)=4x^2+8x+3 \quad \therefore \square=3$

따라서 □ 안에 알맞은 수가 가장 큰 것은 ②이다.

17 답 37

$(2x-y)^2=4x^2-4xy+y^2$이므로 $A=-4$

$(x+4y)^2=x^2+8xy+16y^2$이므로 $B=16$

$(-5x+1)(5x+1)=1-25x^2$이므로 $C=25$

$\therefore A+B+C=(-4)+16+25=37$

18 답 17

$(2x-5)^2-(x+3)(2x-4)$

$=4x^2-20x+25-(2x^2+2x-12)$

$=4x^2-20x+25-2x^2-2x+12$

$=2x^2-22x+37$

이므로 $a=2,\ b=-22,\ c=37$

$\therefore a+b+c=2+(-22)+37=17$

유형 06 곱셈 공식과 도형의 넓이 54쪽

(1) 곱셈 공식을 이용하여 직사각형의 넓이 구하기

❶ 가로, 세로의 길이를 문자를 사용하여 나타낸다.

❷ 직사각형의 넓이를 구하는 식을 세운 후 곱셈 공식을 이용하여 전개한다.

(2) 길을 제외한 부분의 넓이 구하기

→ 길을 한쪽으로 이동시킨 후 넓이를 생각한다.

예

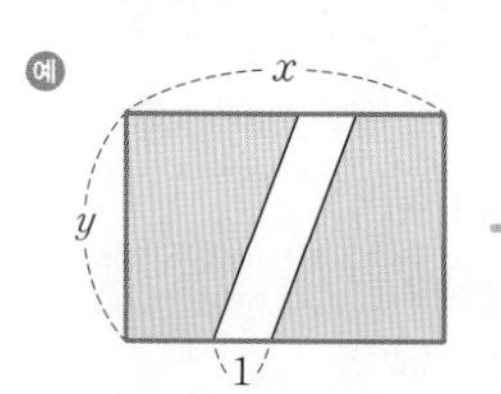

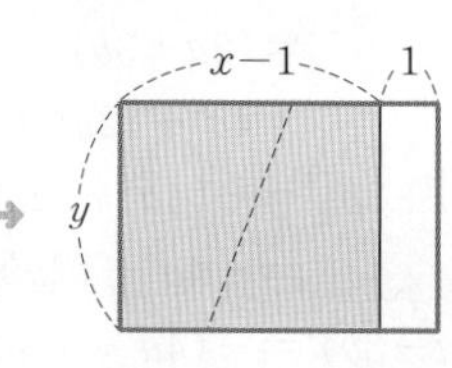

길을 제외한 부분의 넓이는 $(x-1)\times y=xy-y$

19 답 ③

새로 만든 직사각형의 넓이는

$(7a+2b)(7a-2b)=(7a)^2-(2b)^2=49a^2-4b^2$

20 답 $(5x-3)\ \mathrm{m}^2$

(처음 주택 용지의 넓이) $=7x\times4x=28x^2\ (\mathrm{m}^2)$

변경된 주택 용지는 오른쪽 그림과 같이 가로의 길이가 $(7x+3)$ m이고, 세로의 길이가 $(4x-1)$ m이므로

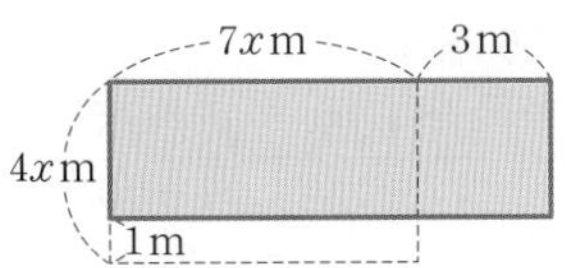

(변경된 주택 용지의 넓이)

$=(7x+3)(4x-1)$

$=28x^2+5x-3\,(\text{m}^2)$

따라서 처음보다 늘어난 넓이는

$(28x^2+5x-3)-28x^2=5x-3\,(\text{m}^2)$

21 답 ①

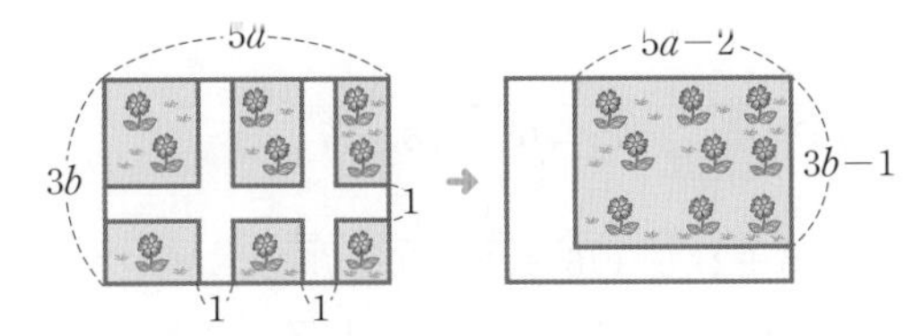

$\therefore$ (화단의 넓이)$=(5a-2)(3b-1)$

$=15ab-5a-6b+2$

22 답 ②

□ABFE, □EGHD, □IJCH가 모두 정사각형이므로

$\overline{ED}=\overline{DH}=b-a$

$\overline{IH}=\overline{HC}=a-(b-a)=2a-b$

$\overline{GI}=b-a-(2a-b)=2b-3a$

$\therefore$ □GFJI$=(2b-3a)(2a-b)$

$=-(3a-2b)(2a-b)$

$=-(6a^2-7ab+2b^2)$

$=-6a^2+7ab-2b^2$

유형 07 복잡한 식의 전개 55쪽

(1) 공통인 부분이 있는 식의 전개
❶ 공통인 부분을 한 문자로 치환한다.
❷ 곱셈 공식을 이용하여 전개한다.
❸ ❷의 식에 원래의 식을 대입하여 정리한다.

(2) ( )( )( )( ) 꼴의 전개
❶ 치환이 가능하도록 두 개씩 짝을 지어 전개한다. 이때 상수항의 합이 같은 것끼리 짝 지으면 편리하다.
❷ 공통인 부분을 치환하여 식을 전개한다.

23 답 ⑤

$2x-y=A$라 하면

$(2x-y+3)^2=(A+3)^2$

$=A^2+6A+9$

$=(2x-y)^2+6(2x-y)+9$

$=4x^2-4xy+y^2+12x-6y+9$

$\therefore$ $\boxed{}=12x-6y+9$

24 답 13

$(x-3)(x-2)(x+1)(x+2)$

$=(x-3)(x+2)(x-2)(x+1)$

$=(x^2-x-6)(x^2-x-2)$

$x^2-x=A$라 하면

$(A-6)(A-2)=A^2-8A+12$

$=(x^2-x)^2-8(x^2-x)+12$

$=x^4-2x^3+x^2-8x^2+8x+12$

$=x^4-2x^3-7x^2+8x+12$

이므로 $a=-2$, $b=-7$, $c=8$

$\therefore a-b+c=-2-(-7)+8=13$

유형 08 곱셈 공식을 이용한 수의 계산 55쪽

(1) 수의 제곱의 계산
→ $(a+b)^2=a^2+2ab+b^2$ 또는 $(a-b)^2=a^2-2ab+b^2$을 이용한다.

(2) 두 수의 곱의 계산
→ $(a+b)(a-b)=a^2-b^2$ 또는 $(x+a)(x+b)=x^2+(a+b)x+ab$를 이용한다.

25 답 ③

$99.7\times100.3=(100-0.3)(100+0.3)$이므로

③ $(a+b)(a-b)$를 이용하는 것이 가장 편리하다.

26 답 ⑤

① $102^2=(100+2)^2$

② $97^2=(100-3)^2$

③ $103\times105=(100+3)(100+5)$

④ $57\times63=(60-3)(60+3)$

⑤ $1002\times1007=(1000+2)(1000+7)$
→ $(x+a)(x+b)=x^2+(a+b)x+ab$

따라서 가장 편리한 곱셈 공식이 아닌 것은 ⑤이다.

27 답 413

$102^2-97\times103=(100+2)^2-(100-3)(100+3)$

$=100^2+2\times100\times2+2^2-(100^2-3^2)$

$=10000+400+4-10000+9$

$=413$

28 답 8

$98\times102\times(10^4+4)=(100-2)(100+2)(10^4+4)$

$=(100^2-4)(10^4+4)$

$=(10^4-4)(10^4+4)$

$=10^8-16$

$\therefore x=8$

유형 09 곱셈 공식을 이용한 무리수의 계산 56쪽

제곱근을 포함한 수의 계산은 제곱근을 문자로 생각하고 곱셈 공식을 이용한다.

29 답 ③

① $(\sqrt{3}+\sqrt{7})^2=(\sqrt{3})^2+2\times\sqrt{3}\times\sqrt{7}+(\sqrt{7})^2=10+2\sqrt{21}$

② $(2-\sqrt{6})(2+\sqrt{6})=2^2-(\sqrt{6})^2=-2$

④ $(\sqrt{6}-2\sqrt{10})^2=(\sqrt{6})^2-2\times\sqrt{6}\times2\sqrt{10}+(2\sqrt{10})^2$
$=46-8\sqrt{15}$

⑤ $(2\sqrt{5}+1)(3\sqrt{5}-3)=30-6\sqrt{5}+3\sqrt{5}-3=27-3\sqrt{5}$

30 답 -15

$(1-2\sqrt{3})(2+3\sqrt{3})+(1-\sqrt{3})^2$
$=2+3\sqrt{3}-4\sqrt{3}-18+(4-2\sqrt{3})$
$=-12-3\sqrt{3}$
이므로 $a=-12$, $b=-3$
$\therefore a+b=(-12)+(-3)=-15$

31 답 ⑤

$(\sqrt{3}-5)^2-(\sqrt{7}-2)(\sqrt{7}+2)=3-10\sqrt{3}+25-(7-4)$
$=25-10\sqrt{3}$

32 답 ③

$(2-\sqrt{5})(a\sqrt{5}+4)=2a\sqrt{5}+8-5a-4\sqrt{5}$
$=(8-5a)+(2a-4)\sqrt{5}$
이 식이 유리수가 되려면 $2a-4=0$
$2a=4$
$\therefore a=2$

유형 10 곱셈 공식을 이용한 분모의 유리화 56쪽

분모가 2개의 항으로 된 무리수일 때, 곱셈 공식 $(a+b)(a-b)=a^2-b^2$을 이용하여 분모를 유리화한다.

$$\frac{c}{\sqrt{a}+\sqrt{b}}=\frac{c(\sqrt{a}-\sqrt{b})}{(\sqrt{a}+\sqrt{b})(\sqrt{a}-\sqrt{b})}$$
분모, 분자에 $(\sqrt{a}-\sqrt{b})$를 곱한다.
$$=\frac{c(\sqrt{a}-\sqrt{b})}{a-b}\ (\text{단, } a\neq b)$$

33 답 ②

$\frac{3+\sqrt{6}}{3-\sqrt{6}}=\frac{(3+\sqrt{6})^2}{(3-\sqrt{6})(3+\sqrt{6})}$
$=\frac{9+6\sqrt{6}+6}{9-6}$
$=\frac{15+6\sqrt{6}}{3}=5+2\sqrt{6}$
이므로 $a=5$, $b=2$
$\therefore a-b=5-2=3$

34 답 -8

$x=\frac{1}{2\sqrt{2}-3}=\frac{2\sqrt{2}+3}{(2\sqrt{2}-3)(2\sqrt{2}+3)}$
$=\frac{2\sqrt{2}+3}{-1}=-2\sqrt{2}-3$
$y=\frac{17}{5+2\sqrt{2}}=\frac{17(5-2\sqrt{2})}{(5+2\sqrt{2})(5-2\sqrt{2})}$
$=\frac{17(5-2\sqrt{2})}{17}=5-2\sqrt{2}$
이므로
$x-y=(-2\sqrt{2}-3)-(5-2\sqrt{2})$
$=-8$

35 답 ⑤

$\frac{\sqrt{7}+\sqrt{5}}{\sqrt{7}-\sqrt{5}}-\frac{\sqrt{7}-\sqrt{5}}{\sqrt{7}+\sqrt{5}}$
$=\frac{(\sqrt{7}+\sqrt{5})^2}{(\sqrt{7}-\sqrt{5})(\sqrt{7}+\sqrt{5})}-\frac{(\sqrt{7}-\sqrt{5})^2}{(\sqrt{7}+\sqrt{5})(\sqrt{7}-\sqrt{5})}$
$=\frac{7+2\sqrt{35}+5}{7-5}-\frac{7-2\sqrt{35}+5}{7-5}$
$=\frac{12+2\sqrt{35}}{2}-\frac{12-2\sqrt{35}}{2}$
$=6+\sqrt{35}-(6-\sqrt{35})=2\sqrt{35}$

36 답 ③

$\frac{1}{\sqrt{5}-2}-\frac{1}{\sqrt{6}-\sqrt{5}}+\frac{1}{\sqrt{7}-\sqrt{6}}-\frac{1}{\sqrt{8}-\sqrt{7}}$
$=\frac{\sqrt{5}+2}{(\sqrt{5}-2)(\sqrt{5}+2)}-\frac{\sqrt{6}+\sqrt{5}}{(\sqrt{6}-\sqrt{5})(\sqrt{6}+\sqrt{5})}$
$+\frac{\sqrt{7}+\sqrt{6}}{(\sqrt{7}-\sqrt{6})(\sqrt{7}+\sqrt{6})}-\frac{\sqrt{8}+\sqrt{7}}{(\sqrt{8}-\sqrt{7})(\sqrt{8}+\sqrt{7})}$
$=\frac{\sqrt{5}+2}{5-4}-\frac{\sqrt{6}+\sqrt{5}}{6-5}+\frac{\sqrt{7}+\sqrt{6}}{7-6}-\frac{\sqrt{8}+\sqrt{7}}{8-7}$
$=(\sqrt{5}+2)-(\sqrt{6}+\sqrt{5})+(\sqrt{7}+\sqrt{6})-(\sqrt{8}+\sqrt{7})$
$=2-\sqrt{8}=2-2\sqrt{2}$
이므로 $a=2$, $b=-2$
$\therefore a+b=2+(-2)=0$

유형 11 곱셈 공식의 변형 57쪽

(1) $a+b$와 ab의 값이 주어질 때
→ $a^2+b^2=(a+b)^2-2ab$, $(a-b)^2=(a+b)^2-4ab$
(2) $a-b$와 ab의 값이 주어질 때
→ $a^2+b^2=(a-b)^2+2ab$, $(a+b)^2=(a-b)^2+4ab$
(3) $a+\frac{1}{a}$의 값이 주어질 때
→ $a^2+\frac{1}{a^2}=\left(a+\frac{1}{a}\right)^2-2$, $\left(a-\frac{1}{a}\right)^2=\left(a+\frac{1}{a}\right)^2-4$
(4) $a-\frac{1}{a}$의 값이 주어질 때
→ $a^2+\frac{1}{a^2}=\left(a-\frac{1}{a}\right)^2+2$, $\left(a+\frac{1}{a}\right)^2=\left(a-\frac{1}{a}\right)^2+4$

참고 $x^2+ax+1=0\,(a\neq0)$일 때
→ $x\neq0$이므로 양변을 x로 나누면
$x+a+\frac{1}{x}=0 \qquad \therefore x+\frac{1}{x}=-a$
위와 같이 식을 변형한 후 곱셈 공식을 이용한다.

37 답 ⑤

$(x+y)^2=(x-y)^2+4xy=3^2+4\times5=29$

38 답 14

$x^2+\frac{1}{x^2}=\left(x+\frac{1}{x}\right)^2-2=4^2-2=14$

39 답 ①

$x^2+y^2=(x+y)^2-2xy$에서

$18=4^2-2xy,\ 2xy=-2 \quad \therefore xy=-1$

$\therefore \dfrac{y}{x}+\dfrac{x}{y}=\dfrac{x^2+y^2}{xy}=\dfrac{18}{-1}=-18$

40 답 ④

$x\neq0$이므로 $x^2+5x-1=0$의 양변을 x로 나누면

$x+5-\dfrac{1}{x}=0 \quad \therefore x-\dfrac{1}{x}=-5$

$\therefore x^2+\dfrac{1}{x^2}=\left(x-\dfrac{1}{x}\right)^2+2=(-5)^2+2=27$

유형 2 곱셈 공식을 이용한 식의 값 구하기 57쪽

(1) 두 수가 주어질 때
❶ 분모가 무리수이면 분모를 유리화한다.
❷ $x+y,\ xy$의 값을 구한다.
❸ 곱셈 공식의 변형을 이용하여 식의 값을 구한다.

(2) $x=a+\sqrt{b}$ 꼴이 주어질 때
❶ a를 좌변으로 이항한다. → $x-a=\sqrt{b}$
❷ 양변을 제곱하여 정리한다. → $(x-a)^2=b$
❸ 주어진 식에 정리한 식을 대입하여 식의 값을 구한다.

41 답 ②

$x+y=(2\sqrt{6}-\sqrt{3})+(2\sqrt{6}+\sqrt{3})=4\sqrt{6}$

$xy=(2\sqrt{6}-\sqrt{3})(2\sqrt{6}+\sqrt{3})=24-3=21$

$\therefore x^2+y^2=(x+y)^2-2xy=(4\sqrt{6})^2-2\times21=54$

42 답 ⑤

$x=\dfrac{2}{3+\sqrt{7}}=\dfrac{2(3-\sqrt{7})}{(3+\sqrt{7})(3-\sqrt{7})}$

$=\dfrac{2(3-\sqrt{7})}{9-7}=3-\sqrt{7}$

$y=\dfrac{2}{3-\sqrt{7}}=\dfrac{2(3+\sqrt{7})}{(3-\sqrt{7})(3+\sqrt{7})}$

$=\dfrac{2(3+\sqrt{7})}{9-7}=3+\sqrt{7}$

이므로 $x+y=(3-\sqrt{7})+(3+\sqrt{7})=6$

$xy=(3-\sqrt{7})(3+\sqrt{7})=9-7=2$

$\therefore x^2+y^2+xy=(x+y)^2-xy=6^2-2=34$

43 답 ⑤

$x=\dfrac{1}{\sqrt{2}-1}=\dfrac{\sqrt{2}+1}{(\sqrt{2}-1)(\sqrt{2}+1)}=\dfrac{\sqrt{2}+1}{2-1}=\sqrt{2}+1$

이므로 $x-1=\sqrt{2}$

양변을 제곱하면 $(x-1)^2=(\sqrt{2})^2$

$x^2-2x+1=2,\ x^2-2x=1$

$\therefore x^2-2x+4=1+4=5$

44 답 ③

$x=3\sqrt{2}-1$에서 $x+1=3\sqrt{2}$이므로

양변을 제곱하면 $(x+1)^2=(3\sqrt{2})^2$

$x^2+2x+1=18,\ x^2+2x=17$

$\therefore \sqrt{x^2+2x+3}=\sqrt{17+3}=\sqrt{20}=2\sqrt{5}$

서술형

58쪽~59쪽

01 답 16

채점 기준 1 주어진 식을 전개하여 간단히 하기 … 2점

$(ax+2y)(x-y)=ax^2-axy+2xy-2y^2$

$=ax^2+(2-a)xy-2y^2$

$(3x-by)(x+4y)=3x^2+12xy-bxy-4by^2$

$=3x^2+(12-b)xy-4by^2$

채점 기준 2 x^2의 계수와 xy의 계수가 각각 같다는 조건식 세우기 … 1점

x^2의 계수가 같으므로 $a=3$ …… ㉠

xy의 계수가 같으므로 $2-a=12-b$ …… ㉡

채점 기준 3 $a+b$의 값 구하기 … 1점

㉠, ㉡에서 $a=3,\ b=13$이므로

$a+b=3+13=16$

01-1 답 22

채점 기준 1 주어진 식을 전개하여 간단히 하기 … 2점

$(x+ay)(2x-3y)=2x^2+(2a-3)xy-3ay^2$

$(bx-6y)(x+2y)=bx^2+(2b-6)xy-12y^2$

채점 기준 2 y^2의 계수와 xy의 계수가 각각 같다는 조건식 세우기 … 1점

y^2의 계수가 같으므로 $-3a=-12$ …… ㉠

xy의 계수가 같으므로 $2a-3=2b-6$ …… ㉡

채점 기준 3 ab의 값 구하기 … 1점

㉠에서 $a=4$

$a=4$를 ㉡에 대입하면

$8-3=2b-6$

$2b=11 \quad \therefore b=\dfrac{11}{2}$

$\therefore ab=4\times\dfrac{11}{2}=22$

02 답 (1) $2\sqrt{5}$ (2) 10

(1) **채점 기준 1** 곱셈 공식을 이용하여 분모를 유리화하기 … 2점

$\dfrac{8}{\sqrt{5}-1}$의 분모를 유리화하면

$\dfrac{8(\sqrt{5}+1)}{(\sqrt{5}-1)(\sqrt{5}+1)}=\dfrac{8(\sqrt{5}+1)}{4}=2\sqrt{5}+2$

채점 기준 2 $x-2$의 값 구하기 … 1점

$x=2\sqrt{5}+2$에서 $x-2=2\sqrt{5}$ …… ㉠

(2) **채점 기준 3** 곱셈 공식을 이용하여 x^2-4x-6의 값 구하기 … 3점

㉠의 양변을 제곱하면 $(x-2)^2=20$

$x^2-4x+4=20 \quad \therefore x^2-4x=16$

$\therefore x^2-4x-6=16-6=10$

02-1 답 (1) $\sqrt{7}$ (2) 12

(1) **채점 기준 1** 곱셈 공식을 이용하여 분모를 유리화하기 … 2점

$\dfrac{2}{3-\sqrt{7}}$의 분모를 유리화하면

$\dfrac{2(3+\sqrt{7})}{(3-\sqrt{7})(3+\sqrt{7})}=\dfrac{2(3+\sqrt{7})}{2}=3+\sqrt{7}$

채점 기준 2 $x-3$의 값 구하기 … 1점

$x=3+\sqrt{7}$에서 $x-3=\sqrt{7}$ …… ㉠

(2) **채점 기준 3** 곱셈 공식을 이용하여 $x^2-6x+14$의 값 구하기 … 3점

㉠의 양변을 제곱하면 $(x-3)^2=7$

$x^2-6x+9=7$ $\quad\therefore x^2-6x=-2$

$\therefore x^2-6x+14=(-2)+14=12$

03 답 $5a^2-11ab+\frac{37}{4}b^2$

두 정사각형의 넓이는 각각 $\left(a+\frac{1}{2}b\right)^2$, $(2a-3b)^2$이므로 …… ❶

두 정사각형의 넓이의 합은

$\left(a+\frac{1}{2}b\right)^2+(2a-3b)^2$

$=\left(a^2+ab+\frac{1}{4}b^2\right)+(4a^2-12ab+9b^2)$ …… ❷

$=5a^2-11ab+\frac{37}{4}b^2$ …… ❸

채점 기준	배점
❶ 두 정사각형의 넓이 각각 구하기	1점
❷ 곱셈 공식을 이용하여 식 전개하기	2점
❸ 두 정사각형의 넓이의 합 구하기	1점

04 답 7

$(2x+a)^2-(3x+7)(x+2)$

$=4x^2+4ax+a^2-(3x^2+13x+14)$

$=4x^2+4ax+a^2-3x^2-13x-14$

$=x^2+(4a-13)x+a^2-14$ …… ❶

이때 상수항은 11이므로 $a^2-14=11$

$a^2=25$에서 $a>0$이므로 $a=5$ …… ❷

이때 x의 계수는 $4a-13$이므로

$a=5$를 식에 대입하면

$4\times5-13=7$ …… ❸

채점 기준	배점
❶ 곱셈 공식을 이용하여 식 정리하기	2점
❷ a의 값 구하기	2점
❸ x의 계수 구하기	2점

05 답 -6

(사진의 가로의 길이)$=(4x+3)-2\times\left(\frac{1}{2}x+2\right)$

$=(4x+3)-(x+4)=3x-1$

(사진의 세로의 길이)$=(3x-1)-2\times\left(\frac{1}{2}x+2\right)$

$=(3x-1)-(x+4)$

$=2x-5$ …… ❶

이므로 사진의 넓이는

$(3x-1)(2x-5)=6x^2-17x+5$

즉, $a=6$, $b=-17$, $c=5$이므로 …… ❷

$a+b+c=6+(-17)+5=-6$ …… ❸

채점 기준	배점
❶ 사진의 가로의 길이와 세로의 길이 구하기	2점
❷ 곱셈 공식을 이용하여 a, b, c의 값 각각 구하기	3점
❸ $a+b+c$의 값 구하기	1점

06 답 219

$220=A$라 하면 …… ❶

$\frac{218\times221+2}{220}=\frac{(A-2)(A+1)+2}{A}$

$=\frac{A^2-A}{A}=\frac{A(A-1)}{A}$

$=A-1$

$=220-1=219$ …… ❷

채점 기준	배점
❶ 220을 적절한 문자로 치환하기	2점
❷ 주어진 식 바르게 계산하기	4점

07 답 4

$\frac{2}{\sqrt{3}-\sqrt{2}}+\frac{3}{\sqrt{3}+\sqrt{2}}$

$=\frac{2(\sqrt{3}+\sqrt{2})}{(\sqrt{3}-\sqrt{2})(\sqrt{3}+\sqrt{2})}+\frac{3(\sqrt{3}-\sqrt{2})}{(\sqrt{3}+\sqrt{2})(\sqrt{3}-\sqrt{2})}$

$=2(\sqrt{3}+\sqrt{2})+3(\sqrt{3}-\sqrt{2})$ …… ❶

$=2\sqrt{3}+2\sqrt{2}+3\sqrt{3}-3\sqrt{2}$

$=5\sqrt{3}-\sqrt{2}$

즉, $a=5$, $b=-1$이므로 …… ❷

$a+b=4$ …… ❸

채점 기준	배점
❶ 곱셈 공식을 이용하여 분모를 유리화하기	3점
❷ a, b의 값 각각 구하기	2점
❸ $a+b$의 값 구하기	1점

08 답 $2\sqrt{2}$

$\left(x+\frac{1}{x}\right)^2=\left(x-\frac{1}{x}\right)^2+4$

이므로 $\left(x+\frac{1}{x}\right)^2=8$ …… ❶

$x>0$에서 $x+\frac{1}{x}>0$이므로

$x+\frac{1}{x}=\sqrt{8}=2\sqrt{2}$ …… ❷

채점 기준	배점
❶ $\left(x+\frac{1}{x}\right)^2$의 값 구하기	3점
❷ $x+\frac{1}{x}$의 값 구하기	3점

실전 중단원 학교 시험 1회

60쪽~63쪽

01 ③ **02** ① **03** ④ **04** ⑤ **05** ②
06 ③ **07** ⑤ **08** ① **09** ④ **10** ③, ④
11 ③ **12** ② **13** ④ **14** ⑤ **15** ①
16 ④ **17** ③ **18** ⑤ **19** 1 **20** 19
21 71 **22** (1) $2x^2+7x-15$ (2) $18x^2+18x+4$
(3) $22x^2+32x-26$ **23** (1) 11 (2) 119

01 답 ③ 유형 01

$(3x+y-2)(2x-y+1)$
$=6x^2-3xy+3x+2xy-y^2+y-4x+2y-2$
$=6x^2-3xy+2xy-y^2+3x-4x+y+2y-2$
$=6x^2-xy-y^2-x+3y-2$

02 답 ① 유형 02

$(2x-a)^2=(2x)^2-2\times 2x\times a+a^2$
$\quad=4x^2-4ax+a^2$
이므로 $-4a=-4$, $a^2=b$
즉, $a=1$, $b=1$이므로
$ab=1\times 1=1$

03 답 ④ 유형 02

$\left(-2a-\frac{1}{2}b\right)^2=\left\{-\frac{1}{2}(4a+b)\right\}^2=\frac{1}{4}(4a+b)^2$
따라서 전개식이 같은 것은 ④이다.

04 답 ⑤ 유형 03

⑤ $(-2+x)(-2-x)=(-2)^2-x^2=4-x^2$
따라서 옳지 않은 것은 ⑤이다.

05 답 ② 유형 03

$\left(x-\frac{1}{2}\right)\left(x+\frac{1}{2}\right)\left(x^2+\frac{1}{4}\right)\left(x^4+\frac{1}{16}\right)$
$=\left(x^2-\frac{1}{4}\right)\left(x^2+\frac{1}{4}\right)\left(x^4+\frac{1}{16}\right)$
$=\left(x^4-\frac{1}{16}\right)\left(x^4+\frac{1}{16}\right)$
$=x^8-\frac{1}{256}=x^a-b$
이므로 $a=8$, $b=\frac{1}{256}$
$\therefore ab=8\times\frac{1}{256}=\frac{1}{32}$

06 답 ③ 유형 04

$(3x-4)(5x+6)=15x^2-2x-24$
이므로 $a=15$, $b=-2$, $c=-24$
$\therefore a-b+c=15-(-2)+(-24)$
$\quad=15+2-24=-7$

07 답 ⑤ 유형 04

① $(x+4)(x-3)=x^2+x-12$ $\quad\therefore \square=1$
② $(-x-6)(-x+7)=x^2-x-42$ $\quad\therefore \square=1$
③ $(a-3)(a+2)=a^2-a-6$ $\quad\therefore \square=1$
④ $(x+2y)\left(x-\frac{1}{2}y\right)=x^2+\frac{3}{2}xy-y^2$ $\quad\therefore \square=1$
⑤ $(a+b)(a-3b)=a^2-2ab-3b^2$ $\quad\therefore \square=2$
따라서 나머지 넷과 다른 하나는 ⑤이다.

08 답 ① 유형 04

$(3a+b)(ka-2b)=3ka^2-6ab+kab-2b^2$
$\quad=3ka^2+(k-6)ab-2b^2$
이때 a^2의 계수와 ab의 계수가 서로 같으므로
$3k=k-6$, $2k=-6$
$\therefore k=-3$

09 답 ④ 유형 04

$(2x+5)(ax+b)=2ax^2+(5a+2b)x+5b$에서
준희는 b를 바르게 보았으므로
$5b=20$ $\quad\therefore b=4$
서희는 a를 바르게 보았으므로
$2a=10$ $\quad\therefore a=5$
따라서 바르게 계산한 식은
$(2x+5)(5x+4)=10x^2+33x+20$

10 답 ③, ④ 유형 05

③ $(-x+2)^2=x^2-4x+4$
④ $(x+5)(x-8)=x^2-3x-40$
따라서 옳지 않은 것은 ③, ④이다.

11 답 ③ 유형 06

가로의 길이를 2만큼 줄이고 세로의 길이는 3만큼 늘여 만들어지는 직사각형의 가로의 길이는 $4x-2$, 세로의 길이는 $5x+3$이므로
(직사각형의 넓이)$=(4x-2)(5x+3)$
$\quad=20x^2+2x-6$

12 답 ② 유형 07

$x-2y=X$라 하면
$(x-2y+3)^2=(X+3)^2$
$\quad=X^2+6X+9$
$\quad=(x-2y)^2+6(x-2y)+9$
$\quad=x^2-4xy+4y^2+6x-12y+9$
$\therefore \square=6x-12y+9$

13 답 ④ 유형 08

$133\times134=(130+3)(130+4)$이므로
$(x+a)(x+b)=x^2+(a+b)x+ab$를 사용하는 것이 가장 편리하다.

14 답 ⑤ 유형 08

$49^2-29\times31=(50-1)^2-(30-1)(30+1)$
$\quad=50^2-2\times50\times1+1^2-(30^2-1^2)$
$\quad=2500-100+1-(900-1)$
$\quad=1502$

15 답 ① 유형 09

$(\sqrt{6}+2a)(\sqrt{6}-3)-5\sqrt{6}$
$=6-3\sqrt{6}+2a\sqrt{6}-6a-5\sqrt{6}$
$=(6-6a)+(2a-8)\sqrt{6}$
이 식이 유리수가 되려면 $2a-8=0$이어야 하므로
$2a=8$ $\quad\therefore a=4$

16 답 ④ 유형 10

$\frac{\sqrt{3}-1}{\sqrt{3}+1}=\frac{(\sqrt{3}-1)^2}{(\sqrt{3}+1)(\sqrt{3}-1)}$
$\quad=\frac{3-2\sqrt{3}+1}{3-1}=2-\sqrt{3}$
이므로 $a=2$, $b=-1$
$\therefore a-b=2-(-1)=3$

17 답 ③ 유형11

$a^2+b^2=(a-b)^2+2ab$이므로

$29=3^2+2ab$, $2ab=20$

$\therefore ab=10$

18 답 ⑤ 유형11

$x\neq0$이므로 $x^2+4x-1=0$의 양변을 x로 나누면

$x+4-\frac{1}{x}=0 \quad \therefore x-\frac{1}{x}=-4$

$\therefore x^2+\frac{1}{x^2}=\left(x-\frac{1}{x}\right)^2+2$

$=(-4)^2+2=18$

19 답 1 유형04

$(4x-1)(2x+a)=8x^2+(4a-2)x-a$이므로 …… ❶

x의 계수는 $4a-2$이고, 상수항은 $-a$이다.

이때 상수항이 x의 계수보다 3만큼 작으므로

$-a=(4a-2)-3$ …… ❷

$5a=5 \quad \therefore a=1$ …… ❸

채점 기준	배점
❶ 주어진 식 전개하기	1점
❷ 조건을 이용하여 식 세우기	2점
❸ a의 값 구하기	1점

20 답 19 유형05

$(3x-a)^2-(2x-5)(2x+3)$

$=9x^2-6ax+a^2-(4x^2-4x-15)$

$=5x^2+(-6a+4)x+a^2+15$ …… ❶

이때 x의 계수가 -8이므로

$-6a+4=-8$, $-6a=-12$

$\therefore a=2$ …… ❷

상수항은 a^2+15이므로 $a=2$를 식에 대입하면

$2^2+15=19$ …… ❸

채점 기준	배점
❶ 주어진 식 전개하기	2점
❷ a의 값 구하기	2점
❸ 상수항 구하기	2점

21 답 71 유형03+유형07

$(x-5)(x-2)(x+2)(x+5)$

$=(x-5)(x+5)(x-2)(x+2)$

$=(x^2-25)(x^2-4)$

$=x^4-29x^2+100$ …… ❶

이므로 $a=-29$, $b=100$ …… ❷

$\therefore a+b=-29+100=71$ …… ❸

채점 기준	배점
❶ 주어진 식 전개하기	3점
❷ a, b의 값 각각 구하기	2점
❸ $a+b$의 값 구하기	1점

22 답 (1) $2x^2+7x-15$ (2) $18x^2+18x+4$ (3) $22x^2+32x-26$ 유형06

(1) (밑넓이)$=(x+5)(2x-3)=2x^2+7x-15$ …… ❶

(2) (옆넓이)$=2\times\{(x+5)+(2x-3)\}\times(3x+1)$

$=2(3x+2)(3x+1)=2(9x^2+9x+2)$

$=18x^2+18x+4$ …… ❷

(3) (직육면체의 겉넓이)$=2\times$(밑넓이)$+$(옆넓이)이므로

(직육면체의 겉넓이)

$=2(2x^2+7x-15)+18x^2+18x+4$

$=22x^2+32x-26$ …… ❸

채점 기준	배점
❶ 직육면체의 밑넓이 구하기	2점
❷ 직육면체의 옆넓이 구하기	2점
❸ 직육면체의 겉넓이 구하기	3점

23 답 (1) 11 (2) 119 유형11

(1) $a^2+\frac{1}{a^2}=\left(a-\frac{1}{a}\right)^2+2$이므로

$a^2+\frac{1}{a^2}=3^2+2=11$ …… ❶

(2) $a^4+\frac{1}{a^4}=\left(a^2+\frac{1}{a^2}\right)^2-2$이므로

$a^4+\frac{1}{a^4}=11^2-2=119$ …… ❷

채점 기준	배점
❶ $a^2+\frac{1}{a^2}$의 값 구하기	3점
❷ $a^4+\frac{1}{a^4}$의 값 구하기	4점

실전 중단원 학교 시험 2회

64쪽~67쪽

01 ②	02 ④	03 ①	04 ④	05 ③
06 ③	07 ③	08 ②	09 ②	10 ③
11 ⑤	12 ③	13 ⑤	14 ②	15 ③
16 ②	17 ④	18 ①	19 1	20 13
21 $10x^2+10y^2$		22 40	23 (1) 68 (2) 8개	

01 답 ② 유형02

$(4x+3y)^2=(4x)^2+2\times4x\times3y+(3y)^2$

$=16x^2+24xy+9y^2$

이므로 $a=16$, $b=24$, $c=9$

$\therefore a-b+c=16-24+9=1$

02 답 ④ 유형02

① $(x+4)^2=x^2+8x+16$

② $(2y+1)^2=4y^2+4y+1$

③ $(a+b)^2=a^2+2ab+b^2$

⑤ $(-x-1)^2=\{-(x+1)\}^2=x^2+2x+1$

따라서 옳은 것은 ④이다.

03 답 ① 유형 02

$(ax-3b)^2=(ax)^2-2\times ax\times 3b+(3b)^2$
$=a^2x^2-6abx+9b^2$

이므로 $a^2=\frac{1}{4}$, $9b^2=9$

$a>0$, $b>0$이므로 $a=\frac{1}{2}$, $b=1$

따라서 x의 계수는

$-6ab=(-6)\times\frac{1}{2}\times 1=-3$

04 답 ④ 유형 03

① $(a-b)(a+b)=a^2-b^2$
② $-(a+b)(-a+b)=-(b^2-a^2)=a^2-b^2$
③ $(-a-b)(-a+b)=(a+b)(a-b)=a^2-b^2$
④ $-(-a+b)(-a-b)=(-a+b)(a+b)=b^2-a^2$
⑤ $(-b-a)(b-a)=(a+b)(a-b)=a^2-b^2$

따라서 나머지 넷과 다른 하나는 ④이다.

05 답 ③ 유형 03

$(2x+3y)(2x-3y)-(x-4y)(x+4y)$
$=\{(2x)^2-(3y)^2\}-\{x^2-(4y)^2\}$
$=(4x^2-9y^2)-(x^2-16y^2)=3x^2+7y^2$
이므로 $a=3$, $b=7$
$\therefore a+b=3+7=10$

06 답 ③ 유형 04

$(x-3)(x+a)=x^2+(-3+a)x-3a$
이때 x의 계수는 $-3+a$, 상수항은 $-3a$이므로
$-3+a=-3a+5$
$4a=8$ $\therefore a=2$

07 답 ③ 유형 04

$\left(2x+\frac{1}{3}\right)(3x-2)=6x^2+(-4+1)x-\frac{2}{3}$

$=6x^2-3x-\frac{2}{3}$

이때 x^2의 계수는 6, x의 계수는 -3이므로
$6+(-3)=3$

08 답 ② 유형 04

$(3x+a)(5x-2)=15x^2+(5a-6)x-2a$
이므로 $5a-6=4$, $-2a=-4$
$\therefore a=2$
따라서 바르게 계산하면
$(3x+2)(2x-5)=6x^2-11x-10$
따라서 상수항은 -10이다.

09 답 ② 유형 05

① $(x-5)^2=x^2-10x+25$
② $(4x-1)(2x+3)=8x^2+10x-3$
③ $2x(x-5)=2x^2-10x$
④ $(5x-3)(5x+1)=25x^2-10x-3$
⑤ $(3x-1)(x-3)=3x^2-10x+3$
따라서 x의 계수가 나머지 넷과 다른 하나는 ②이다.

10 답 ③ 유형 06

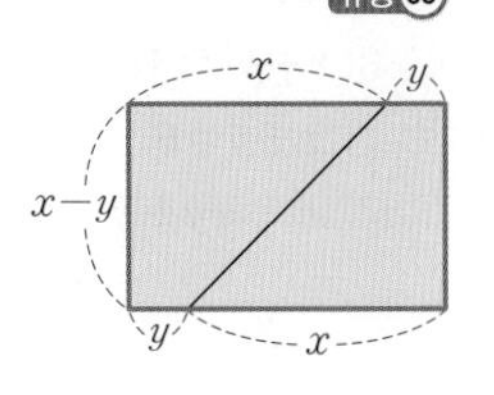

주어진 그림의 아래쪽 사다리꼴을 대각선을 따라 위로 이동하면 오른쪽 그림과 같이 가로의 길이가 $x+y$, 세로의 길이가 $x-y$인 직사각형이 만들어진다.
따라서 색칠한 부분의 넓이는
$(x+y)(x-y)=x^2-y^2$

11 답 ⑤ 유형 07

$(x-2)(x-1)(x+2)(x+3)$
$=(x-2)(x+3)(x-1)(x+2)$
$=(x^2+x-6)(x^2+x-2)$
$x^2+x=A$라 하면
$(A-6)(A-2)=A^2-8A+12$
$=(x^2+x)^2-8(x^2+x)+12$
$=x^4+2x^3+x^2-8x^2-8x+12$
$=x^4+2x^3-7x^2-8x+12$

12 답 ③ 유형 08

$135\times 65+41\times 31$
$=(100+35)(100-35)+(35+6)(35-4)$
$=100^2-35^2+35^2+2\times 35-24$
$=10000+70-24=10046$

13 답 ⑤ 유형 03 + 유형 08

$(5+1)(5^2+1)(5^4+1)=\frac{1}{4}(5^a-1)$에서

양변에 $(5-1)$을 곱하면
$(5-1)(5+1)(5^2+1)(5^4+1)=5^a-1$
좌변을 정리하면
$(5^2-1)(5^2+1)(5^4+1)=(5^4-1)(5^4+1)=5^8-1$
이므로 $a=8$

14 답 ② 유형 09

$(a-2\sqrt{2})(\sqrt{2}+3)=a\sqrt{2}+3a-4-6\sqrt{2}$
$=(3a-4)+(a-6)\sqrt{2}$
이 식이 유리수가 되려면 $a-6=0$
$\therefore a=6$

15 답 ③ 유형 10

$\frac{2}{\sqrt{5}-\sqrt{3}}+\frac{2}{\sqrt{5}+\sqrt{3}}$

$=\frac{2(\sqrt{5}+\sqrt{3})}{(\sqrt{5}-\sqrt{3})(\sqrt{5}+\sqrt{3})}+\frac{2(\sqrt{5}-\sqrt{3})}{(\sqrt{5}+\sqrt{3})(\sqrt{5}-\sqrt{3})}$

$=\frac{2(\sqrt{5}+\sqrt{3})}{5-3}+\frac{2(\sqrt{5}-\sqrt{3})}{5-3}$

$=\sqrt{5}+\sqrt{3}+\sqrt{5}-\sqrt{3}$
$=2\sqrt{5}$

16 답 ② 유형 11

$(x+3)(y+3)=xy+3x+3y+9$
$=7+3(x+y)+9$
$=3(x+y)+16=34$

이므로

$3(x+y)=18$

$\therefore x+y=6$

$\therefore x^2-xy+y^2=(x+y)^2-3xy$

$=6^2-3\times7$

$=36-21=15$

17 답 ④ 유형 11

$x^2+3x-2=0$에서 $x^2+3x=2$

$\therefore x(x+1)(x+2)(x+3)$

$=x(x+3)(x+1)(x+2)$

$=(x^2+3x)(x^2+3x+2)$

$=2\times(2+2)$

$=2\times4=8$

18 답 ① 유형 11 + 유형 12

$a+b=(5+\sqrt{15})+(5-\sqrt{15})=10$

$ab=(5+\sqrt{15})(5-\sqrt{15})=25-15=10$

이므로

$$\frac{b}{a}+\frac{a}{b}=\frac{a^2+b^2}{ab}=\frac{(a+b)^2-2ab}{ab}=\frac{10^2-2\times10}{10}=\frac{80}{10}=8$$

19 답 1 유형 08

$(2\sqrt{6}+5)^{100}(2\sqrt{6}-5)^{100}$

$=\{(2\sqrt{6}+5)(2\sqrt{6}-5)\}^{100}$ …… ❶

$=\{(2\sqrt{6})^2-5^2\}^{100}$ …… ❷

$=(24-25)^{100}$

$=(-1)^{100}=1$ …… ❸

채점 기준	배점
❶ 곱셈 공식을 이용하기 위해 식 변형하기	1점
❷ 곱셈 공식 $(a+b)(a-b)=a^2-b^2$ 이용하기	2점
❸ 식의 값 구하기	1점

20 답 13 유형 04

$(mx-2)(3x+n)=3mx^2+(mn-6)x-2n$ …… ❶

이므로 $mn-6=34$

$\therefore mn=40$ …… ❷

이때 m, n은 한 자리의 자연수이므로

$m=8$, $n=5$ 또는 $m=5$, $n=8$ …… ❸

$\therefore m+n=8+5=13$ …… ❹

채점 기준	배점
❶ 주어진 식 전개하기	2점
❷ mn의 값 구하기	1점
❸ m, n의 값 각각 구하기	2점
❹ $m+n$의 값 구하기	1점

21 답 $10x^2+10y^2$ 유형 06

□AFIE는 정사각형이므로

$\overline{EI}=\overline{AE}=x+3y$

$\overline{IG}=\overline{EG}-\overline{EI}$

$=\overline{AB}-\overline{EI}$

$=(4x+2y)-(x+3y)$

$=3x-y$ …… ❶

$\therefore$ (색칠한 두 정사각형의 넓이의 합)

$=(x+3y)^2+(3x-y)^2$ …… ❷

$=(x^2+6xy+9y^2)+(9x^2-6xy+y^2)$

$=10x^2+10y^2$ …… ❸

채점 기준	배점
❶ □AFIE, □IGCH의 한 변의 길이 각각 구하기	2점
❷ 색칠한 두 정사각형의 넓이의 합을 구하는 식 세우기	2점
❸ 색칠한 두 정사각형의 넓이의 합 구하기	2점

22 답 40 유형 11

$x\neq0$이므로 $x^2-6x+1=0$의 양변을 x로 나누면

$x-6+\frac{1}{x}=0$

$\therefore x+\frac{1}{x}=6$ …… ❶

$\therefore x^2+x+\frac{1}{x}+\frac{1}{x^2}$

$=\left(x^2+\frac{1}{x^2}\right)+\left(x+\frac{1}{x}\right)$

$=\left\{\left(x+\frac{1}{x}\right)^2-2\right\}+\left(x+\frac{1}{x}\right)$

$=36-2+6$

$=40$ …… ❷

채점 기준	배점
❶ $x+\frac{1}{x}$의 값 구하기	3점
❷ 주어진 식의 값 구하기	4점

23 답 (1) 68 (2) 8개 유형 12

(1) $x=\sqrt{71}+2$에서 $x-2=\sqrt{71}$

양변을 제곱하면

$(x-2)^2=71$

$x^2-4x+4=71$, $x^2-4x=67$ …… ❶

$\therefore x^2-4x+1=67+1=68$ …… ❷

(2) $\sqrt{x^2-4x-k}=\sqrt{67-k}$가 자연수가 되려면

$67-k=1, 4, 9, 16, 25, 36, 49, 64$이어야 하므로

k는 3, 18, 31, 42, 51, 58, 63, 66이다. …… ❸

따라서 자연수 k는 8개이다. …… ❹

채점 기준	배점
❶ x^2-4x의 값 구하기	2점
❷ x^2-4x+1의 값 구하기	1점
❸ $\sqrt{x^2-4x-k}$가 자연수가 되도록 하는 k의 값 구하기	3점
❹ 자연수 k의 개수 구하기	1점

68쪽

01 답 $9x^2-3x-33$

주어진 전개도를 접어 만든 정육면체에서 $x-2$가 적힌 면과 $3x+1$이 적힌 면, $x+3$이 적힌 면과 $2x-7$이 적힌 면, $4x-5$가 적힌 면과 $x+2$가 적힌 면이 서로 마주 본다.

따라서 세 쌍의 마주 보는 면에 적힌 두 일차식의 곱의 합은

$(x-2)(3x+1)+(x+3)(2x-7)+(4x-5)(x+2)$

$=(3x^2-5x-2)+(2x^2-x-21)+(4x^2+3x-10)$

$=9x^2-3x-33$

02 답 55

$\overline{AE}=\overline{AB}=2x$이므로

$\overline{ED}=\overline{AD}-\overline{AE}=3y-2x$

$\therefore \overline{EG}=\overline{ED}=3y-2x$

$\overline{HC}=\overline{DC}-\overline{DH}=\overline{AB}-\overline{EG}$

$=2x-(3y-2x)=4x-3y$

이므로

$\overline{FJ}=\overline{FC}-\overline{JC}=\overline{ED}-\overline{HC}$

$=(3y-2x)-(4x-3y)$

$=-6x+6y$

$\therefore \overline{EG}^2-\overline{FJ}^2$

$=(3y-2x)^2-(-6x+6y)^2$

$=(9y^2-12xy+4x^2)-(36x^2-72xy+36y^2)$

$=4x^2-12xy+9y^2-36x^2+72xy-36y^2$

$=-32x^2+60xy-27y^2$

즉, $a=-32$, $b=60$, $c=-27$이므로

$a+b-c=(-32)+60-(-27)=55$

03 답 $8\sqrt{3}$

$(x+a)(x-4)=x^2+(a-4)x-4a$에서

$a-4=b$, $-4a=-24$

$\therefore a=6, b=2$

(직각삼각형의 빗변의 길이)$=6+2=8$

(직각삼각형의 밑변의 길이)$=6-2=4$

이므로

(직각삼각형의 높이)$=\sqrt{8^2-4^2}=\sqrt{48}=4\sqrt{3}$

$\therefore$ (직각삼각형의 넓이)$=\frac{1}{2}\times4\times4\sqrt{3}$

$=8\sqrt{3}$

04 답 $\sqrt{7}-\sqrt{5}$

$(4-\sqrt{a})^2=16+a-8\sqrt{a}$에서

$16+a=23 \quad \therefore a=7$

$(3+\sqrt{b})(2+\sqrt{b})=6+b+5\sqrt{b}$에서

$6+b=11 \quad \therefore b=5$

$\therefore \frac{2}{\sqrt{a}+\sqrt{b}}=\frac{2}{\sqrt{7}+\sqrt{5}}$

$=\frac{2(\sqrt{7}-\sqrt{5})}{(\sqrt{7}+\sqrt{5})(\sqrt{7}-\sqrt{5})}$

$=\frac{2(\sqrt{7}-\sqrt{5})}{2}$

$=\sqrt{7}-\sqrt{5}$

2 인수분해

Ⅱ. 다항식의 곱셈과 인수분해

70쪽~71쪽

개념 check

1 답 (1) $b(2a+c)$ (2) $x(x-8)$
(3) $5a^2(2b-1)$ (4) $3y(2x+4y-3z)$

(1) $2ab$와 bc의 공통인 인수는 b이므로 다항식 $2ab+bc$를 인수분해하면 $b(2a+c)$이다.

(2) x^2과 $-8x$의 공통인 인수는 x이므로 다항식 x^2-8x를 인수분해하면 $x(x-8)$이다.

(3) $10a^2b$와 $-5a^2$의 공통인 인수는 $5a^2$이므로 다항식 $10a^2b-5a^2$을 인수분해하면 $5a^2(2b-1)$이다.

(4) $6xy$와 $12y^2$과 $-9yz$의 공통인 인수는 $3y$이므로 다항식 $6xy+12y^2-9yz$를 인수분해하면 $3y(2x+4y-3z)$이다.

2 답 (1) $(x+8)^2$ (2) $(3x-y)^2$ (3) $(x+6)(x-6)$
(4) $(2x+9)(2x-9)$

(1) $x^2+16x+64=x^2+2\times x\times8+8^2$
$=(x+8)^2$

(2) $9x^2-6xy+y^2=(3x)^2-2\times3x\times y+y^2$
$=(3x-y)^2$

(3) $x^2-36=x^2-6^2=(x+6)(x-6)$

(4) $4x^2-81=(2x)^2-9^2=(2x+9)(2x-9)$

3 답 (1) $(x+2)(x+5)$ (2) $(x+3)(x-4)$
(3) $(x-3)(2x-1)$ (4) $(x-1)(5x+3)$

(1) 곱이 10인 두 정수 중에서 합이 7인 것은 2, 5이므로
$x^2+7x+10=(x+2)(x+5)$

(2) 곱이 -12인 두 정수 중에서 합이 -1인 것은 3, -4이므로
$x^2-x-12=(x+3)(x-4)$

(3) $2x^2-7x+3=(x-3)(2x-1)$

1 ╲╱ $-3 \to -6$
2 ╱╲ $-1 \to -1$ (+
-7

(4) $5x^2-2x-3=(x-1)(5x+3)$

1 ╲╱ $-1 \to -5$
5 ╱╲ $3 \to 3$ (+
-2

4 답 (1) 25 (2) 49 (3) $\pm16x$ (4) $\pm8ab$

(1) $a^2+10a+\square=a^2+2\times a\times5+\square$
$=(a+5)^2$
$\therefore \square=5^2=25$

(2) $x^2-14x+\square=x^2-2\times x\times7+\square$
$=(x-7)^2$
$\therefore \square=7^2=49$

(3) $x^2+\square+64=x^2+\square+(\pm8)^2$
$=(x\pm8)^2$
$\therefore \square=2\times x\times(\pm8)=\pm16x$

(4) $16a^2+\square+b^2=(4a)^2+\square+(\pm b)^2$
$=(4a\pm b)^2$
$\therefore \square=2\times4a\times(\pm b)=\pm8ab$

5 답 (1) $(x+y+3)(x+y-3)$ (2) $(x+2)(x-2)$
(3) $(a+1)(b-1)$ (4) $(x+y-9)(x-y+9)$
(5) $(x+2)(x+y-1)$ (6) $(a-1)(a+b+3)$

(1) $x+y=A$라 하면

$(x+y)^2-9=A^2-3^2$
$=(A+3)(A-3)$
$=(x+y+3)(x+y-3)$

(2) $x-1=A$라 하면

$(x-1)^2+2(x-1)-3=A^2+2A-3$
$=(A+3)(A-1)$
$=(x-1+3)(x-1-1)$
$=(x+2)(x-2)$

(3) $ab-a+b-1=a(b-1)+(b-1)$
$=(a+1)(b-1)$

(4) $x^2-y^2+18y-81=x^2-(y^2-18y+81)$
$=x^2-(y-9)^2$
$=(x+y-9)(x-y+9)$

(5) 주어진 식을 y에 대하여 내림차순으로 정리하면

$x^2+xy+x+2y-2=(x+2)y+(x^2+x-2)$
$=(x+2)y+(x+2)(x-1)$
$=(x+2)(x+y-1)$

(6) 주어진 식을 b에 대하여 내림차순으로 정리하면

$a^2+ab-b+2a-3=(a-1)b+(a^2+2a-3)$
$=(a-1)b+(a+3)(a-1)$
$=(a-1)(a+b+3)$

6 답 (1) 900 (2) 400 (3) 400 (4) 60

(1) $15\times35+15\times25=15(35+25)=15\times60=900$
(2) $17^2+2\times17\times3+3^2=(17+3)^2=20^2=400$
(3) $21^2-2\times21\times1+1^2=(21-1)^2=20^2=400$
(4) $16^2-14^2=(16+14)(16-14)=30\times2=60$

7 답 900

$x=33$이므로
$x^2-6x+9=(x-3)^2=(33-3)^2=30^2=900$

8 답 16

$x+y=(2+\sqrt{3})+(2-\sqrt{3})=4$이므로
$x^2+2xy+y^2=(x+y)^2=4^2=16$

기출 유형

72쪽~79쪽

유형 01 공통인 인수를 이용한 인수분해 72쪽

공통인 인수로 묶을 때 수는 최대공약수로, 문자는 차수가 낮은 것으로 묶는다.

01 답 ③

① $x^2-xy=x(x-y)$
② $2ab+6ac=2a(b+3c)$
④ $-2a^3x+8a^3y=-2a^3(x-4y)$
⑤ $6a^2b-3ab+9b^2=3b(2a^2-a+3b)$

02 답 ④

$x^2y-xy^2=xy(x-y)$이므로 인수가 아닌 것은 ④이다.

03 답 ②

$4x^2-2xy+6x=2x(2x-y+3)$
따라서 바르게 설명한 학생은 은희, 승수이다.

04 답 ①

$(a-b)a-(b-a)b=(a-b)a+(a-b)b$
$=(a-b)(a+b)$

따라서 주어진 식이 두 일차식 $a-b$와 $a+b$의 곱으로 인수분해되므로 그 합은
$(a-b)+(a+b)=2a$

유형 02 인수분해 공식 $a^2+2ab+b^2$, $a^2-2ab+b^2$ 72쪽

항이 3개이고 제곱인 항이 2개, 즉 $a^2+2ab+b^2$, $a^2-2ab+b^2$ 꼴이면 완전제곱식으로 인수분해된다.
(1) $a^2+2ab+b^2=(a+b)^2$
(2) $a^2-2ab+b^2=(a-b)^2$

05 답 ①

$16x^2-8x+1=(4x-1)^2$
따라서 인수인 것은 ①이다.

06 답 ④

① $x^2-x+\frac{1}{4}=\left(x-\frac{1}{2}\right)^2$
② $2a^2+4a+2=2(a^2+2a+1)=2(a+1)^2$
③ $100a^2-20a+1=(10a-1)^2$
⑤ $36x^2-60xy+25y^2=(6x-5y)^2$
따라서 완전제곱식으로 인수분해할 수 없는 것은 ④이다.

07 답 ⑤

$9ax^2+12axy+4ay^2=a(9x^2+12xy+4y^2)$
$=a(3x+2y)^2$

따라서 보기에서 $9ax^2+12axy+4ay^2$의 인수인 것은 ㄱ, ㄷ, ㄹ이다.

유형 03 완전제곱식이 될 조건 73쪽

(1) $x^2+ax+b\ (b>0)$가 완전제곱식이 될 조건
❶ 상수항이 x의 계수의 $\frac{1}{2}$의 제곱이어야 한다. → $b=\left(\frac{a}{2}\right)^2$
❷ x의 계수가 상수항의 제곱근의 2배이어야 한다. → $a=\pm2\sqrt{b}$

(2) $Ax^2+Bx+C\ (A>0,\ C>0)$가 완전제곱식이 될 조건
$Ax^2+Bx+C=(\sqrt{A}x)^2+Bx+(\sqrt{C})^2$에서 $B=\pm2\sqrt{AC}$

08 답 ③

$x^2-8x+A=x^2-2\times x\times4+4^2=(x-4)^2$
이므로
$A=4^2=16,\ B=-4$
$\therefore A+B=16+(-4)=12$

09 답 ⑤

$x^2-12x+a=x^2-2\times x\times 6+a$이므로

$a=6^2=36$

다른 풀이

$a=\left(\frac{-12}{2}\right)^2=(-6)^2=36$

10 답 ④

$4x^2+axy+49y^2=(2x)^2+axy+(7y)^2$

$=(2x+7y)^2$

이므로 $a=\pm(2\times 2\times 7)=\pm 28$

따라서 양수 a의 값은 28이다.

11 답 9

$(x+2)(x+8)+k=x^2+10x+16+k$가 완전제곱식이 되려면

$x^2+2\times x\times 5+16+k=(x+5)^2$이어야 한다. 즉,

$16+k=25 \quad \therefore k=9$

다른 풀이

$(x+2)(x+8)+k=x^2+10x+16+k$에서

$16+k=\left(\frac{10}{2}\right)^2=25 \quad \therefore k=9$

12 답 23

$25x^2+30x+A=(5x)^2+2\times 5x\times 3+A$이므로

$A=3^2=9$

$x^2-Bx+49=x^2-Bx+7^2$이므로

$B=2\times 1\times 7=14$ ($\because B>0$)

$\therefore A+B=9+14=23$

오답 피하기

$25x^2+30x+A$에서 x^2의 계수가 1이 아니므로 $A=\left(\frac{30}{2}\right)^2$으로 구하지 않도록 주의한다.

유형 04 근호 안이 완전제곱식으로 인수분해되는 식 73쪽

근호 안의 식이 완전제곱식이면 근호를 사용하지 않고 나타낼 수 있다. 이때 부호에 주의한다.

$\sqrt{a^2}=\begin{cases} a & (a\ge 0) \\ -a & (a<0) \end{cases}$

13 답 ④

$-2<x<2$이므로 $x+2>0$, $x-2<0$

$\therefore \sqrt{x^2+4x+4}-\sqrt{x^2-4x+4}=\sqrt{(x+2)^2}-\sqrt{(x-2)^2}$

$=(x+2)-\{-(x-2)\}$

$=x+2+x-2$

$=2x$

14 답 ②

$-1<x<3$이므로 $x-3<0$, $x+1>0$

$\therefore \sqrt{x^2-6x+9}-\sqrt{x^2+2x+1}=\sqrt{(x-3)^2}-\sqrt{(x+1)^2}$

$=-(x-3)-(x+1)$

$=-x+3-x-1$

$=-2x+2$

15 답 ④

$a>0$, $b<0$이므로 $a-b>0$

$\therefore \sqrt{a^2}+\sqrt{a^2-2ab+b^2}-\sqrt{b^2}=\sqrt{a^2}+\sqrt{(a-b)^2}-\sqrt{b^2}$

$=a+(a-b)-(-b)$

$=2a$

유형 05 인수분해 공식 a^2-b^2 74쪽

항이 2개이고 a^2-b^2 꼴이면 합과 차의 곱으로 인수분해된다.

$a^2-b^2=(a+b)(a-b)$

16 답 ③

$9x^2-25=(3x)^2-5^2=(3x+5)(3x-5)$

17 답 ③

① $a^2-1=a^2-1^2=(a+1)(a-1)$

② $-x^2+y^2=-(x^2-y^2)=-(x+y)(x-y)$

③ $10x^2-40=10(x^2-4)=10(x^2-2^2)$

$=10(x+2)(x-2)$

④ $36a^2-25b^2=(6a)^2-(5b)^2=(6a+5b)(6a-5b)$

⑤ $ax^2-16ay^2=a(x^2-16y^2)=a\{x^2-(4y)^2\}$

$=a(x+4y)(x-4y)$

18 답 ⑤

$2x^3-8x=2x(x^2-4)=2x(x^2-2^2)=2x(x+2)(x-2)$

따라서 인수가 아닌 것은 ⑤이다.

유형 06 인수분해 공식 $x^2+(a+b)x+ab$, $acx^2+(ad+bc)x+bd$ 74쪽

(1) x^2의 계수가 1인 이차식은 합과 곱을 이용하여 인수분해한다.

$x^2+(a+b)x+ab=(x+a)(x+b)$

(2) x^2의 계수가 1이 아닌 이차식은 다음 공식을 이용한다.

$acx^2+(ad+bc)x+bd=(ax+b)(cx+d)$

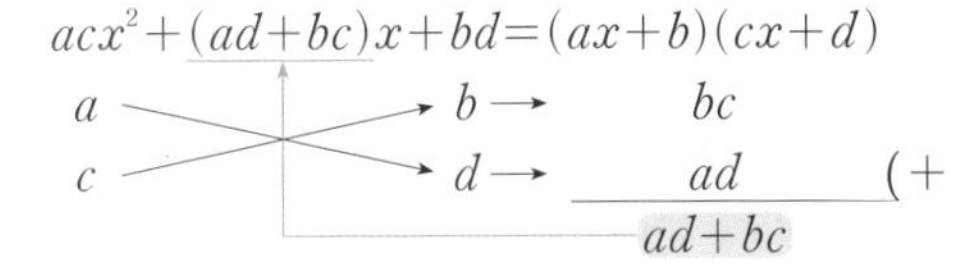

19 답 $2x-3$

$x^2-3x-18=(x+3)(x-6)$

따라서 두 일차식의 합은 $(x+3)+(x-6)=2x-3$

20 답 ③

$8x^2+14x-15=(2x+5)(4x-3)$

따라서 $8x^2+14x-15$의 인수인 것은 ③이다.

21 답 ⑤

$(x-2)(x+3)-14=x^2+x-6-14$

$=x^2+x-20$

$=(x+5)(x-4)$

22 답 ②

$3x^2-x-2=(x-1)(3x+2)$

$6x^2-7x+1=(x-1)(6x-1)$

따라서 두 다항식의 공통인 인수는 $x-1$이다.

23 답 ②

$x^2+Ax-15=(x+a)(x+b)=x^2+(a+b)x+ab$이므로

$A=a+b$, $ab=-15$

$ab=-15$를 만족시키는 정수 a, b를 순서쌍 (a, b)로 나타내면

$(1, -15)$, $(-15, 1)$, $(-1, 15)$, $(15, -1)$, $(3, -5)$,

$(-5, 3)$, $(-3, 5)$, $(5, -3)$

이므로 A의 값이 될 수 있는 것은 -14, 14, -2, 2이다.

따라서 A의 값이 될 수 없는 것은 ②이다.

유형 07 인수분해 공식 종합 75쪽

공통인 인수가 있으면 먼저 공통인 인수로 묶어 낸 후, 다음 공식을 이용한다.

(1) $a^2+2ab+b^2=(a+b)^2$, $a^2-2ab+b^2=(a-b)^2$

(2) $a^2-b^2=(a+b)(a-b)$

(3) $x^2+(a+b)x+ab=(x+a)(x+b)$

(4) $acx^2+(ad+bc)x+bd=(ax+b)(cx+d)$

24 답 ⑤

① $x^2+x+\frac{1}{2}$은 인수분해되지 않는다.

② $9x^2-12x+4=(3x-2)^2$

③ $1-16x^2=-(16x^2-1^2)=-(4x+1)(4x-1)$

④ $x^2-x-20=(x+4)(x-5)$

25 답 ③

① $4x^2-1=(2x+1)(2x-1)$

② $4x^2+2x=2x(2x+1)$

③ $2x^2+5x-3=(x+3)(2x-1)$

④ $2x^2+15x+7=(x+7)(2x+1)$

⑤ $4x^2+4x+1=(2x+1)^2$

따라서 $2x+1$을 인수로 갖지 않는 것은 ③이다.

26 답 21

$9x^2+6x+1=(3x+1)^2$이므로 $a=3$

$x^2-49=(x+7)(x-7)$이므로 $b=7$

$x^2-10x+9=(x-1)(x-9)$이므로 $c=9$

$3x^2+xy-10y^2=(x+2y)(3x-5y)$이므로 $d=2$

$\therefore a+b+c+d=3+7+9+2=21$

유형 08 인수가 주어진 이차식의 미지수의 값 구하기 75쪽

일차식 $mx+n$이 이차식 ax^2+bx+c의 인수이다.

→ ax^2+bx+c가 $mx+n$으로 나누어떨어진다.

→ $ax^2+bx+c=(mx+n)(\square x+\triangle)$임을 이용한다.

27 답 ①

$4x^2+ax-15$의 다른 한 인수를 $2x+m$(m은 상수)이라 하면

$4x^2+ax-15=(2x-5)(2x+m)$

$=4x^2+(2m-10)x-5m$

$-5m=-15$에서 $m=3$

$2m-10=a$에서 $a=2\times3-10=-4$

28 답 ②

$x-2$가 $3x^2+ax-8$의 인수이므로

$3x^2+ax-8$의 다른 한 인수를 $3x+m$(m은 상수)이라 하면

$3x^2+ax-8=(x-2)(3x+m)$

$=3x^2+(m-6)x-2m$

$-2m=-8$에서 $m=4$

$m-6=a$에서 $a=4-6=-2$

다른 풀이

$3x^2+ax-8=(x-2)(3x+m)$(m은 상수)이라 하고

양변에 2를 대입하면

$12+2a-8=0$, $2a=-4$ $\quad\therefore a=-2$

29 답 $2(x+1)(x-5)$

$x^2+ax+24$의 다른 한 인수를 $x+m$(m은 상수)이라 하면

$x^2+ax+24=(x-4)(x+m)$

$=x^2+(m-4)x-4m$

$-4m=24$에서 $m=-6$

$m-4=a$에서 $a=-6-4=-10$

$3x^2-10x+b$의 다른 한 인수를 $3x+n$(n은 상수)이라 하면

$3x^2-10x+b=(x-4)(3x+n)$

$=3x^2+(n-12)x-4n$

$n-12=-10$에서 $n=2$

$-4n=b$에서 $b=-4\times2=-8$

따라서 $2x^2+bx+a=2x^2-8x-10$이므로

$2x^2-8x-10=2(x^2-4x-5)$

$=2(x+1)(x-5)$

유형 09 계수 또는 상수항을 잘못 보고 푼 경우 75쪽

잘못 본 수를 제외한 나머지 수는 바르게 본 것임을 이용한다.

상수항을 잘못 본 식	x의 계수를 잘못 본 식
x^2+ax+b (↑a: 바르게 본 수, ↑b: 잘못 본 수)	x^2+cx+d (↑c: 잘못 본 수, ↑d: 바르게 본 수)

→ 처음 이차식은 x^2+ax+d

30 답 ④

지율이는 상수항을 바르게 보았으므로

$(x-5)(x-2)=x^2-7x+10$에서 처음 이차식의 상수항은 10이다.

라희는 x의 계수를 바르게 보았으므로

$(x+2)(x+9)=x^2+11x+18$에서 처음 이차식의 일차항의 계수는 11이다.

따라서 처음 이차식은 $x^2+11x+10$이므로

$x^2+11x+10=(x+1)(x+10)$

31 답 $4(x-1)(x-2)$

수진이는 상수항을 바르게 보았으므로

$2(x-4)(2x-1)=2(2x^2-9x+4)=4x^2-18x+8$에서 처음 이차식의 상수항은 8이다.

대환이는 x의 계수를 바르게 보았으므로

$(2x-3)^2=4x^2-12x+9$에서 처음 이차식의 일차항의 계수는

-12이다.
따라서 처음 이차식은 $4x^2-12x+8$이므로
$4x^2-12x+8=4(x^2-3x+2)=4(x-1)(x-2)$

32 답 ③
다영이는 x의 계수와 상수항을 바르게 보았으므로
$(2x-3)(3x-2)=6x^2-13x+6$에서 처음 이차식의 x의 계수는 -13, 상수항은 6이다.
현준이는 x^2의 계수와 상수항을 바르게 보았으므로
$2(x-3)(x-1)=2(x^2-4x+3)=2x^2-8x+6$에서 처음 이차식의 x^2의 계수는 2, 상수항은 6이다.
따라서 처음 이차식은 $2x^2-13x+6$이므로
$2x^2-13x+6=(2x-1)(x-6)$

유형 10 인수분해 공식의 도형에의 활용 76쪽

(1) 직사각형의 조각이 주어지는 도형 문제는 각 직사각형의 넓이의 합을 식으로 나타낸 후 인수분해한다.
(2) 직사각형의 넓이가 이차식일 때, 그 이차식을 (일차식)×(일차식)으로 인수분해하면 각 일차식이 직사각형의 가로, 세로의 길이가 된다.

33 답 ⑤
(큰 직사각형의 넓이)$=2x^2+3x+1=(2x+1)(x+1)$
따라서 큰 직사각형의 둘레의 길이는
$2\{(2x+1)+(x+1)\}=2(3x+2)=6x+4$

34 답 $a=-2$, 세로의 길이 : $4x+5y$
$12x^2+7xy-10y^2=(3x-2y)(4x+5y)$
이때 가로의 길이가 $3x+ay$이므로 $a=-2$이고 세로의 길이는 $4x+5y$이다.

35 답 $x+7$
(도형 A의 넓이)$=(x+5)^2-2^2$
$=x^2+10x+21$
$=(x+3)(x+7)$
이때 두 도형 A, B의 넓이가 서로 같고 도형 B의 세로의 길이가 $x+3$이므로 도형 B의 가로의 길이는 $x+7$이다.

36 답 6
주어진 직사각형의 넓이의 합은 $x^2+8x+10$
하나의 큰 정사각형을 만들기 위해서는 주어진 식이 완전제곱식이 되어야 한다.
더 필요한 넓이가 1인 정사각형 막대의 개수를 a라 하면
$x^2+8x+10+a=(x+4)^2$
$10+a=4^2=16 \quad \therefore a=6$
따라서 더 필요한 넓이가 1인 정사각형 막대의 개수는 6이다.

유형 11 공통인 인수로 묶어 인수분해하기 77쪽

인수분해할 때는 제일 먼저 공통인 인수가 있는지 확인한다.

37 답 ①
$(x-1)x^2+x(x-1)-20(x-1)$
$=(x-1)(x^2+x-20)$
$=(x-1)(x-4)(x+5)$

38 답 ②, ③
$x^2(x-1)-x+1=x^2(x-1)-(x-1)$
$=(x-1)(x^2-1)$
$=(x-1)(x-1)(x+1)$
$=(x-1)^2(x+1)$

39 답 $(2x+1)(2x-1)(x+1)$
$(4x+2)x^2+(2x+1)x-2x-1$
$=2(2x+1)x^2+(2x+1)x-(2x+1)$
$=(2x+1)(2x^2+x-1)$
$=(2x+1)(2x-1)(x+1)$
참고 공통인 인수가 $2x+1$이 되도록 식을 변형한다.

유형 12 치환을 이용하여 인수분해하기 77쪽

주어진 식에 공통인 부분이 있으면 한 문자로 치환하여 인수분해한다.

40 답 ③
$x+2=A$라 하면
$(x+2)^2-2(x+2)-15=A^2-2A-15$
$=(A-5)(A+3)$
$=(x+2-5)(x+2+3)$
$=(x-3)(x+5)$
따라서 $a=-3$, $b=5$ 또는 $a=5$, $b=-3$이므로 $a+b=2$

41 답 ③
$x-3y=A$라 하면
$(x-3y)(x-3y+5)-14=A(A+5)-14$
$=A^2+5A-14$
$=(A+7)(A-2)$
$=(x-3y+7)(x-3y-2)$

42 답 ④
$3x-5=A$, $2x+1=B$라 하면
$(3x-5)^2-(2x+1)^2=A^2-B^2$
$=(A+B)(A-B)$
$=(3x-5+2x+1)(3x-5-2x-1)$
$=(5x-4)(x-6)$
따라서 두 일차식의 합은
$(5x-4)+(x-6)=6x-10$

43 답 $(3x^2-9x-1)(x-2)(x-1)$
$x^2-3x=A$라 하면
$3(x^2-3x)^2+5(x^2-3x)-2$
$=3A^2+5A-2$
$=(3A-1)(A+2)$
$=\{3(x^2-3x)-1\}(x^2-3x+2)$
$=(3x^2-9x-1)(x-2)(x-1)$

유형 13 적당한 항끼리 묶어 인수분해하기 78쪽

(1) 항이 4개인 경우
① (항 2개)+(항 2개)로 묶는다.
→ 공통인 인수로 묶어 인수분해한다.
② (항 3개)+(항 1개) 또는 (항 1개)+(항 3개)로 묶는다.
→ A^2-B^2 꼴로 나타낸 후 인수분해한다.
(2) $(\ \ )(\ \ )(\ \ )(\ \ )+k$ 꼴
상수항의 합 또는 곱이 같아지도록 2개씩 묶어 전개한 후 공통인 부분을 치환하여 인수분해한다.

44 답 ②

$a^3-a+b-a^2b=a(a^2-1)-b(a^2-1)$
$=(a^2-1)(a-b)$
$=(a+1)(a-1)(a-b)$
따라서 인수인 것은 ㄱ, ㄷ, ㄹ이다.

45 답 ②

$x^2+4x+4y-y^2=x^2-y^2+4x+4y$
$=(x+y)(x-y)+4(x+y)$
$=(x+y)(x-y+4)$
따라서 두 일차식의 합은
$(x+y)+(x-y+4)=2x+4$

46 답 ②, ③

$x^2-16+8y-y^2=x^2-(y^2-8y+16)$
$=x^2-(y-4)^2$
$=(x+y-4)(x-y+4)$

47 답 ③

$(x-3)(x-2)(x+1)(x+2)-60$
$=(x-3)(x+2)(x-2)(x+1)-60$
$=(x^2-x-6)(x^2-x-2)-60$
$x^2-x=A$라 하면
(주어진 식)$=(A-6)(A-2)-60$
$=A^2-8A-48$
$=(A-12)(A+4)$
$=(x^2-x-12)(x^2-x+4)$
$=(x-4)(x+3)(x^2-x+4)$

48 답 4

$x(x-1)(x+3)(x+4)+k$
$=x(x+3)(x-1)(x+4)+k$
$=(x^2+3x)(x^2+3x-4)+k$
$x^2+3x=A$라 하면
(주어진 식)$=A(A-4)+k=A^2-4A+k$
$A^2-4A+k=A^2-2\times A\times 2+k$
이므로 $k=2^2=4$

다른 풀이

$x(x-1)(x+3)(x+4)+k$
$=x(x+3)(x-1)(x+4)+k$
$=(x^2+3x)(x^2+3x-4)+k$
$x^2+3x=A$라 하면
(주어진 식)$=A(A-4)+k=A^2-4A+k$
따라서 완전제곱식이 되도록 하는 상수 k의 값은
$k=\left(\frac{-4}{2}\right)^2=4$

유형 14 내림차순으로 정리하여 인수분해하기 78쪽

항이 5개 이상일 때는 내림차순으로 정리하여 인수분해한다.

차수가 다른 경우	차수가 같은 경우
차수가 낮은 문자에 대하여 내림차순으로 정리	어느 한 문자에 대하여 내림차순으로 정리

49 답 ③

주어진 식을 y에 대하여 내림차순으로 정리하면
$x^2+2xy+3x-2y-4$
$=2xy-2y+x^2+3x-4$
$=2y(x-1)+(x^2+3x-4)$
$=2y(x-1)+(x-1)(x+4)$
$=(x-1)(x+2y+4)$

50 답 0

주어진 식을 x에 대하여 내림차순으로 정리하면
$x^2-y^2+7y+x-12$
$=x^2+x-(y^2-7y+12)$
$=x^2+x-(y-3)(y-4)$
$=\{x+(y-3)\}\{x-(y-4)\}$
$=(x+y-3)(x-y+4)$
따라서 $a=-3$, $b=-1$, $c=4$이므로
$a+b+c=-3+(-1)+4=0$

유형 15 인수분해 공식을 이용한 수의 계산 79쪽

복잡한 수의 계산을 할 때는 다음과 같은 인수분해 공식을 이용하여 수의 모양을 바꾸어 계산하면 편리하다.
(1) $ma+mb=m(a+b)$
(2) $a^2+2ab+b^2=(a+b)^2$, $a^2-2ab+b^2=(a-b)^2$
(3) $a^2-b^2=(a+b)(a-b)$

51 답 ①

$83^2+2\times83\times17+17^2=(83+17)^2=100^2=10000$이므로
$a^2+2ab+b^2=(a+b)^2$을 이용하면 가장 편리하다.

52 답 ④

$\sqrt{53^2-28^2}=\sqrt{(53+28)(53-28)}$
$=\sqrt{81\times25}$
$=\sqrt{9^2\times5^2}=45$

53 답 1

$$\frac{998\times996+998\times4}{999^2-1}=\frac{998\times(996+4)}{(999+1)(999-1)}$$
$$=\frac{998\times1000}{1000\times998}$$
$$=1$$

54 답 -55

$1^2-2^2+3^2-4^2+5^2-6^2+7^2-8^2+9^2-10^2$
$=(1^2-2^2)+(3^2-4^2)+(5^2-6^2)+(7^2-8^2)+(9^2-10^2)$
$=(1+2)(1-2)+(3+4)(3-4)+\cdots+(9+10)(9-10)$
$=(-1)\times\{(1+2)+(3+4)+\cdots+(9+10)\}$
$=-(1+2+3+4+\cdots+9+10)=-55$

다른 풀이

1부터 n(n은 자연수)까지의 자연수의 합이 $\frac{n(n+1)}{2}$임을 이용하여

$-(1+2+3+4+\cdots+9+10)$
$=(-1)\times\frac{10\times 11}{2}=-55$

와 같이 계산할 수도 있다.

유형 16 인수분해 공식을 이용한 식의 값 79쪽

식을 인수분해하여 간단히 한 후, 주어진 문자의 값을 바로 대입하거나 변형하여 대입한다.
이때 분모에 무리수가 있으면 먼저 유리화하는 것이 편리하다.

55 답 ④

$x=\frac{1}{2-\sqrt{3}}=\frac{2+\sqrt{3}}{(2-\sqrt{3})(2+\sqrt{3})}=2+\sqrt{3}$

$y=\frac{1}{2+\sqrt{3}}=\frac{2-\sqrt{3}}{(2+\sqrt{3})(2-\sqrt{3})}=2-\sqrt{3}$

$x-y=2+\sqrt{3}-(2-\sqrt{3})=2\sqrt{3}$이므로
$x^2+y^2-2xy=(x-y)^2=(2\sqrt{3})^2=12$

56 답 3

$x-3=A$라 하면
$(x-3)^2-4(x-3)+4=A^2-4A+4$
$=(A-2)^2$
$=(x-3-2)^2=(x-5)^2$
$x=\sqrt{3}+5$에서 $x-5=\sqrt{3}$
$\therefore$ (주어진 식)$=(\sqrt{3})^2=3$

57 답 ⑤

$x^2+7x-y^2-7y=x^2-y^2+7x-7y$
$=(x+y)(x-y)+7(x-y)$
$=(x-y)(x+y+7)$
$=5\times(3+7)=50$

58 답 ①

$x^2y+2x-xy^2-2y=x^2y-xy^2+2x-2y$
$=xy(x-y)+2(x-y)$
$=(x-y)(xy+2)$
$(x-y)(xy+2)=36$이고 $xy=10$이므로
$(x-y)\times(10+2)=36$
$\therefore x-y=3$

서술형

80쪽~81쪽

01 답 $\frac{11}{2}$, $-\frac{9}{2}$

채점 기준 1 완전제곱식이 되기 위한 x의 계수 구하기 … 2점
$x^2+(2a-1)x+25$가 완전제곱식이 되려면
$2a-1=\pm2\times1\times5=\pm10$
채점 기준 2 a의 값 구하기 … 2점
(i) $2a-1=10$이면 $a=\frac{11}{2}$
(ii) $2a-1=-10$이면 $a=-\frac{9}{2}$
(i), (ii)에서 $a=\frac{11}{2}$ 또는 $a=-\frac{9}{2}$

01-1 답 11, -13

채점 기준 1 완전제곱식이 되기 위한 x의 계수 구하기 … 2점
$4x^2+(a+1)x+9=(2x)^2+(a+1)x+3^2$
이므로 주어진 이차식이 완전제곱식이 되려면
$a+1=\pm2\times2\times3=\pm12$
채점 기준 2 a의 값 구하기 … 2점
(i) $a+1=12$이면 $a=11$
(ii) $a+1=-12$이면 $a=-13$
(i), (ii)에서 $a=11$ 또는 $a=-13$

02 답 (1) $x^2-7x+10$ (2) $(x-2)(x-5)$

(1) **채점 기준 1** 처음 이차식의 일차항의 계수 구하기 … 1점
가은이는 일차항의 계수를 바르게 보았으므로
$(x-3)(x-4)=x^2-7x+12$에서
처음 이차식의 일차항의 계수는 -7이다.
채점 기준 2 처음 이차식의 상수항 구하기 … 1점
나은이는 상수항을 바르게 보았으므로
$(x-1)(x-10)=x^2-11x+10$에서
처음 이차식의 상수항은 10이다.
채점 기준 3 처음 이차식 구하기 … 1점
처음 이차식은 $x^2-7x+10$
(2) **채점 기준 4** 처음 이차식을 바르게 인수분해하기 … 3점
처음 이차식을 바르게 인수분해하면
$x^2-7x+10=(x-2)(x-5)$

02-1 답 (1) $x^2+3x-18$ (2) $(x-3)(x+6)$

(1) **채점 기준 1** 처음 이차식의 일차항의 계수 구하기 … 1점
경훈이는 일차항의 계수를 바르게 보았으므로
$(x-2)(x+5)=x^2+3x-10$에서
처음 이차식의 일차항의 계수는 3이다.
채점 기준 2 처음 이차식의 상수항 구하기 … 1점
영훈이는 상수항을 바르게 보았으므로
$(x-2)(x+9)=x^2+7x-18$에서
처음 이차식의 상수항은 -18이다.
채점 기준 3 처음 이차식 구하기 … 1점
처음 이차식은 $x^2+3x-18$
(2) **채점 기준 4** 처음 이차식을 바르게 인수분해하기 … 3점
처음 이차식을 바르게 인수분해하면
$x^2+3x-18=(x-3)(x+6)$

03 답 7

$6x^2-(3a+1)x-20=(2x-b)(3x+4)$
$=6x^2+(8-3b)x-4b$

이므로

$-(3a+1)=8-3b$ …… ㉠, $-20=-4b$ …… ㉡

㉡에서 $b=5$

㉠에 $b=5$를 대입하면

$-(3a+1)=-7$

$3a+1=7$, $3a=6$ $\quad\therefore a=2$ …… ❶

$\therefore a+b=2+5=7$ …… ❷

채점 기준	배점
❶ a, b의 값 각각 구하기	2점
❷ $a+b$의 값 구하기	2점

04 답 -13

$x^2+2x+a=(x-2)(x+m)$ (m은 상수)이라 하면

$x^2+2x+a=x^2+(m-2)x-2m$이므로

$2=m-2$, $a=-2m$

$\therefore m=4$, $a=-8$ …… ❶

$3x^2-bx-2=(x-2)(3x+n)$ (n은 상수)이라 하면

$3x^2-bx-2=3x^2+(n-6)x-2n$이므로

$-b=n-6$, $-2=-2n$

$\therefore n=1$, $b=5$ …… ❷

$\therefore a-b=-8-5=-13$ …… ❸

채점 기준	배점
❶ a의 값 구하기	2점
❷ b의 값 구하기	2점
❸ $a-b$의 값 구하기	2점

05 답 $6x-5$

잘라내기 전 큰 직사각형의 넓이는

$(4x-2)(3x+2)=12x^2+2x-4$이므로

도형 A의 넓이는

$12x^2+2x-4-(2\times3)=12x^2+2x-10$ …… ❶

이때 도형 A의 넓이가 직사각형 B의 넓이의 2배이므로

직사각형 B의 넓이는

$(12x^2+2x-10)\times\frac{1}{2}=6x^2+x-5$ …… ❷

$=(x+1)(6x-5)$

따라서 직사각형 B의 가로의 길이는 $6x-5$이다. …… ❸

채점 기준	배점
❶ 도형 A의 넓이 구하기	3점
❷ 직사각형 B의 넓이 구하기	2점
❸ 직사각형 B의 가로의 길이 구하기	2점

06 답 $4x+2$

$(x^2+x-11)^2-81=(x^2+x-11)^2-9^2$
$=(x^2+x-11+9)(x^2+x-11-9)$
$=(x^2+x-2)(x^2+x-20)$
$=(x-1)(x+2)(x-4)(x+5)$ …… ❶

따라서 $(x^2+x-11)^2-81$의 인수 중 x의 계수가 1인 일차식의 합은

$(x-1)+(x+2)+(x-4)+(x+5)=4x+2$ …… ❷

채점 기준	배점
❶ 주어진 식을 인수분해하기	4점
❷ 인수 중 x의 계수가 1인 일차식의 합 구하기	2점

07 답 76

$x=\frac{4}{3-\sqrt{5}}=\frac{4(3+\sqrt{5})}{(3-\sqrt{5})(3+\sqrt{5})}=3+\sqrt{5}$

$y=\frac{4}{3+\sqrt{5}}=\frac{4(3-\sqrt{5})}{(3+\sqrt{5})(3-\sqrt{5})}=3-\sqrt{5}$ …… ❶

$\therefore 2x^2+5xy+2y^2$
$=(2x+y)(x+2y)$ …… ❷
$=\{2(3+\sqrt{5})+(3-\sqrt{5})\}\{(3+\sqrt{5})+2(3-\sqrt{5})\}$
$=(9+\sqrt{5})(9-\sqrt{5})$
$=81-5=76$ …… ❸

채점 기준	배점
❶ x, y의 분모를 유리화하기	2점
❷ $2x^2+5xy+2y^2$을 인수분해하기	2점
❸ $2x^2+5xy+2y^2$의 값 구하기	2점

08 답 5

$a^2-b^2-2a-2b=(a^2-b^2)-2(a+b)$
$=(a+b)(a-b)-2(a+b)$
$=(a+b)(a-b-2)$ …… ❶

이때 $a-b=3$, $ab=4$이므로

$(a+b)^2=(a-b)^2+4ab=3^2+4\times4=25$

$a>0$, $b>0$이므로 $a+b=5$ …… ❷

$\therefore a^2-b^2-2a-2b=(a+b)(a-b-2)$
$=5\times(3-2)=5$ …… ❸

채점 기준	배점
❶ $a^2-b^2-2a-2b$를 인수분해하기	2점
❷ $a+b$의 값 구하기	3점
❸ $a^2-b^2-2a-2b$의 값 구하기	2점

실전 중단원 마무리 학교 시험 1회

82쪽~85쪽

01 ②	02 ③	03 ③	04 ⑤	05 ①
06 ②	07 ④	08 ③	09 ③	10 ⑤
11 ⑤	12 ④	13 ③	14 ⑤	15 ③
16 ①	17 ②	18 ④	19 2	
20 $(x+y-3)(x+y-5)$			21 -72	22 1
23 8				

01 답 ② 유형 01 + 유형 05

$x^3-x=x(x^2-1)=x(x+1)(x-1)$

따라서 인수가 아닌 것은 ②이다.

02 답 ③ 유형 02

③ $2x^2+8x+8=2(x^2+4x+4)$

$=2(x+2)^2$

따라서 완전제곱식으로 인수분해할 수 있는 것은 ③이다.

03 답 ③ 유형 03

$$3x^2-4x+k=3\left(x^2-\frac{4}{3}x+\frac{k}{3}\right)$$

$$=3\left(x^2-2\times x\times\frac{2}{3}+\frac{k}{3}\right)$$

이므로 $\frac{k}{3}=\left(\frac{2}{3}\right)^2=\frac{4}{9}$

$\therefore k=\frac{4}{3}$

04 답 ⑤ 유형 04

$-3<a<3$이므로 $a+3>0$, $a-3<0$

$\therefore \sqrt{a^2+6a+9}-\sqrt{a^2-6a+9}=\sqrt{(a+3)^2}-\sqrt{(a-3)^2}$

$=(a+3)-\{-(a-3)\}$

$=a+3+a-3$

$=2a$

05 답 ① 유형 05

$49x^2-16y^2=(7x)^2-(4y)^2$

$=(7x+4y)(7x-4y)$

06 답 ② 유형 06

$10x^2+7x-12=(2x+3)(5x-4)$

따라서 두 일차식의 합은

$(2x+3)+(5x-4)=7x-1$

07 답 ④ 유형 06

$5x^2+7x-a=(5x-3)(bx+c)$

$=5bx^2+(5c-3b)x-3c$

이므로 $5b=5$, $5c-3b=7$, $3c=a$

$\therefore b=1$, $c=2$, $a=6$

$\therefore abc=6\times1\times2=12$

08 답 ③ 유형 06

$6x^2-7x-3=(3x+1)(2x-3)$

$8x^2-2x-15=(4x+5)(2x-3)$

따라서 두 이차식의 공통인 인수는 $2x-3$이다.

09 답 ③ 유형 06

$x^2+Ax+20=(x+a)(x+b)=x^2+(a+b)x+ab$

이므로 $A=a+b$, $ab=20$

$ab=20$을 만족시키는 정수 a, b를 순서쌍 (a, b)로 나타내면

$(1, 20)$, $(-1, -20)$, $(20, 1)$, $(-20, -1)$, $(2, 10)$, $(-2, -10)$, $(10, 2)$, $(-10, -2)$, $(4, 5)$, $(-4, -5)$, $(5, 4)$, $(-5, -4)$

이므로 A의 값이 될 수 있는 것은 21, -21, 12, -12, 9, -9이다.

따라서 상수 A의 값이 될 수 없는 것은 ③이다.

10 답 ⑤ 유형 07

⑤ $6x^2-5x-4=(2x+1)(3x-4)$

따라서 인수분해가 옳지 않은 것은 ⑤이다.

11 답 ⑤ 유형 08

$x^2+ax-12=(x-2)(x+m)$ (m은 상수)이라 하면

$x^2+ax-12=x^2+(m-2)x-2m$

이므로 $m-2=a$, $-2m=-12$

$\therefore m=6$, $a=4$

$2x^2-5x+b=(x-2)(2x+n)$ (n은 상수)이라 하면

$2x^2-5x+b=2x^2+(n-4)x-2n$

이므로 $n-4=-5$, $-2n=b$

$\therefore n=-1$, $b=2$

$\therefore a+b=4+2=6$

12 답 ④ 유형 09

보검이는 상수항을 바르게 보았으므로

$(2x+3)(x-5)=2x^2-7x-15$에서 처음 이차식의 상수항은 -15이다.

해인이는 x의 계수를 바르게 보았으므로

$(2x-3)(x+2)=2x^2+x-6$에서 처음 이차식의 x의 계수는 1이다.

따라서 처음 이차식은 $2x^2+x-15$이므로

$2x^2+x-15=(2x-5)(x+3)$

13 답 ③ 유형 10

주어진 직사각형의 넓이의 합은 $3x^2+7x+2$

$3x^2+7x+2=(3x+1)(x+2)$

따라서 새로 만든 직사각형의 가로, 세로의 길이는 $3x+1$, $x+2$이므로

(새로 만든 직사각형의 둘레의 길이)$=2\{(3x+1)+(x+2)\}$

$=8x+6$

14 답 ⑤ 유형 10

사다리꼴의 높이를 h라 하면

$$\frac{1}{2}\times\{(2x-4)+(4x+2)\}\times h=6x^2+13x-5$$

$(3x-1)h=(3x-1)(2x+5)$

$\therefore h=2x+5$

따라서 사다리꼴의 높이는 $2x+5$이다.

15 답 ③ 유형 12

$3x+1=A$라 하면

$(3x+1)^2-2(3x+1)-15=A^2-2A-15$

$=(A+3)(A-5)$

$=(3x+1+3)(3x+1-5)$

$=(3x+4)(3x-4)$

따라서 $a=4$, $b=-4$ 또는 $a=-4$, $b=4$이므로 $a+b=0$

16 답 ① 유형 13

$x^2-y^2-6x+9=(x^2-6x+9)-y^2$

$=(x-3)^2-y^2$

$=(x-3+y)(x-3-y)$

$=(x+y-3)(x-y-3)$

17 답 ② 유형 14

x에 대한 내림차순으로 정리하면

$x^2-y^2+x+5y-6=x^2+x-(y^2-5y+6)$
$=x^2+x-(y-2)(y-3)$
$=(x+y-2)(x-y+3)$

따라서 인수인 것은 ②이다.

18 답 ④ 유형15

$998=X$라 하면

$$\frac{998^2-5\times998+4}{997\times998}=\frac{X^2-5X+4}{(X-1)X}=\frac{(X-1)(X-4)}{(X-1)X}$$
$$=\frac{X-4}{X}=\frac{994}{998}=\frac{497}{499}$$

19 답 2 유형03

$\frac{1}{9}x^2+(k-1)x+4=\left(\frac{1}{3}x\right)^2+(k-1)x+2^2$

이므로 $k-1=\pm2\times\frac{1}{3}\times2=\pm\frac{4}{3}$ …… ❶

(i) $k-1=\frac{4}{3}$이면 $k=\frac{7}{3}$

(ii) $k-1=-\frac{4}{3}$이면 $k=-\frac{1}{3}$

(i), (ii)에서 $k=\frac{7}{3}$ 또는 $k=-\frac{1}{3}$ …… ❷

따라서 구하는 모든 상수 k의 값의 합은

$\frac{7}{3}+\left(-\frac{1}{3}\right)=2$ …… ❸

채점 기준	배점
❶ 완전제곱식이 되는 조건 구하기	3점
❷ 조건을 만족시키는 k의 값 구하기	2점
❸ 모든 k의 값의 합 구하기	1점

20 답 $(x+y-3)(x+y-5)$ 유형12

$x+y=A$라 하면 …… ❶

$(x+y)(x+y-8)+15=A(A-8)+15$
$=A^2-8A+15$
$=(A-3)(A-5)$ …… ❷
$=(x+y-3)(x+y-5)$ …… ❸

채점 기준	배점
❶ $x+y$를 A라 하기	1점
❷ 치환한 식을 인수분해하기	2점
❸ 다시 $x+y$를 대입하여 식 정리하기	1점

21 답 -72 유형15

$1^2-3^2+5^2-7^2+9^2-11^2$
$=(1^2-3^2)+(5^2-7^2)+(9^2-11^2)$
$=(1+3)(1-3)+(5+7)(5-7)+(9+11)(9-11)$ …… ❶
$=(-2)\times(4+12+20)$ …… ❷
$=(-2)\times36=-72$ …… ❸

채점 기준	배점
❶ 인수분해 공식을 이용하여 식 정리하기	4점
❷ 정리한 식 계산하기	2점
❸ 주어진 식의 값 구하기	1점

22 답 1 유형16

$a(a+1)-b(b+1)=a^2+a-b^2-b$
$=(a^2-b^2)+(a-b)$ …… ❶
$=(a+b)(a-b)+(a-b)$
$=(a-b)(a+b+1)$ …… ❷

$a+b=3$이므로 $4(a-b)=4$

$\therefore a-b=1$ …… ❸

채점 기준	배점
❶ 두 항씩 바르게 묶기	2점
❷ 공통인 부분을 묶어 인수분해하기	2점
❸ $a-b$의 값 구하기	2점

23 답 8 유형16

$x^2-2x+y^2+2y+2=(x^2-2x+1)+(y^2+2y+1)$
$=(x-1)^2+(y+1)^2$ …… ❶

$x=1+\sqrt{3}$에서 $x-1=\sqrt{3}$

$y=\sqrt{5}-1$에서 $y+1=\sqrt{5}$ …… ❷

$\therefore$ (주어진 식)$=(\sqrt{3})^2+(\sqrt{5})^2$
$=3+5=8$ …… ❸

채점 기준	배점
❶ 인수분해 공식을 이용하여 식 정리하기	3점
❷ $x-1$, $y+1$의 값 각각 구하기	2점
❸ 주어진 식의 값 구하기	2점

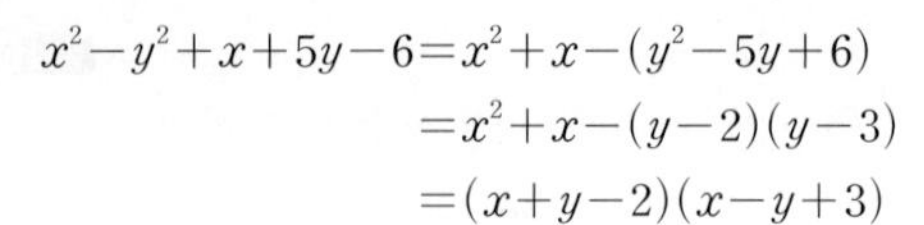

실전 중단원 마무리 학교 시험 2회

86쪽~89쪽

01 ④	02 ③	03 ①	04 ④	05 ②
06 ①, ⑤	07 ③	08 ③	09 ④	10 ①
11 ④	12 ⑤	13 ①	14 ①	15 ②
16 ④	17 ⑤	18 ③	19 5	
20 $x^2+10x+25$		21 $(3x-8)(x+9)$		22 620
23 10				

01 답 ④ 유형01

$4x^2y-6xy^2=2xy(2x-3y)$

$9y^2-6xy=3y(3y-2x)=-3y(2x-3y)$

따라서 두 다항식의 공통인 인수는 ④이다.

02 답 ③ 유형03

① $x^2+\square x+4=x^2+\square x+2^2=(x+2)^2$

$\therefore \square=2\times1\times2=4$

② $4x^2+16x+\square=(2x)^2+2\times2x\times4+\square=(2x+4)^2$

$\therefore \square=4^2=16$

③ $x^2-\frac{1}{\square}x+\frac{1}{16}=x^2-\frac{1}{\square}x+\left(\frac{1}{4}\right)^2=\left(x-\frac{1}{4}\right)^2$

이므로 $\frac{1}{\square}=2\times1\times\frac{1}{4}=\frac{1}{2}$ $\quad\therefore \square=2$

④ $9x^2+30xy+\square y^2=(3x)^2+2\times3x\times5y+\square y^2$
$=(3x+5y)^2$

$\therefore \square=5^2=25$

⑤ $\square y^2-6y+4=\square y^2-2\times\frac{3}{2}y\times2+2^2=\left(\frac{3}{2}y-2\right)^2$

$\therefore \square=\left(\frac{3}{2}\right)^2=\frac{9}{4}$

따라서 □ 안에 들어갈 양수 중 가장 작은 것은 ③이다.

03 답 ① 유형 03

$9x^2+Ax+25=(3x)^2+Ax+5^2=(3x+5)^2$

A는 양수이므로 $A=2\times3\times5=30$

$x^2-12x+B=x^2-2\times x\times6+B=(x-6)^2$

$\therefore B=6^2=36$

$\therefore A-B=30-36=-6$

04 답 ④ 유형 04

$\sqrt{x}=a+1$의 양변을 제곱하면

$x=(a+1)^2=a^2+2a+1$

$0<a<1$이므로 $a-1<0$

$\therefore \sqrt{x}-\sqrt{x-4a}=a+1-\sqrt{a^2+2a+1-4a}$
$=a+1-\sqrt{a^2-2a+1}$
$=a+1-\sqrt{(a-1)^2}$
$=a+1-\{-(a-1)\}$
$=2a$

05 답 ② 유형 06

① $x^2+x-2=(x+2)(x-1)$
② $x^2+2x-8=(x+4)(x-2)$
③ $x^2-3x-10=(x+2)(x-5)$
④ $x^2+4x+4=(x+2)^2$
⑤ $x^2-5x-14=(x+2)(x-7)$

따라서 $x+2$를 인수로 갖지 않는 것은 ②이다.

06 답 ①, ⑤ 유형 06

$(2x-5)(3x+7)+28=6x^2-x-35+28$
$=6x^2-x-7$
$=(x+1)(6x-7)$

07 답 ③ 유형 07

③ $-x^2-9=-(x^2+9)$

따라서 인수분해한 것이 옳지 않은 것은 ③이다.

08 답 ③ 유형 08

$6x^2+ax-12=(2x-3)(3x+m)$ (m은 상수)이라 하면

$6x^2+ax-12=6x^2+(2m-9)x-3m$

이므로 $-3m=-12$ $\therefore m=4$

$\therefore a=2m-9$
$=2\times4-9=-1$

09 답 ④ 유형 09

지은이는 상수항을 바르게 보았으므로

$(x+5)(x-4)=x^2+x-20$에서 처음 이차식의 상수항은 -20이다.

보영이는 x의 계수를 바르게 보았으므로

$(x+4)^2=x^2+8x+16$에서 처음 이차식의 x의 계수는 8이다.

따라서 처음 이차식은 $x^2+8x-20$이므로

$x^2+8x-20=(x+10)(x-2)$

10 답 ① 유형 10

삼각형의 높이를 h라 하면

$\frac{1}{2}\times(4x+2)\times h=6x^2-x-2$

$(2x+1)h=(2x+1)(3x-2)$

$\therefore h=3x-2$

따라서 삼각형의 높이는 $3x-2$이다.

11 답 ④ 유형 10 + 유형 16

색칠한 부분의 둘레의 길이는

$4a+4b=48$

$\therefore a+b=12$

색칠한 부분의 넓이는

$a^2-b^2=(a+b)(a-b)=48$

$a+b=12$이므로

$12(a-b)=48$

$\therefore a-b=4$

12 답 ⑤ 유형 11

$-3a^3+6a^2b-3ab^2=-3a(a^2-2ab+b^2)$
$=-3a(a-b)^2$

13 답 ① 유형 08 + 유형 13

$x^2-xy+3x-3y=x(x-y)+3(x-y)$
$=(x-y)(x+3)$

$xy-2x-y^2+2y=xy-y^2-2x+2y$
$=y(x-y)-2(x-y)$
$=(x-y)(y-2)$

따라서 공통인 인수는 $x-y$이므로 $a=-1$

$x^2+bxy-2y^2=(x-y)(x+my)$ (m은 상수)라 하면

$x^2+bxy-2y^2=x^2+(m-1)xy-my^2$

이므로 $b=m-1$, $-2=-m$

$\therefore m=2$, $b=1$

$\therefore a+b=-1+1=0$

14 답 ① 유형 12

$x-y=A$라 하면

$(x-y)^2-8(x-y-2)=A^2-8(A-2)$
$=A^2-8A+16$
$=(A-4)^2$
$=(x-y-4)^2$

이므로 $a=1$, $b=-1$, $c=-4$

$\therefore a+b+c=1+(-1)+(-4)=-4$

15 답 ② 유형 03 + 유형 13

$x(x+1)(x+2)(x+3)+k$
$=x(x+3)(x+1)(x+2)+k$
$=(x^2+3x)(x^2+3x+2)+k$

$x^2+3x=X$라 하면

(주어진 식)$=X(X+2)+k$
$=X^2+2X+k$

주어진 식이 완전제곱식이 되려면

$k=\left(\frac{2}{2}\right)^2=1$

16 답 ④ 유형15

$3^8-1=(3^4+1)(3^4-1)$
$=(3^4+1)(3^2+1)(3^2-1)$
$=(3^4+1)(3^2+1)(3+1)(3-1)$
$=82\times10\times4\times2$
$=2^5\times5\times41$

따라서 a의 값이 될 수 없는 것은 $60=2^2\times3\times5$이다.

17 답 ⑤ 유형16

$x^2-y^2=(x+y)(x-y)=(3.5+1.5)(3.5-1.5)$
$=5\times2=10$

18 답 ③ 유형16

$x+2y=\dfrac{1}{\sqrt{2}-1}=\dfrac{\sqrt{2}+1}{(\sqrt{2}-1)(\sqrt{2}+1)}$
$=\dfrac{\sqrt{2}+1}{2-1}=\sqrt{2}+1$

$x-2y=\dfrac{1}{\sqrt{2}+1}=\dfrac{\sqrt{2}-1}{(\sqrt{2}+1)(\sqrt{2}-1)}$
$=\dfrac{\sqrt{2}-1}{2-1}=\sqrt{2}-1$

$\therefore x^2-4y^2+3x-6y=(x^2-4y^2)+3(x-2y)$
$=(x+2y)(x-2y)+3(x-2y)$
$=(x-2y)(x+2y+3)$
$=(\sqrt{2}-1)(\sqrt{2}+1+3)$
$=(\sqrt{2}-1)(\sqrt{2}+4)$
$=2+4\sqrt{2}-\sqrt{2}-4$
$=3\sqrt{2}-2$

19 답 5 유형06

$2x^2+7xy-15y^2=(2x-3y)(x+5y)$ …… ❶
즉, $a=2$, $b=-3$, $c=1$, $d=5$ 또는 $a=1$, $b=5$, $c=2$, $d=-3$ 이므로
$a+b+c+d=5$ …… ❷

채점 기준	배점
❶ 주어진 식을 인수분해하기	2점
❷ $a+b+c+d$의 값 구하기	2점

20 답 $x^2+10x+25$ 유형10

$x^2+10x+21=(x+3)(x+7)$
이므로 직사각형 A의 세로의 길이는 $x+3$ …… ❶
직사각형 A의 둘레의 길이는
$2\{(x+7)+(x+3)\}=4x+20$ …… ❷
즉, 정사각형 B의 한 변의 길이는 $x+5$이므로 …… ❸
정사각형 B의 넓이는
$(x+5)^2=x^2+10x+25$ …… ❹

채점 기준	배점
❶ 직사각형 A의 세로의 길이 구하기	2점
❷ 직사각형 A의 둘레의 길이 구하기	1점
❸ 정사각형 B의 한 변의 길이 구하기	1점
❹ 정사각형 B의 넓이 구하기	2점

21 답 $(3x-8)(x+9)$ 유형12

$x+2=A$, $x-5=B$라 하면 …… ❶
$2(x+2)^2+3(x+2)(x-5)-2(x-5)^2$
$=2A^2+3AB-2B^2$
$=(A+2B)(2A-B)$ …… ❷
$=\{(x+2)+2(x-5)\}\{2(x+2)-(x-5)\}$
$=(x+2+2x-10)(2x+4-x+5)$
$=(3x-8)(x+9)$ …… ❸

채점 기준	배점
❶ $x+2=A$, $x-5=B$라 하기	2점
❷ 치환한 식을 인수분해하기	2점
❸ 다시 $A=x+2$, $B=x-5$를 대입하여 정리하기	2점

22 답 620 유형15

$96\times96+185\times25-104\times104-185\times13$
$=96\times96-104\times104+185\times25-185\times13$
$=(96+104)(96-104)+185\times(25-13)$ …… ❶
$=200\times(-8)+185\times12$
$=-1600+2220=620$ …… ❷

채점 기준	배점
❶ 인수분해 공식을 이용하여 식 정리하기	4점
❷ 주어진 식의 값 구하기	3점

23 답 10 유형16

$x^2y+(y^2+3)x+3y=x^2y+xy^2+3x+3y$
$=xy(x+y)+3(x+y)$
$=(x+y)(xy+3)$ …… ❶
$x+y=4$이므로 $4(xy+3)=24$, $xy+3=6$
$\therefore xy=3$ …… ❷
$\therefore x^2+y^2=(x+y)^2-2xy$
$=4^2-2\times3=10$ …… ❸

채점 기준	배점
❶ 주어진 식의 좌변을 인수분해하기	3점
❷ xy의 값 구하기	2점
❸ x^2+y^2의 값 구하기	2점

90쪽~91쪽

01 답 105

$x^2-9ax+3b+ax+5b=x^2-8ax+8b$
$=x^2-2\times x\times4a+8b$
이므로 $8b=16a^2$ $\therefore b=2a^2$

a, b는 100 이하의 자연수이므로
$a=7$일 때 $b=2\times7^2=98$로 최대이다.
$\therefore a+b=7+98=105$

02 답 7가지
$x^2+px+q=(x+a)(x+b)$ (a, b는 상수, $a\le b$)라 하면
$p=a+b$, $q=ab$
(i) $q=1$일 때 가능한 순서쌍 (a, b)는 $(1, 1)$이므로
$p=1+1=2$ $\therefore$ 1가지
(ii) $q=2$일 때 가능한 순서쌍 (a, b)는 $(1, 2)$이므로
$p=1+2=3$ $\therefore$ 1가지
(iii) $q=3$일 때 가능한 순서쌍 (a, b)는 $(1, 3)$이므로
$p=1+3=4$ $\therefore$ 1가지
(iv) $q=4$일 때 가능한 순서쌍 (a, b)는 $(1, 4)$, $(2, 2)$이므로
$p=1+4=5$ 또는 $p=2+2=4$ $\therefore$ 2가지
(v) $q=5$일 때 가능한 순서쌍 (a, b)는 $(1, 5)$이므로
$p=1+5=6$ $\therefore$ 1가지
(vi) $q=6$일 때 가능한 순서쌍 (a, b)는 $(1, 6)$, $(2, 3)$이므로
$p=1+6=7$ 또는 $p=2+3=5$
그런데 $p\ne7$이므로 1가지
따라서 (i)~(vi)에서 구하는 모든 경우는 7가지이다.

03 답 최댓값 : 16, 최솟값 : 7
$ax^2+8x+1=(px+1)(qx+1)$ (p, q는 상수)이라 하면
$a=pq$, $p+q=8$
a는 자연수이므로 $pq>0$
$p+q=8>0$이므로 $p>0$, $q>0$ …… ㉠
㉠을 만족시키는 p, q, a의 값은 다음과 같다.

p	1	2	3	4	5	6	7
q	7	6	5	4	3	2	1
$a(=pq)$	7	12	15	16	15	12	7

따라서 a의 최댓값은 16, 최솟값은 7이다.

04 답 1245
$(Ax-B)(Cx+D)+x^2+14=9(x+1)^2$에서
$(Ax-B)(Cx+D)=9x^2+18x+9-(x^2+14)$
$=8x^2+18x-5$
$=(4x-1)(2x+5)$
즉, $A=4$, $B=1$, $C=2$, $D=5$
따라서 지민이의 휴대폰 비밀번호는 1245이다.

05 답 3개
$3^8-2^8=(3^4)^2-(2^4)^2$
$=(3^4+2^4)(3^4-2^4)$
$=(3^4+2^4)(3^2+2^2)(3^2-2^2)$
$=(3^4+2^4)(3^2+2^2)(3+2)(3-2)$
$=(81+16)(9+4)(3+2)$
$=97\times13\times5$
따라서 3^8-2^8을 나누어떨어지게 하는 두 자리 자연수 a는 13, 65, 97의 3개이다.

오답 피하기
$13\times5=65$도 3^8-2^8을 나누어떨어지게 하므로 빠뜨리지 않게 주의한다.

06 답 10 m
산책로의 한가운데를 지나는 원의 반지름의 길이를 r m라 하면
$2\pi r=20\pi$ $\therefore r=10$
산책로의 폭이 $2a$ m이므로 연못의 반지름의 길이는
$(10-a)$ m, 산책로의 바깥쪽 원의 반지름의 길이는
$(10+a)$ m이다.
이때 산책로의 넓이는 200π m^2이므로
$\pi(10+a)^2-\pi(10-a)^2$
$=\pi\{(10+a)+(10-a)\}\{(10+a)-(10-a)\}$
$=\pi\times20\times2a=40\pi a$
$40\pi a=200\pi$ $\therefore a=5$
따라서 구하는 산책로의 폭은
$2a=2\times5=10$ (m)

07 답 6
$x^3+2x^2-4x-8=x^2(x+2)-4(x+2)$
$=(x+2)(x^2-4)$
$=(x+2)(x+2)(x-2)$
$=(x+2)^2(x-2)$
밑면이 한 변의 길이가 $(x+2)$인 정사각형이므로 이 상자의 높이는 $x-2$이다.
(상자의 겉넓이)
$=2\times\{(x+2)(x+2)+(x-2)(x+2)+(x-2)(x+2)\}$
$=2(x^2+4x+4+x^2-4+x^2-4)$
$=2(3x^2+4x-4)$
$=6x^2+8x-8$
즉, $a=6$, $b=8$, $c=-8$이므로
$a+b+c=6+8+(-8)=6$

08 답 성준 : 45개, 진호 : 55개
성준이가 가져가는 바둑돌의 개수는
$1^2+(3^2-2^2)+(5^2-4^2)+(7^2-6^2)+(9^2-8^2)$
$=1+(3+2)(3-2)+(5+4)(5-4)+(7+6)(7-6)$
$+(9+8)(9-8)$
$=1+(2+3)+(4+5)+(6+7)+(8+9)$
$=45$
진호가 가져가는 바둑돌의 개수는
$(2^2-1^2)+(4^2-3^2)+(6^2-5^2)+(8^2-7^2)+(10^2-9^2)$
$=(2+1)(2-1)+(4+3)(4-3)+(6+5)(6-5)$
$+(8+7)(8-7)+(10+9)(10-9)$
$=(1+2)+(3+4)+(5+6)+(7+8)+(9+10)$
$=55$

고난도 50

94쪽~102쪽

01 답 24

A2 용지의 긴 변의 길이를 x라 하면 B2 용지의 긴 변의 길이는 $\sqrt{1.5}x$이고, B4 용지의 긴 변의 길이는 $\frac{\sqrt{1.5}x}{2}$이다.

따라서 A2 용지와 B4 용지의 긴 변의 길이 사이의 비는

$x : \frac{\sqrt{1.5}x}{2} = 2 : \sqrt{\frac{3}{2}} = 4 : \sqrt{6}$

즉, $a=4$, $b=6$일 때, ab의 값은 최소이므로

구하는 최솟값은 $4\times6=24$

02 답 30

$\sqrt{1+3+5+7+9+\cdots+59}$

$=\sqrt{(1+59)+(3+57)+\cdots+(29+31)}$

$=\sqrt{60\times15}=\sqrt{900}=\sqrt{30^2}=30$

다른 풀이

$\sqrt{1+3}=\sqrt{4}=\sqrt{2^2}=2$

$\sqrt{1+3+5}=\sqrt{9}=\sqrt{3^2}=3$

$\sqrt{1+3+5+7}=\sqrt{16}=\sqrt{4^2}=4$

$\vdots$

$\sqrt{1+3+5+7+9+\cdots+59}=\sqrt{30^2}=30$

03 답 9

y는 자연수이므로 $\sqrt{28+y}>\sqrt{28}>\sqrt{25}=5$, $\sqrt{50-x}>6$

이때 $\sqrt{50-x}$는 자연수이므로

$50-x=49 \quad \therefore x=1$

$x=1$일 때, $\sqrt{49}=\sqrt{28+y}+1$, $6=\sqrt{28+y}$에서 $y=8$

$\therefore x+y=1+8=9$

04 답 10개

$\sqrt{\frac{45-9x}{y}}=\sqrt{\frac{3^2(5-x)}{y}}$이므로 자연수 x가 될 수 있는 수는 1, 2, 3, 4이다.

(i) $x=1$일 때, $\sqrt{\frac{36}{y}}=\sqrt{\frac{2^2\times3^2}{y}}$이 자연수가 되도록 하는 y의 값은 1, 4, 9, 36으로 구하는 순서쌍은 (1, 1), (1, 4), (1, 9), (1, 36)의 4개이다.

(ii) $x=2$일 때, $\sqrt{\frac{27}{y}}=\sqrt{\frac{3^3}{y}}$이 자연수가 되도록 하는 y의 값은 3, 27로 구하는 순서쌍은 (2, 3), (2, 27)의 2개이다.

(iii) $x=3$일 때, $\sqrt{\frac{18}{y}}=\sqrt{\frac{2\times3^2}{y}}$이 자연수가 되도록 하는 y의 값은 2, 18로 구하는 순서쌍은 (3, 2), (3, 18)의 2개이다.

(iv) $x=4$일 때, $\sqrt{\frac{9}{y}}=\sqrt{\frac{3^2}{y}}$이 자연수가 되도록 하는 y의 값은 1, 9로 구하는 순서쌍은 (4, 1), (4, 9)의 2개이다.

따라서 구하는 순서쌍의 개수는 $4+2+2+2=10$(개)

05 답 144

장미와 튤립을 심은 화단의 한 변의 길이는 각각 $\sqrt{45n}$, $\sqrt{56-n}$

이때 $\sqrt{45n}=\sqrt{3^2\times5\times n}$이 자연수이므로 $n=5\times(\text{자연수})^2$ 꼴이어야 한다.

$\therefore n=5\times1^2, 5\times2^2, 5\times3^2, \cdots$ …… ㉠

또 $\sqrt{56-n}$이 자연수이므로 $56-n=(\text{자연수})^2$ 꼴이어야 한다.

즉, $56-n=1^2, 2^2, 3^2, 4^2, 5^2, 6^2, 7^2$

$\therefore n=55, 52, 47, 40, 31, 20, 7$ …… ㉡

㉠, ㉡을 모두 만족시키는 n의 값은 20이다.

즉, 장미를 심은 화단의 한 변의 길이는 $\sqrt{45\times20}=\sqrt{900}=30$,

튤립을 심은 화단의 한 변의 길이는 $\sqrt{56-20}=\sqrt{36}=6$

$\therefore$ (데이지를 심은 화단의 넓이)$=6\times24=144$

06 답 60

$x=y-2$, $z=y+2$라 하면

$x+y+z=(y-2)+y+(y+2)=3y<150$

$\therefore y<50$

또 $\sqrt{x+y+z}=k$에서 $\sqrt{3y}=k$이고, k는 자연수이므로

$y=3\times(\text{자연수})^2$ 꼴이어야 한다.

이때 $y<50$이므로 $3\times(\text{자연수})^2<50$, $(\text{자연수})^2<\frac{50}{3}$

즉, 가능한 $(\text{자연수})^2$의 값은 1, 4, 9, 16이다.

이때 y는 짝수이므로 y의 값이 될 수 있는 수는

$12(=3\times4)$, $48(=3\times16)$

따라서 조건을 만족시키는 모든 y의 값의 합은

$12+48=60$

07 답 163

$\sqrt{16}=4$, $\sqrt{25}=5$, $\sqrt{36}=6$, $\sqrt{49}=7$이므로

$f(21)=f(22)=f(23)=f(24)=4$

$f(25)=f(26)=f(27)=\cdots=f(35)=5$

$f(36)=f(37)=f(38)=\cdots=f(48)=6$

$f(49)=f(50)=7$

$\therefore f(21)+f(22)+f(23)+\cdots+f(50)$

$=4\times4+5\times11+6\times13+7\times2$

$=16+55+78+14=163$

08 답 20

$f(1)=0$

$f(2)=f(3)=f(4)=1$

$f(5)=f(6)=f(7)=f(8)=f(9)=2$

$f(10)=f(11)=f(12)=\cdots=f(16)=3$

$f(17)=f(18)=f(19)=\cdots=f(25)=4$

이때

$f(1)+f(2)+f(3)+\cdots+f(20)$

$=0+1\times3+2\times5+3\times7+4\times4=50$

이므로 구하는 n의 값은 20이다.

09 답 224개

$1\le n\le250$에서

(i) $\sqrt{n}$이 유리수가 되는 경우

$n=p^2$ (p는 자연수) 꼴이어야 하므로

$n=1^2, 2^2, 3^2, \cdots, 13^2, 14^2, 15^2$의 15개이다.

(ii) $\sqrt{2n}$이 유리수가 되는 경우

$n=2\times q^2$ (q는 자연수) 꼴이어야 하므로

$n=2\times1^2, 2\times2^2, 2\times3^2, \cdots, 2\times10^2, 2\times11^2$의 11개이다.

(i), (ii)에서 중복되는 수가 없으므로 $\sqrt{n}$과 $\sqrt{2n}$이 모두 무리수가 되도록 하는 250 이하의 자연수 n의 개수는

$250-(15+11)=224$(개)

10 답 a

$0<a<1$이면 $a^2<a$

$\sqrt{a^2}<\sqrt{a}$에서 $a<\sqrt{a}$

$a<1<\frac{1}{a}$에서 $\sqrt{a}<\sqrt{\frac{1}{a}}$

$a^2<a$에서 $\frac{1}{a}<\frac{1}{a^2}$, $\sqrt{\frac{1}{a}}<\sqrt{\frac{1}{a^2}}=\frac{1}{a}$

$\therefore a^2<a<\sqrt{a}<\sqrt{\frac{1}{a}}<\frac{1}{a}$

따라서 두 번째로 작은 것은 a이다.

11 답 $\frac{4\sqrt{3}}{9}$배

오른쪽 그림과 같이 정삼각형의 한 꼭짓점 A에서 밑변에 내린 수선의 발을 H라 하면 $\overline{BH}=\frac{\sqrt{3}}{2}$

$\triangle ABH$에서 피타고라스 정리에 의해

$\overline{AH}=\sqrt{(\sqrt{3})^2-\left(\frac{\sqrt{3}}{2}\right)^2}=\sqrt{\frac{9}{4}}=\frac{3}{2}$

이므로

$(\text{정삼각형의 넓이})=\frac{1}{2}\times\sqrt{3}\times\frac{3}{2}=\frac{3\sqrt{3}}{4}$

이때 정삼각형과 정사각형의 둘레의 길이가 서로 같으므로 정사각형의 둘레의 길이는 $3\sqrt{3}$이고 한 변의 길이는 $\frac{3\sqrt{3}}{4}$이다.

$\therefore (\text{정사각형의 넓이})=\left(\frac{3\sqrt{3}}{4}\right)^2=\frac{27}{16}$

$\frac{3\sqrt{3}}{4}\div\frac{27}{16}=\frac{3\sqrt{3}}{4}\times\frac{16}{27}=\frac{4\sqrt{3}}{9}$

이므로 정삼각형의 넓이는 정사각형의 넓이의 $\frac{4\sqrt{3}}{9}$배이다.

12 답 -2

$a\sqrt{\frac{12b}{a}}+\frac{1}{a}\sqrt{\frac{3a}{b}}-b\sqrt{\frac{27a}{b}}$

$=\sqrt{\frac{12b}{a}\times a^2}+\sqrt{\frac{3a}{b}\times\frac{1}{a^2}}-\sqrt{\frac{27a}{b}\times b^2}$

$=\sqrt{12ab}+\sqrt{\frac{3}{ab}}-\sqrt{27ab}$

$=\sqrt{36}+\sqrt{1}-\sqrt{81}$

$=6+1-9$

$=-2$

13 답 0

$2\sqrt{3}x-\sqrt{2}<\sqrt{6}(\sqrt{2}-\sqrt{3})x+1$에서

$2\sqrt{3}x-\sqrt{6}(\sqrt{2}-\sqrt{3})x<1+\sqrt{2}$

$(2\sqrt{3}-2\sqrt{3}+3\sqrt{2})x<1+\sqrt{2}$

$3\sqrt{2}x<1+\sqrt{2}$ $\quad\therefore x<\frac{1+\sqrt{2}}{3\sqrt{2}}$

$\frac{1+\sqrt{2}}{3\sqrt{2}}=\frac{(1+\sqrt{2})\times\sqrt{2}}{3\sqrt{2}\times\sqrt{2}}=\frac{\sqrt{2}+2}{6}$이므로

$x<\frac{\sqrt{2}+2}{6}$ $\quad\cdots\cdots$ ㉠

$1<\sqrt{2}<2$에서 $3<\sqrt{2}+2<4$이므로

$\frac{1}{2}<\frac{\sqrt{2}+2}{6}<\frac{2}{3}$

따라서 ㉠을 만족시키는 정수 x의 값 중 가장 큰 수는 0이다.

14 답 18

정사각형 BFGC의 넓이가 40이므로

$\overline{BC}=\sqrt{40}=2\sqrt{10}$

$\triangle ABC$의 넓이가 $6\sqrt{5}$이므로

$\frac{1}{2}\times2\sqrt{10}\times\overline{AB}=6\sqrt{5}$

$\therefore \overline{AB}=\frac{6\sqrt{5}}{\sqrt{10}}=\frac{6}{\sqrt{2}}=\frac{6\times\sqrt{2}}{\sqrt{2}\times\sqrt{2}}=3\sqrt{2}$

따라서 정사각형 ADEB의 넓이는

$(3\sqrt{2})^2=18$

15 답 $6\sqrt{10}$

$\overline{DE}\,/\!/\,\overline{BC}$이므로 $\triangle ABC\backsim\triangle ADE$ (AA 닮음)

$\triangle ADE=\frac{2}{5}\triangle ABC$이므로

$\triangle ABC:\triangle ADE=5:2$

즉, $\triangle ABC$와 $\triangle ADE$의 닮음비가 $\sqrt{5}:\sqrt{2}$이므로

$\sqrt{5}:\sqrt{2}=\overline{BC}:\overline{DE}$에서

$\sqrt{5}:\sqrt{2}=\overline{BC}:12$, $\sqrt{2}\,\overline{BC}=12\sqrt{5}$

$\therefore \overline{BC}=\frac{12\sqrt{5}}{\sqrt{2}}=\frac{12\sqrt{5}\times\sqrt{2}}{\sqrt{2}\times\sqrt{2}}=6\sqrt{10}$

16 답 $(2+\sqrt{2})\pi$ cm

점 A가 움직인 거리는 다음 그림과 같다.

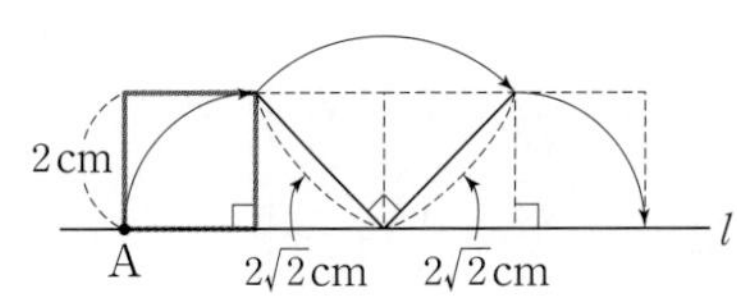

한 변의 길이가 2 cm인 정사각형의 대각선의 길이는

$\sqrt{2^2+2^2}=2\sqrt{2}$ (cm)

점 A가 움직인 거리는 반지름의 길이가 2 cm인 사분원 2개의 호의 길이와 반지름의 길이가 $2\sqrt{2}$ cm인 사분원의 호의 길이의 합과 같다.

따라서 점 A가 움직인 거리는

$2\times\left(2\pi\times2\times\frac{90}{360}\right)+\left(2\pi\times2\sqrt{2}\times\frac{90}{360}\right)$

$=2\pi+\sqrt{2}\pi=(2+\sqrt{2})\pi$ (cm)

17 답 $\frac{\sqrt{6}}{2}$

$x=\frac{\sqrt{27}+\sqrt{18}}{\sqrt{3}}=\frac{3\sqrt{3}+3\sqrt{2}}{\sqrt{3}}=\frac{(3\sqrt{3}+3\sqrt{2})\times\sqrt{3}}{\sqrt{3}\times\sqrt{3}}$

$=\frac{9+3\sqrt{6}}{3}=3+\sqrt{6}$

$y=\frac{\sqrt{18}-\sqrt{12}}{\sqrt{2}}=\frac{3\sqrt{2}-2\sqrt{3}}{\sqrt{2}}=\frac{(3\sqrt{2}-2\sqrt{3})\times\sqrt{2}}{\sqrt{2}\times\sqrt{2}}$

$=\frac{6-2\sqrt{6}}{2}=3-\sqrt{6}$

$\therefore \frac{x+y}{x-y}=\frac{(3+\sqrt{6})+(3-\sqrt{6})}{(3+\sqrt{6})-(3-\sqrt{6})}=\frac{6}{2\sqrt{6}}=\frac{\sqrt{6}}{2}$

18 답 $a=2,\ b=\frac{1}{6}$

$\frac{a\sqrt{2}-1}{\sqrt{3}}+b\sqrt{2}(\sqrt{6}+\sqrt{8}-2\sqrt{12})$

$=\frac{a\sqrt{6}-\sqrt{3}}{3}+2b\sqrt{3}+4b-4b\sqrt{6}$

$=\left(\frac{a}{3}-4b\right)\sqrt{6}+\left(2b-\frac{1}{3}\right)\sqrt{3}+4b$

이 식이 유리수가 되려면

$\frac{a}{3}-4b=0$ …… ㉠

$2b-\frac{1}{3}=0$ …… ㉡

㉡에서 $2b=\frac{1}{3}$ $\therefore b=\frac{1}{6}$

$b=\frac{1}{6}$을 ㉠에 대입하면

$\frac{a}{3}-\frac{2}{3}=0$ $\therefore a=2$

19 답 $\left(\frac{14\sqrt{3}}{3}+\frac{8}{3}\right)$ cm

정사각형 A, B, C, D의 넓이가 각각 3 cm^2, 1 cm^2, $\frac{1}{3}\text{ cm}^2$, $\frac{1}{9}\text{ cm}^2$이므로 한 변의 길이는 각각 $\sqrt{3}$ cm, 1 cm, $\frac{1}{\sqrt{3}}$ cm, $\frac{1}{3}$ cm이다.

$\therefore$ (색칠한 도형의 둘레의 길이)

$=2\left\{\left(\sqrt{3}+1+\frac{1}{\sqrt{3}}+\frac{1}{3}\right)+\sqrt{3}\right\}$

$=2\left\{\left(\sqrt{3}+1+\frac{\sqrt{3}}{3}+\frac{1}{3}\right)+\sqrt{3}\right\}$

$=2\left(\frac{7\sqrt{3}}{3}+\frac{4}{3}\right)$

$=\frac{14\sqrt{3}}{3}+\frac{8}{3}$ (cm)

20 답 $6-2\sqrt{5}$

다음 그림과 같이 분할한 정사각형을 각각 A, B, C, D라 하자.

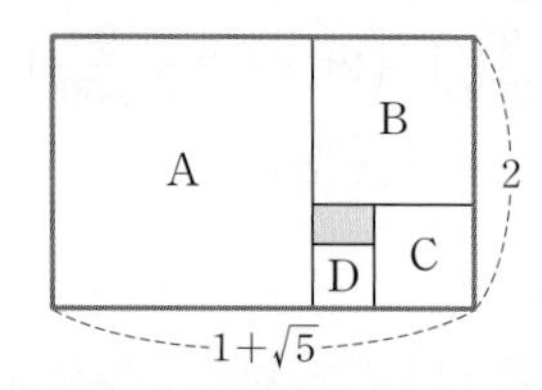

(정사각형 A의 한 변의 길이)$=2$

(정사각형 B의 한 변의 길이)$=(1+\sqrt{5})-2=\sqrt{5}-1$

(정사각형 C의 한 변의 길이)$=2-(\sqrt{5}-1)=3-\sqrt{5}$

(정사각형 D의 한 변의 길이)$=(\sqrt{5}-1)-(3-\sqrt{5})=2\sqrt{5}-4$

색칠한 직사각형의 가로의 길이는 $2\sqrt{5}-4$이고

세로의 길이는 $(3-\sqrt{5})-(2\sqrt{5}-4)=7-3\sqrt{5}$

$\therefore$ (색칠한 직사각형의 둘레의 길이)

$=2\{(2\sqrt{5}-4)+(7-3\sqrt{5})\}$

$=2(3-\sqrt{5})=6-2\sqrt{5}$

21 답 $(16\sqrt{2}+6\sqrt{3})$ cm

오른쪽 그림과 같이 넓이가 각각 3 cm^2, 8 cm^2, 12 cm^2, 18 cm^2인 정사각형의 한 변의 길이는 각각 $\sqrt{3}$ cm, $2\sqrt{2}$ cm, $2\sqrt{3}$ cm, $3\sqrt{2}$ cm이므로 겹치는 부분인 정사각형의 한 변의 길이는 각각 $\frac{\sqrt{3}}{2}$ cm, $\sqrt{2}$ cm, $\sqrt{3}$ cm

$\therefore$ (주어진 도형의 둘레의 길이)

$=$(4개의 정사각형의 둘레의 길이)

$-$(겹쳐진 3개의 정사각형의 둘레의 길이)

$=4(\sqrt{3}+2\sqrt{2}+2\sqrt{3}+3\sqrt{2})-4\left(\frac{\sqrt{3}}{2}+\sqrt{2}+\sqrt{3}\right)$

$=4(5\sqrt{2}+3\sqrt{3})-4\left(\sqrt{2}+\frac{3\sqrt{3}}{2}\right)$

$=20\sqrt{2}+12\sqrt{3}-4\sqrt{2}-6\sqrt{3}$

$=16\sqrt{2}+6\sqrt{3}$ (cm)

22 답 $12\sqrt{3}\pi$

가장 큰 원의 넓이가 75π이므로 반지름의 길이는 $\sqrt{75}=5\sqrt{3}$

가장 작은 원의 넓이는 $75\pi\times\frac{1}{5}\times\frac{1}{5}=3\pi$이므로

반지름의 길이는 $\sqrt{3}$이다.

$\therefore$ (가장 큰 원의 둘레의 길이)+(가장 작은 원의 둘레의 길이)

$=2\times\pi\times5\sqrt{3}+2\times\pi\times\sqrt{3}=12\sqrt{3}\pi$

23 답 $\mathrm{F}(6\sqrt{2}+4,\ 2\sqrt{2})$

$\overline{\mathrm{OA}}=\overline{\mathrm{AB}}=4\sqrt{2}$이므로

$S_1=\frac{1}{2}\times4\sqrt{2}\times4\sqrt{2}=16$

$S_2=\frac{1}{2}S_1=\frac{1}{2}\times16=8$

$S_3=\frac{1}{2}S_2=\frac{1}{2}\times8=4$

이때 $\frac{1}{2}\times\overline{\mathrm{AC}}^2=8$이므로

$\overline{\mathrm{AC}}^2=16$ $\therefore \overline{\mathrm{AC}}=4$ ($\because \overline{\mathrm{AC}}>0$)

또 $\frac{1}{2}\times\overline{\mathrm{CE}}^2=4$이므로

$\overline{\mathrm{CE}}^2=8$ $\therefore \overline{\mathrm{CE}}=2\sqrt{2}$ ($\because \overline{\mathrm{CE}}>0$)

$\overline{\mathrm{OE}}=\overline{\mathrm{OA}}+\overline{\mathrm{AC}}+\overline{\mathrm{CE}}=4\sqrt{2}+4+2\sqrt{2}=6\sqrt{2}+4$

따라서 점 F의 좌표는 $(6\sqrt{2}+4,\ 2\sqrt{2})$이다.

24 답 $8\sqrt{2}-12$

$10\sqrt{2}=\sqrt{200}$이고 $14<\sqrt{200}<15$이므로

$f(10)=10\sqrt{2}-14$

$\frac{4}{\sqrt{2}}=2\sqrt{2}=\sqrt{8}$이고 $2<\sqrt{8}<3$이므로

$g(4)=2\sqrt{2}-2$

$\therefore f(10)-g(4)=(10\sqrt{2}-14)-(2\sqrt{2}-2)$

$=8\sqrt{2}-12$

25 답 2020

$\sqrt{2020^2}<\sqrt{2020^2+1}<\sqrt{2021^2}$이므로

$2020<\sqrt{2020^2+1}<2021$에서 $a=\sqrt{2020^2+1}-2020$

$a+2020=\sqrt{2020^2+1}$

$(a+2020)^2=2020^2+1$

$\therefore \sqrt{(a+2020)^2-1}=\sqrt{2020^2+1-1}$

$=\sqrt{2020^2}=2020$

26 답 $\frac{1}{3^{16}}$

양변에 $\left(1-\frac{1}{3}\right)$을 곱하면

$\left(1-\frac{1}{3}\right)P=\left(1-\frac{1}{3}\right)\left(1+\frac{1}{3}\right)\left(1+\frac{1}{3^2}\right)\left(1+\frac{1}{3^4}\right)\left(1+\frac{1}{3^8}\right)$

$\frac{2}{3}P=\left(1-\frac{1}{3^2}\right)\left(1+\frac{1}{3^2}\right)\left(1+\frac{1}{3^4}\right)\left(1+\frac{1}{3^8}\right)$

$=\left(1-\frac{1}{3^4}\right)\left(1+\frac{1}{3^4}\right)\left(1+\frac{1}{3^8}\right)$

$=\left(1-\frac{1}{3^8}\right)\left(1+\frac{1}{3^8}\right)$

$=1-\frac{1}{3^{16}}$

$\therefore 1-\frac{2}{3}P=\frac{1}{3^{16}}$

27 답 -40

$(x+a)(x+b)=x^2+(a+b)x+ab$에서

$k=a+b$, $ab=39$

$ab=39$를 만족시키는 정수 a, b를 순서쌍 (a, b)로 나타내면

$(1, 39)$, $(3, 13)$, $(13, 3)$, $(39, 1)$, $(-1, -39)$, $(-3, -13)$, $(-13, -3)$, $(-39, -1)$

이다. 따라서 가장 작은 실수 k의 값은

$(-1)+(-39)=-40$

28 답 $-8a^2+20ab-12b^2$

$\overline{AE}=\overline{AB}=2b$이므로

$\overline{ED}=\overline{AD}-\overline{AE}=(2a+b)-2b=2a-b$

$\overline{EH}=\overline{ED}=2a-b$이므로

$\overline{HF}=\overline{EF}-\overline{EH}=2b-(2a-b)=3b-2a$

$\overline{HI}=\overline{HG}-\overline{IG}=\overline{ED}-\overline{GC}=\overline{ED}-\overline{HF}$

$=(2a-b)-(3b-2a)=4a-4b$

따라서 사각형 HFJI의 넓이는

$\overline{HI}\times\overline{HF}=(4a-4b)(3b-2a)$

$=12ab-8a^2-12b^2+8ab$

$=-8a^2+20ab-12b^2$

29 답 8

$3n-1\le\sqrt{x}<3n+1$에서

$(3n-1)^2\le x<(3n+1)^2$

이를 만족시키는 자연수 x가 96개이므로

$(3n+1)^2-(3n-1)^2=96$

$9n^2+6n+1-(9n^2-6n+1)=96$

$12n=96 \qquad \therefore n=8$

30 답 $9\sqrt{15}$

$\sqrt{x}=\sqrt{y}+\sqrt{240}$에서

$(\sqrt{x})^2=(\sqrt{y}+\sqrt{240})^2$, $x=y+2\sqrt{240y}+240$

x, y가 자연수이고 $240=2^4\times3\times5$이므로

$y=3\times5\times k^2$(k는 자연수) 꼴이다.

$1<\frac{y}{240}<2$이므로 $1<\frac{3\times5\times k^2}{240}<2$

$1<\frac{k^2}{16}<2 \qquad \therefore 16<k^2<32$

따라서 자연수 k의 값은 5이다.

$y=3\times5\times5^2$이므로

$\sqrt{x}=\sqrt{3\times5\times5^2}+\sqrt{240}$

$=5\sqrt{15}+4\sqrt{15}$

$=9\sqrt{15}$

31 답 7

$a+b=\frac{3}{3+2\sqrt{2}}=\frac{3(3-2\sqrt{2})}{(3+2\sqrt{2})(3-2\sqrt{2})}$

$=9-6\sqrt{2}$

$c+d=\frac{3}{3-2\sqrt{2}}=\frac{3(3+2\sqrt{2})}{(3-2\sqrt{2})(3+2\sqrt{2})}$

$=9+6\sqrt{2}$

$(a+b)(c+d)=ac+ad+bc+bd$에서

$(9-6\sqrt{2})(9+6\sqrt{2})=1+ad+bc+1$

$9=ad+bc+2$

$\therefore ad+bc=7$

32 답 $2\sqrt{5}$

조건 (가)에서

$\frac{(8+b\sqrt{3})(a-\sqrt{3})}{(a+\sqrt{3})(a-\sqrt{3})}=\frac{8a-3b+(ab-8)\sqrt{3}}{a^2-3}$

이 식이 유리수가 되려면

$ab-8=0 \qquad \therefore ab=8$

조건 (나)에서

a, b는 서로소가 아닌 두 자연수이므로

$a=2$, $b=4$ 또는 $a=4$, $b=2$

$\therefore \overline{EF}=\sqrt{4^2+2^2}=\sqrt{20}=2\sqrt{5}$

33 답 40

$x\neq0$이므로 $x^2-6x+1=0$의 양변을 x로 나누면

$x-6+\frac{1}{x}=0 \qquad \therefore x+\frac{1}{x}=6$

$\therefore x^2+x+\frac{1}{x}+\frac{1}{x^2}$

$=\left(x^2+\frac{1}{x^2}\right)+\left(x+\frac{1}{x}\right)$

$=\left\{\left(x+\frac{1}{x}\right)^2-2\right\}+\left(x+\frac{1}{x}\right)$

$=6^2-2+6=40$

34 답 1

$(a+b)^2=a^2+2ab+b^2$에서

$4^2=18+2ab \qquad \therefore ab=-1$

$\therefore a^4-\dfrac{1}{a^4}+b^4-\dfrac{1}{b^4}+a^4b^4$

$=a^4+b^4-\dfrac{1}{a^4}-\dfrac{1}{b^4}+a^4b^4$

$=a^4+b^4-\dfrac{a^4+b^4}{a^4b^4}+a^4b^4$

$=a^4+b^4-\dfrac{a^4+b^4}{(ab)^4}+(ab)^4$

$=a^4+b^4-\dfrac{a^4+b^4}{(-1)^4}+(-1)^4$

$=a^4+b^4-a^4-b^4+1=1$

35 답 4

$(x+y)(x^2+y^2)(x^4+y^4)$

$=\dfrac{1}{x-y}(x-y)(x+y)(x^2+y^2)(x^4+y^4)$

$=\dfrac{1}{x-y}(x^2-y^2)(x^2+y^2)(x^4+y^4)$

$=\dfrac{1}{x-y}(x^4-y^4)(x^4+y^4)$

$=\dfrac{1}{x-y}(x^8-y^8)$

이때 $y=x-2$에서 $x-y=2$이므로

$(x+y)(x^2+y^2)(x^4+y^4)=\dfrac{1}{2}(x^8-y^8)$

따라서 $a=\dfrac{1}{2}$, $b=8$이므로 $ab=\dfrac{1}{2}\times 8=4$

36 답 5

$x=\dfrac{(\sqrt{5}+\sqrt{3})(\sqrt{5}+\sqrt{3})}{(\sqrt{5}-\sqrt{3})(\sqrt{5}+\sqrt{3})}=\dfrac{8+2\sqrt{15}}{2}=4+\sqrt{15}$

이므로 $x-4=\sqrt{15}$, $(x-4)^2=(\sqrt{15})^2$, $x^2-8x+1=0$

$\therefore x^2-8x=-1$

$\therefore (x^2-8x+4)(4+8x-x^2)-10$

$=(-1+4)\{4-(-1)\}-10=15-10=5$

37 답 2

$(x+y)^2-(x-y)^2=12$에서

$(x^2+2xy+y^2)-(x^2-2xy+y^2)=12$

$4xy=12$이므로 $xy=3$

$(x-7)(y-7)=10$에서

$xy-7(x+y)+49=10$

이 식에 $xy=3$을 대입하면

$3-7(x+y)+49=10$이므로 $x+y=6$

$\therefore \dfrac{1}{x}+\dfrac{1}{y}=\dfrac{x+y}{xy}=\dfrac{6}{3}=2$

38 답 193

$a=2+\sqrt{3}$, $b=2-\sqrt{3}$이라 하면

$a+b=(2+\sqrt{3})+(2-\sqrt{3})=4$, $ab=(2+\sqrt{3})(2-\sqrt{3})=1$

이므로

$a^2+b^2=(a+b)^2-2ab=4^2-2\times 1=14$

$a^4+b^4=(a^2+b^2)^2-2a^2b^2=14^2-2\times 1^2=194$

즉, $a^4=194-b^4$이고

$0<b<1$이므로 $0<b^4<1$

$\therefore [(2+\sqrt{3})^4]=[a^4]=[194-b^4]=193$

39 답 10

$5x^2-px+2q=5\left(x^2-\dfrac{p}{5}x+\dfrac{2q}{5}\right)$

이 식이 완전제곱식이 되려면 $\dfrac{2q}{5}=\left(-\dfrac{p}{5}\times\dfrac{1}{2}\right)^2$

즉, $\dfrac{p^2}{100}=\dfrac{2q}{5}$이어야 하므로

$5p^2=200q$

$p^2=40q=2^3\times 5\times q$

따라서 자연수 p의 값이 최소가 되게 하는 자연수 q의 값은

$2\times 5=10$

40 답 $\dfrac{3}{x}$

$0<x<1$에서 $\dfrac{1}{x}>1$이므로 $x-\dfrac{1}{x}<0$, $x+\dfrac{1}{x}>0$

$\therefore \sqrt{\dfrac{1}{x^2}}+\sqrt{x^2+\dfrac{1}{x^2}-2}+\sqrt{x^2+\dfrac{1}{x^2}+2}$

$=\sqrt{\left(\dfrac{1}{x}\right)^2}+\sqrt{\left(x-\dfrac{1}{x}\right)^2}+\sqrt{\left(x+\dfrac{1}{x}\right)^2}$

$=\dfrac{1}{x}-\left(x-\dfrac{1}{x}\right)+\left(x+\dfrac{1}{x}\right)$

$=\dfrac{1}{x}-x+\dfrac{1}{x}+x+\dfrac{1}{x}$

$=\dfrac{3}{x}$

41 답 30

$\sqrt{x^2-60}=y$에서 $x^2-60=y^2$, $x^2-y^2=60$

$(x-y)(x+y)=60$이고 x, y는 자연수이므로

$x-y=2$, $x+y=30$ 또는 $x-y=6$, $x+y=10$

이 중에서 두 자리의 자연수 x, y를 만족시키는 것은

$x-y=2$, $x+y=30$에서

$x=16$, $y=14$

$\therefore x+y=30$

42 답 39

$(x+a)(x+13)+25=x^2+(a+13)x+13a+25$

이 식이 x의 계수가 1이고 상수항이 정수인 두 일차식의 곱으로 인수분해되므로 $(x+a)(x+13)+25=(x+m)(x+n)$

($m\geq n$, m, n은 정수)라 하면

$m+n=a+13$ …… ㉠

$mn=13a+25$ …… ㉡

㉠에서 $a=m+n-13$이므로 ㉡에 대입하면

$mn=13(m+n-13)+25$

$mn-13m-13n+13^2=25$

$m(n-13)-13(n-13)=25$

$(m-13)(n-13)=25$

이를 만족시키는 m, n은

(i) $m-13=25$, $n-13=1$인 경우

$m=38$, $n=14$이므로 $a=38+14-13=39$

(ii) $m-13=5$, $n-13=5$인 경우

$m=18$, $n=18$이므로 $a=18+18-13=23$

(iii) $m-13=-5$, $n-13=-5$인 경우

$m=8$, $n=8$이므로 $a=8+8-13=3$

(iv) $m-13=-1$, $n-13=-25$인 경우
$m=12$, $n=-12$이므로 $a=12+(-12)-13=-13$
(i)~(iv)에서 a의 최댓값은 39이다.

43 답 $30x-6$
도형 (가)의 넓이는
$(6x)^2-4\times1^2=36x^2-4=4(9x^2-1)=4(3x-1)(3x+1)$
도형 (나)의 가로의 길이를 A라 하면
$A(3x+1)=4(3x-1)(3x+1)$
이때 $3x+1>0$이므로 $A=4(3x-1)=12x-4$
따라서 도형 (나)의 둘레의 길이는
$2\times\{(12x-4)+(3x+1)\}=2\times(15x-3)=30x-6$

44 답 4개
$x^2+4xy+4y^2-6x-12y-16$
$=(x+2y)^2-6(x+2y)-16$
$x+2y=A$라 하면
$(x+2y)^2-6(x+2y)-16$
$=A^2-6A-16=(A-8)(A+2)$
$=(x+2y-8)(x+2y+2)$
이때 $x+2y+2>x+2y-8$이므로 $(x+2y-8)(x+2y+2)$가 소수가 되려면 $x+2y-8$이 1이어야 한다.
$x+2y-8=1$에서 $x+2y=9$
따라서 $x+2y=9$를 만족시키는 순서쌍 (x, y)는 $(7, 1)$, $(5, 2)$, $(3, 3)$, $(1, 4)$의 4개이다.

45 답 150
$(x+1)(x+2)(x+3)(x+4)+kx^2+5kx+6$
$=(x+1)(x+4)(x+2)(x+3)+kx^2+5kx+6$
$=(x^2+5x+4)(x^2+5x+6)+k(x^2+5x)+6$
$x^2+5x=A$라 하면
(주어진 식)$=(A+4)(A+6)+kA+6$
$=A^2+10A+24+kA+6$
$=A^2+(10+k)A+30$
$A^2+(10+k)A+30=(A+m)(A+n)$($m$, n은 $m<n$인 자연수)라 하면
$A^2+(10+k)A+30=A^2+(m+n)A+mn$에서
$m+n=10+k$, $mn=30$
k가 5 미만의 자연수이므로 $mn=30$을 만족시키는 자연수는 다음과 같이 나누어 생각할 수 있다.
(i) $m=3$, $n=10$, $k=3$인 경우
(주어진 식)$=A^2+13A+30=(A+3)(A+10)$
$=(x^2+5x+3)(x^2+5x+10)$
주어진 조건을 만족시키지 않는다.
(ii) $m=5$, $n=6$, $k=1$인 경우
(주어진 식)$=A^2+11A+30=(A+5)(A+6)$
$=(x^2+5x+5)(x^2+5x+6)$
$=(x+2)(x+3)(x^2+5x+5)$
두 일차식과 한 이차식의 곱으로 인수분해되므로 주어진 조건을 만족시킨다.
(i), (ii)에서 $\dfrac{abcd}{k}=\dfrac{2\times3\times5\times5}{1}=150$

46 답 16
$\sqrt{52\times54\times56\times58+k}$
$=\sqrt{(55-3)(55-1)(55+1)(55+3)+k}$
$=\sqrt{(55-3)(55+3)(55-1)(55+1)+k}$
$=\sqrt{(55^2-3^2)(55^2-1^2)+k}$
$=\sqrt{(55^2)^2-10\times55^2+9+k}$
주어진 값이 유리수가 되려면 근호 안의 수가 제곱인 수이어야 하므로 $9+k=\left(\dfrac{-10}{2}\right)^2=25$ $\quad\therefore k=16$

47 답 $\dfrac{442}{21}$
$\sqrt{\dfrac{1}{441}+443}=\sqrt{441+2+\dfrac{1}{441}}$
$=\sqrt{\dfrac{441^2+2\times441+1}{441}}$
$=\sqrt{\dfrac{(441+1)^2}{441}}=\sqrt{\dfrac{442^2}{21^2}}$
$=\dfrac{442}{21}$

48 답 $\dfrac{11}{21}$
$f(x)=1-\dfrac{1}{x^2}=\left(1-\dfrac{1}{x}\right)\left(1+\dfrac{1}{x}\right)$이므로
$f(2)\times f(3)\times\cdots\times f(21)$
$=\left(1-\dfrac{1}{2}\right)\left(1+\dfrac{1}{2}\right)\times\left(1-\dfrac{1}{3}\right)\left(1+\dfrac{1}{3}\right)\times\left(1-\dfrac{1}{4}\right)\left(1+\dfrac{1}{4}\right)$
$\times\cdots\times\left(1-\dfrac{1}{21}\right)\left(1+\dfrac{1}{21}\right)$
$=\left(\dfrac{1}{2}\times\dfrac{3}{2}\right)\times\left(\dfrac{2}{3}\times\dfrac{4}{3}\right)\times\left(\dfrac{3}{4}\times\dfrac{5}{4}\right)\times\cdots\times\left(\dfrac{20}{21}\times\dfrac{22}{21}\right)=\dfrac{11}{21}$

49 답 390
$16\times18\times22\times24+36$
$=(20-4)\times(20-2)\times(20+2)\times(20+4)+36$
$=(20-4)\times(20+4)\times(20-2)\times(20+2)+36$
$=(20^2-4^2)\times(20^2-2^2)+36$
$=(20^2)^2-20\times20^2+64+36$
$=(20^2)^2-20\times20^2+10^2$
$=(20^2-10)^2$
$=390^2$
$\therefore A=390$

50 답 $10\sqrt{5}+9$
$a^2-b^2+2b-1=40$에서
$a^2-(b^2-2b+1)=40$
$a^2-(b-1)^2=40$
$(a+b-1)(a-b+1)=40$
이때 $a+b=\sqrt{5}$이므로
$(\sqrt{5}-1)(a-b+1)=40$
$a-b+1=\dfrac{40}{\sqrt{5}-1}=\dfrac{40(\sqrt{5}+1)}{(\sqrt{5}-1)(\sqrt{5}+1)}=10(\sqrt{5}+1)$
$\therefore a-b=10(\sqrt{5}+1)-1=10\sqrt{5}+9$

중간고사 대비 실전 모의고사 1회

103쪽~106쪽

01 ④	02 ⑤	03 ③	04 ①	05 ③
06 ③	07 ②	08 ②	09 ⑤	10 ⑤
11 ③	12 ②	13 ③	14 ③	15 ⑤
16 ②	17 ⑤	18 ③	19 -2	20 4

21 (1) $A=14+6\sqrt{5}$, $B=6+2\sqrt{5}$ (2) $8+4\sqrt{5}$

22 -2 23 $(2x+3)(x-1)$

01 답 ④

① $\sqrt{121}=11$의 음의 제곱근은 $-\sqrt{11}$이다.

② 64의 제곱근은 ± 8이다.

③ $\sqrt{25}=5$이다.

④ 0의 제곱근은 0의 한 개이다.

⑤ -16의 제곱근은 없다.

따라서 옳은 것은 ④이다.

02 답 ⑤

자연수가 되려면 근호 안의 수가 제곱인 수가 되어야 하므로 $n=7\times(\text{자연수})^2$ 꼴이어야 한다.

03 답 ③

$6^2<(\sqrt{x-3})^2<7^2$이므로 $36<x-3<49$

$\therefore 39<x<52$

따라서 부등식을 만족시키는 자연수 x의 개수는

$52-39-1=12$

04 답 ①

① 무한소수 중에서 순환소수는 유리수이다.

05 답 ③

$\sqrt{252}=\sqrt{2^2\times 3^2\times 7}=(\sqrt{2})^2\times(\sqrt{3})^2\times\sqrt{7}=3a^2b$

06 답 ③

$$\sqrt{\frac{b}{a}}+\sqrt{\frac{a}{b}}=\frac{\sqrt{b}}{\sqrt{a}}+\frac{\sqrt{a}}{\sqrt{b}}=\frac{\sqrt{b}\times\sqrt{a}}{\sqrt{a}\times\sqrt{a}}+\frac{\sqrt{a}\times\sqrt{b}}{\sqrt{b}\times\sqrt{b}}$$
$$=\frac{\sqrt{ab}}{a}+\frac{\sqrt{ab}}{b}=\frac{\sqrt{ab}(a+b)}{ab}$$
$$=\frac{\sqrt{2}\times 10}{2}=5\sqrt{2}$$

07 답 ②

주어진 정사각형의 한 변의 길이는 각각 $\sqrt{2}$, $\sqrt{3}$, $2\sqrt{2}$, $2\sqrt{3}$이고 겹쳐진 정사각형의 한 변의 길이는 각각 $\frac{\sqrt{2}}{2}$, $\frac{\sqrt{3}}{2}$, $\sqrt{2}$이다.

$\therefore$ (도형의 둘레의 길이)

$=$(4개의 정사각형의 둘레의 길이)

$-$(겹쳐진 3개의 정사각형의 둘레의 길이)

$=4\times(\sqrt{2}+\sqrt{3}+2\sqrt{2}+2\sqrt{3})-4\times\left(\frac{\sqrt{2}}{2}+\frac{\sqrt{3}}{2}+\sqrt{2}\right)$

$=(12\sqrt{2}+12\sqrt{3})-(6\sqrt{2}+2\sqrt{3})$

$=12\sqrt{2}+12\sqrt{3}-6\sqrt{2}-2\sqrt{3}$

$=6\sqrt{2}+10\sqrt{3}$

08 답 ②

$\sqrt{5}(3-2\sqrt{5})+a(3+\sqrt{5})=3\sqrt{5}-10+3a+a\sqrt{5}$

$=(3a-10)+(a+3)\sqrt{5}$

이 식이 유리수가 되려면 $a+3=0$

$\therefore a=-3$

09 답 ⑤

① $\sqrt{0.092}=\sqrt{\frac{9.2}{10^2}}=\frac{1}{10}\sqrt{9.2}=\frac{1}{10}\times 3.033=0.3033$

② $\sqrt{934}=\sqrt{9.34\times 10^2}=10\sqrt{9.34}=10\times 3.056=30.56$

③ $\sqrt{91300}=\sqrt{9.13\times 10^4}=10^2\sqrt{9.13}=100\times 3.022=302.2$

④ $\sqrt{940}=\sqrt{9.4\times 10^2}=10\sqrt{9.4}=10\times 3.066=30.66$

⑤ $\sqrt{0.916}=\sqrt{\frac{91.6}{10^2}}=\frac{\sqrt{91.6}}{10}$

10 답 ⑤

① $1-\sqrt{2}-(1-\sqrt{3})=-\sqrt{2}+\sqrt{3}>0$

$\therefore 1-\sqrt{2}>1-\sqrt{3}$

② $4+\sqrt{3}-(6-\sqrt{3})=-2+2\sqrt{3}=-\sqrt{4}+\sqrt{12}>0$

$\therefore 4+\sqrt{3}>6-\sqrt{3}$

③ $\sqrt{5}-3-(\sqrt{3}-3)=\sqrt{5}-\sqrt{3}>0$

$\therefore \sqrt{5}-3>\sqrt{3}-3$

④ $\sqrt{3}+\sqrt{6}-(2+\sqrt{6})=\sqrt{3}-2=\sqrt{3}-\sqrt{4}<0$

$\therefore \sqrt{3}+\sqrt{6}<2+\sqrt{6}$

⑤ $\sqrt{10}-1-2=\sqrt{10}-3=\sqrt{10}-\sqrt{9}>0$

$\therefore \sqrt{10}-1>2$

따라서 대소 관계가 옳은 것은 ⑤이다.

11 답 ③

(색칠한 부분의 넓이)$=(7a+3b)(7a-3b)$

$=49a^2-9b^2$

12 답 ②

ㄱ. $(\sqrt{3}-1)^2+(\sqrt{3}+1)^2=(3-2\sqrt{3}+1)+(3+2\sqrt{3}+1)=8$

ㄴ. $(\sqrt{3}-1)^2-(\sqrt{3}+1)^2=(3-2\sqrt{3}+1)-(3+2\sqrt{3}+1)$

$=-4\sqrt{3}$

ㄷ. $(\sqrt{3}-1)(\sqrt{3}+1)=3-1=2$

ㄹ. $\frac{\sqrt{3}-1}{\sqrt{3}+1}=\frac{(\sqrt{3}-1)^2}{(\sqrt{3}+1)(\sqrt{3}-1)}=\frac{3-2\sqrt{3}+1}{3-1}=2-\sqrt{3}$

ㅁ. $(\sqrt{3}+1)(\sqrt{3}-5)=(\sqrt{3})^2+(1-5)\sqrt{3}+1\times(-5)$

$=3-4\sqrt{3}-5=-2-4\sqrt{3}$

따라서 유리수인 것은 ㄱ, ㄷ의 2개이다.

13 답 ③

$x^2+y^2=(x+y)^2-2xy=7^2-2\times 4=41$

14 답 ③

③ x^2+4는 $x(x+2)(x-2)$의 인수가 아니다.

15 답 ⑤

$\frac{1}{4}x^2+axy+64y^2=\left(\frac{1}{2}x\right)^2+axy+(8y)^2=\left(\frac{1}{2}x\pm 8y\right)^2$

이고 $a>0$이므로

$a=2\times\frac{1}{2}\times 8=8$

16 답 ②

② $6x^2+3x=3x(2x+1)$

17 답 ⑤

$22^2-18^2=(22+18)(22-18)=40\times4=160$

18 답 ③

$x=\frac{1}{\sqrt{5}+2}=\frac{\sqrt{5}-2}{(\sqrt{5}+2)(\sqrt{5}-2)}=\sqrt{5}-2$

$x+2=\sqrt{5}$의 양변을 제곱하면

$x^2+4x+4=5$, $x^2+4x=1$

$\therefore x^2+4x-5=1-5=-4$

19 답 -2

$a>1$이므로 $1-a<0$, $1+a>0$ …… ❶

$\therefore \sqrt{(1-a)^2}-\sqrt{(1+a)^2}=-(1-a)-(1+a)$

$=-1+a-1-a$

$=-2$ …… ❷

채점 기준	배점
❶ $1-a$, $1+a$의 부호 판별하기	2점
❷ 주어진 식 간단히 정리하기	2점

20 답 4

$\sqrt{4}<\sqrt{5}<\sqrt{9}$에서 $2<\sqrt{5}<3$이므로 $-3<-\sqrt{5}<-2$

$\therefore 1<4-\sqrt{5}<2$

$\therefore a=1$, $b=(4-\sqrt{5})-1=3-\sqrt{5}$ …… ❶

$\therefore \frac{a}{1-b}=\frac{1}{1-(3-\sqrt{5})}=\frac{1}{-2+\sqrt{5}}$

$=\frac{-2-\sqrt{5}}{(-2+\sqrt{5})(-2-\sqrt{5})}$

$=\frac{-2-\sqrt{5}}{4-5}=2+\sqrt{5}$ …… ❷

$2<\sqrt{5}<3$이므로 $4<2+\sqrt{5}<5$

따라서 $\frac{a}{1-b}$의 값의 정수 부분은 4이다. …… ❸

채점 기준	배점
❶ a, b의 값 각각 구하기	2점
❷ $\frac{a}{1-b}$의 값 구하기	2점
❸ $\frac{a}{1-b}$의 값의 정수 부분 구하기	2점

21 답 (1) $A=14+6\sqrt{5}$, $B=6+2\sqrt{5}$ (2) $8+4\sqrt{5}$

(1) $A=(3+\sqrt{5})^2$

$=9+2\times3\times\sqrt{5}+5=14+6\sqrt{5}$

$B=(\sqrt{5}+2)(2\sqrt{5}-2)$

$=10-2\sqrt{5}+4\sqrt{5}-4$

$=6+2\sqrt{5}$ …… ❶

(2) $A-B=14+6\sqrt{5}-(6+2\sqrt{5})$

$=14+6\sqrt{5}-6-2\sqrt{5}$

$=8+4\sqrt{5}$ …… ❷

채점 기준	배점
❶ A, B의 값 각각 구하기	4점
❷ $A-B$의 값 구하기	2점

22 답 -2

$2x-1=A$라 하면 …… ❶

$(2x-1-\sqrt{3})(2x-1+\sqrt{3})=(A-\sqrt{3})(A+\sqrt{3})$

$=A^2-3$

$=(2x-1)^2-3$

$=4x^2-4x+1-3$

$=4x^2-4x-2$ …… ❷

이므로 $a=4$, $b=-4$, $c=-2$ …… ❸

$\therefore a+b+c=4+(-4)+(-2)=-2$ …… ❹

채점 기준	배점
❶ 공통인 부분 치환하기	1점
❷ 곱셈 공식을 이용하여 전개하기	2점
❸ a, b, c의 값 각각 구하기	3점
❹ $a+b+c$의 값 구하기	1점

23 답 $(2x+3)(x-1)$

진희는 x의 계수를 바르게 보았으므로

$(x-3)(2x+7)=2x^2+x-21$에서 $a=1$

민준이는 상수항을 바르게 보았으므로

$(2x-3)(x+1)=2x^2-x-3$에서 $b=-3$ …… ❶

따라서 처음 이차식은 $2x^2+x-3$이므로 …… ❷

바르게 인수분해하면 $(2x+3)(x-1)$이다. …… ❸

채점 기준	배점
❶ a, b의 값 각각 구하기	4점
❷ 처음 이차식 구하기	1점
❸ 처음 이차식을 바르게 인수분해하기	2점

중간고사 대비 실전 모의고사 2회

107쪽~110쪽

01 ④	02 ⑤	03 ①	04 ④	05 ③
06 ③	07 ④	08 ①	09 ⑤	10 ⑤
11 ④	12 ①	13 ④	14 ④	15 ⑤
16 ②	17 ⑤	18 ③	19 3	20 $\frac{6\sqrt{5}}{5}$
21 (1) $a=39$, $b=15$ (2) 98			22 197	23 2

01 답 ④

① 0의 제곱근은 0의 한 개이다.

② 9의 제곱근은 ±3이다.

③ 7의 제곱근은 $\pm\sqrt{7}$이다.

⑤ -49의 제곱근은 없다.

따라서 옳은 것은 ④이다.

02 답 ⑤

⑤ $\sqrt{2}+\sqrt{3}\neq\sqrt{5}$

03 답 ①

$-3<a<2$이므로 $a-2<0$, $a+3>0$

$\therefore \sqrt{(a-2)^2}-\sqrt{(a+3)^2}=-(a-2)-(a+3)$
$=-a+2-a-3=-2a-1$

04 답 ④

$\sqrt{108x}=\sqrt{2^2\times3^3\times x}$에서 $x=3\times$(자연수)^2 꼴이어야 한다.

① $12=2^2\times3$ ② $27=3^3$ ③ $48=2^4\times3$
④ $60=2^2\times3\times5$ ⑤ $75=3\times5^2$

따라서 자연수 x의 값이 될 수 없는 것은 ④이다.

05 답 ③

③ $\sqrt{(-3)^2}=3$

06 답 ③

$\overline{\mathrm{AD}}=\sqrt{1^2+2^2}=\sqrt{5}$, $\overline{\mathrm{EF}}=\sqrt{1^2+1^2}=\sqrt{2}$

따라서 점 P에 대응하는 수는 $-1-\sqrt{5}$, 점 Q에 대응하는 수는 $2+\sqrt{2}$이다.

07 답 ④

$\frac{18}{\sqrt{6}}=\frac{18\times\sqrt{6}}{\sqrt{6}\times\sqrt{6}}=3\sqrt{6}$ $\therefore a=3$

$\frac{\sqrt{45}}{\sqrt{27}}=\frac{3\sqrt{5}}{3\sqrt{3}}=\frac{\sqrt{5}\times\sqrt{3}}{\sqrt{3}\times\sqrt{3}}=\frac{\sqrt{15}}{3}$ $\therefore b=\frac{1}{3}$

$\therefore 2a-3b=2\times3-3\times\frac{1}{3}=6-1=5$

08 답 ①

정사각형 C의 넓이가 $3\,\mathrm{cm}^2$이므로 정사각형 B의 넓이는 $12\,\mathrm{cm}^2$, 정사각형 A의 넓이는 $48\,\mathrm{cm}^2$이다.

$\therefore$ (정사각형 C의 한 변의 길이)$=\sqrt{3}$ cm
(정사각형 B의 한 변의 길이)$=2\sqrt{3}$ cm
(정사각형 A의 한 변의 길이)$=4\sqrt{3}$ cm

$\therefore$ (이어 붙인 타일의 둘레의 길이)
$=2\{(\sqrt{3}+2\sqrt{3}+4\sqrt{3})+4\sqrt{3}\}$
$=2\times11\sqrt{3}=22\sqrt{3}$ (cm)

09 답 ⑤

$A-B=3\sqrt{3}+2-(2\sqrt{5}+2)=3\sqrt{3}-2\sqrt{5}$
$=\sqrt{27}-\sqrt{20}>0$
$\therefore A>B$
$B-C=2\sqrt{5}+2-5=2\sqrt{5}-3$
$=\sqrt{20}-\sqrt{9}>0$
$\therefore B>C$
$\therefore C<B<A$

10 답 ⑤

$1<\sqrt{2}<2$이므로 $-2<-\sqrt{2}<-1$에서 $2<4-\sqrt{2}<3$
$\therefore a=2,\ b=(4-\sqrt{2})-2=2-\sqrt{2}$
$\therefore a+(b-2)^2=2+(2-\sqrt{2}-2)^2$
$=2+(-\sqrt{2})^2$
$=2+2=4$

11 답 ④

$(ax-5)(2x+b)=2ax^2+(ab-10)x-5b$
에서 $a=3,\ b=1,\ c=7$
$\therefore a+b+c=3+1+7=11$

12 답 ①

(주어진 식)$=(4^2-2^2)(4^2+2^2)(4^4+2^4)$
$=(4^4-2^4)(4^4+2^4)$
$=4^8-2^8$
$=(2^2)^8-2^8$
$=2^{16}-2^8$

$a=16,\ b=8$이므로
$a-b=16-8=8$

13 답 ④

$\frac{\sqrt{5}-\sqrt{7}}{\sqrt{5}+\sqrt{7}}=\frac{(\sqrt{5}-\sqrt{7})^2}{(\sqrt{5}+\sqrt{7})(\sqrt{5}-\sqrt{7})}$
$=\frac{5-2\sqrt{35}+7}{5-7}$
$=\frac{12-2\sqrt{35}}{-2}$
$=-6+\sqrt{35}$

14 답 ④

$a+b=(\sqrt{3}+\sqrt{2})+(\sqrt{3}-\sqrt{2})=2\sqrt{3}$
$ab=(\sqrt{3}+\sqrt{2})(\sqrt{3}-\sqrt{2})=3-2=1$
$\therefore a^2+b^2=(a+b)^2-2ab=(2\sqrt{3})^2-2\times1=10$

15 답 ⑤

$x=1-\sqrt{3}$에서 $x-1=-\sqrt{3}$
이 식의 양변을 제곱하면
$x^2-2x+1=3$ $\therefore x^2-2x=2$
$\therefore x^2-2x+3=2+3=5$

16 답 ②

$(x+2)(x-12)=x^2-10x-24$에서 A의 상수항은 -24
$(x+6)(x-8)=x^2-2x-48$에서 A의 x의 계수는 -2
따라서 x^2의 계수가 1인 이차식 A는 $x^2-2x-24$이므로 바르게 인수분해하면 $(x+4)(x-6)$

17 답 ⑤

$x^3+x^2y-x-y=x^2(x+y)-(x+y)$
$=(x+y)(x^2-1)$
$=(x+y)(x+1)(x-1)$

따라서 직육면체의 높이는 $x-1$이므로 겉넓이는
$2\{(x+y)(x-1)+(x-1)(x+1)+(x+1)(x+y)\}$
$=2\{(x^2-x+xy-y)+(x^2-1)+(x^2+xy+x+y)\}$
$=2(3x^2+2xy-1)$
$=6x^2+4xy-2$

18 답 ③

③ $2x^2+7x+3=(2x+1)(x+3)$

19 답 3

$x(x-3y)-(x-y)^2+y^2$
$=x^2-3xy-(x^2-2xy+y^2)+y^2$
$=x^2-3xy-x^2+2xy-y^2+y^2$
$=-xy$ …… ❶
$xy=-3$이므로 (주어진 식)$=-xy=-(-3)=3$ …… ❷

채점 기준	배점
❶ 곱셈 공식을 이용하여 주어진 식 정리하기	2점
❷ 주어진 식의 값 구하기	2점

20 답 $\frac{6\sqrt{5}}{5}$

(삼각형의 넓이)$=\frac{1}{2}\times\sqrt{24}\times\sqrt{12}=\frac{1}{2}\times2\sqrt{6}\times2\sqrt{3}$

$=2\sqrt{18}=6\sqrt{2}$ …… ❶

직사각형의 가로의 길이를 x라 하면

(직사각형의 넓이)$=\sqrt{10}x=6\sqrt{2}$ …… ❷

$\therefore x=\frac{6\sqrt{2}}{\sqrt{10}}=\frac{6\sqrt{2}\times\sqrt{10}}{\sqrt{10}\times\sqrt{10}}=\frac{6\sqrt{20}}{10}=\frac{6\sqrt{5}}{5}$ …… ❸

채점 기준	배점
❶ 삼각형의 넓이 구하기	2점
❷ 직사각형의 넓이를 식으로 나타내기	2점
❸ 직사각형의 가로의 길이 구하기	2점

21 답 (1) $a=39$, $b=15$ (2) 98

(1) $\sqrt{156a}=\sqrt{2^2\times3\times13\times a}$가 자연수가 되려면

$a=3\times13\times$(자연수)^2 꼴이 되어야 하므로

$a=3\times13=39$ …… ❶

$\sqrt{\frac{80}{3}b}=\sqrt{\frac{2^4\times5\times b}{3}}$가 자연수가 되려면

$b=3\times5\times$(자연수)^2 꼴이 되어야 하므로

$b=3\times5=15$ …… ❷

(2) $\sqrt{156a}=\sqrt{2^2\times3^2\times13^2}=2\times3\times13=78$

$\sqrt{\frac{80}{3}b}=\sqrt{\frac{2^4\times5\times3\times5}{3}}=\sqrt{2^4\times5^2}=4\times5=20$

이므로 구하는 최솟값은 $78+20=98$ …… ❸

채점 기준	배점
❶ a의 값 구하기	2점
❷ b의 값 구하기	2점
❸ 주어진 식의 최솟값 구하기	2점

22 답 197

$\text{max}(10)=\text{max}(11)=\cdots=\text{max}(16)=3$ …… ❶

$\text{max}(17)=\text{max}(18)=\cdots=\text{max}(25)=4$ …… ❷

$\text{max}(26)=\text{max}(27)=\cdots=\text{max}(36)=5$ …… ❸

$\text{max}(37)=\text{max}(38)=\cdots=\text{max}(49)=6$ …… ❹

$\text{max}(50)=7$ …… ❺

$\therefore \text{max}(10)+\text{max}(11)+\cdots+\text{max}(50)$

$=3\times7+4\times9+5\times11+6\times13+7$

$=21+36+55+78+7=197$ …… ❻

채점 기준	배점
❶ $\text{max}(10)\sim\text{max}(16)$의 값 구하기	1점
❷ $\text{max}(17)\sim\text{max}(25)$의 값 구하기	1점
❸ $\text{max}(26)\sim\text{max}(36)$의 값 구하기	1점
❹ $\text{max}(37)\sim\text{max}(49)$의 값 구하기	1점
❺ $\text{max}(50)$의 값 구하기	1점
❻ 주어진 식의 값 구하기	2점

23 답 2

$4x^2-12xy+9y^2+2x-3y-2$

$=4x^2+(-12y+2)x+9y^2-3y-2$

$=4x^2-2(6y-1)x+(3y-2)(3y+1)$

$=(2x-3y+2)(2x-3y-1)$ …… ❶

에서 $A=-3$, $B=2$, $C=3$ …… ❷

$\therefore A+B+C=-3+2+3=2$ …… ❸

채점 기준	배점
❶ 주어진 식을 바르게 인수분해하기	3점
❷ A, B, C의 값 각각 구하기	3점
❸ $A+B+C$의 값 구하기	1점

중간고사 대비 실전 모의고사 3회

111쪽~114쪽

01 ② 02 ① 03 ⑤ 04 ① 05 ④
06 ③ 07 ① 08 ④ 09 ④ 10 ④
11 ⑤ 12 ③ 13 ③ 14 ② 15 ②
16 ③ 17 ① 18 ③ 19 $\frac{2}{3}(x+9)$
20 (1) $\frac{7}{12}$, $\frac{2}{3}$, $\frac{3}{4}$, $\frac{5}{6}$, $\frac{11}{12}$ (2) $\frac{3}{2}$ 21 $\frac{2\sqrt{3}-3\sqrt{2}}{24}$
22 $10x^2-x-2$ 23 $(a-1)(a+6)$

01 답 ②

$\frac{\sqrt{30}}{\sqrt{2}}\times\frac{\sqrt{12}}{4}\div\frac{\sqrt{5}}{\sqrt{8}}=\frac{\sqrt{30}}{\sqrt{2}}\times\frac{\sqrt{12}}{4}\times\frac{\sqrt{8}}{\sqrt{5}}$

$=\sqrt{\frac{30\times12\times8}{2\times16\times5}}=3\sqrt{2}$

$\therefore a=3$

02 답 ①

$a>0$이고 $ab<0$이므로 $b<0$

ㄴ. $a-b>0$이므로 $\sqrt{(a-b)^2}=a-b$

ㄷ. $\sqrt{4b^2}=\sqrt{(2b)^2}=-2b$

ㄹ. $b<0$에서 $-b>0$이므로 $\sqrt{(-b)^2}=-b=\sqrt{b^2}$

따라서 옳은 것은 ㄱ이다.

03 답 ⑤

조건 (나)에서 $\sqrt{24n}=\sqrt{2^3\times3\times n}$이 자연수가 되려면

$n=2\times3\times$(자연수)^2 꼴이어야 한다.

조건 (가)에서 n은 100 미만의 자연수이므로 가능한 n은

$2\times3\times1^2$, $2\times3\times2^2$, $2\times3\times3^2$, $2\times3\times4^2$

따라서 구하는 모든 자연수 n의 값의 합은

$6+24+54+96=180$

04 답 ①

$-\sqrt{0.49}=-0.7$, $\sqrt{\frac{9}{64}}=\frac{3}{8}$, $\sqrt{400}=20$, $\sqrt{(-5)^2}=5$,

$\sqrt{4^2+9}=\sqrt{25}=5$

따라서 무리수는 $2\sqrt{3}$, $\sqrt{0.4}$, $\sqrt{2}-1$의 3개이다.

05 답 ④

ㄱ. $\sqrt{81}=9$의 제곱근은 ±3이다.

ㄷ. $\sqrt{7}\neq\sqrt{2}+\sqrt{5}$

ㄹ. $\sqrt{(-5)^2}=5$

따라서 옳은 것은 ㄴ, ㅁ이다.

06 답 ③

③ 음수의 제곱근은 없다.

07 답 ①

$\sqrt{24}\left(\frac{1}{\sqrt{2}}-\sqrt{3}\right)-\frac{2}{\sqrt{2}}(\sqrt{54}-2)$

$=2\sqrt{6}\left(\frac{1}{\sqrt{2}}-\sqrt{3}\right)-\sqrt{2}(3\sqrt{6}-2)$

$=2\sqrt{3}-6\sqrt{2}-6\sqrt{3}+2\sqrt{2}$

$=-4\sqrt{2}-4\sqrt{3}$

08 답 ④

$\overline{AB}=\sqrt{12}=2\sqrt{3}$ (cm), $\overline{BC}=\sqrt{48}=4\sqrt{3}$ (cm)

$\therefore$ (□ABCD의 둘레의 길이)$=2\times(2\sqrt{3}+4\sqrt{3})$

$=12\sqrt{3}$ (cm)

09 답 ④

(직육면체의 겉넓이)

$=2\times\{(\sqrt{2}+2\sqrt{3})\times\sqrt{3}+\sqrt{3}\times3\sqrt{2}+(\sqrt{2}+2\sqrt{3})\times3\sqrt{2}\}$

$=2\times(\sqrt{6}+6+3\sqrt{6}+6+6\sqrt{6})$

$=2\times(10\sqrt{6}+12)=24+20\sqrt{6}$

10 답 ④

$\sqrt{777}=\sqrt{10^2\times7.77}=10\sqrt{7.77}=10\times2.787=27.87$

11 답 ⑤

$3\sqrt{5}=\sqrt{45}$이고 $\sqrt{36}<\sqrt{45}<\sqrt{49}$에서 $6<3\sqrt{5}<7$이므로

$a=3\sqrt{5}-6$

$\sqrt{4}<\sqrt{5}<\sqrt{9}$에서 $2<\sqrt{5}<3$, $-3<-\sqrt{5}<-2$이므로

$3<6-\sqrt{5}<4$ $\quad\therefore b=(6-\sqrt{5})-3=3-\sqrt{5}$

$\therefore 2a+b=2(3\sqrt{5}-6)+(3-\sqrt{5})$

$=6\sqrt{5}-12+3-\sqrt{5}=5\sqrt{5}-9$

12 답 ③

$(\sqrt{7}+2)(1-a\sqrt{7})=\sqrt{7}-7a+2-2a\sqrt{7}$

$=(-7a+2)+(1-2a)\sqrt{7}$

이 식이 유리수가 되려면 $1-2a=0$

$2a=1 \quad \therefore a=\frac{1}{2}$

13 답 ③

$\left(x-\frac{1}{x}\right)^2=\left(x+\frac{1}{x}\right)^2-4=6^2-4=32$

14 답 ②

① □$=4$ ② □$=16$ ③ □$=3$ ④ □$=6$ ⑤ □$=4$

따라서 가장 큰 수는 ②이다.

15 답 ②

$2x^2+5x-3=(2x-1)(x+3)$

따라서 인수인 것은 ② $2x-1$이다.

16 답 ③

$(5x+a)(x+b)=5x^2+(5b+a)x+ab$

이므로 $m=5b+a$, $3=ab$

이때 $ab=3$을 만족시키는 정수 a, b를 순서쌍으로 나타내면

$(-3, -1)$, $(-1, -3)$, $(1, 3)$, $(3, 1)$

따라서 m의 값이 될 수 있는 것은 -16, 16, -8, 8이다.

17 답 ①

② $x^2-5x-6=(x+1)(x-6)$

③ $x^2-9y^2=(x+3y)(x-3y)$

④ $a(x-3y)+b(3y-x)=(x-3y)(a-b)$

⑤ $4x^2-20xy+25y^2=(2x-5y)^2$

따라서 옳은 것은 ①이다.

18 답 ③

$25\times2.5^2-25\times1.5^2=25(2.5^2-1.5^2)$

$=25(2.5+1.5)(2.5-1.5)$

$=25\times4\times1=100$

19 답 $\frac{2}{3}(x+9)$

$x^2+7x-18=(x+9)(x-2)$ …… ❶

삼각형의 높이를 h라 하면

$(x+9)(x-2)=\frac{1}{2}\times(3x-6)\times h$

$\therefore h=\frac{2(x+9)(x-2)}{3(x-2)}=\frac{2}{3}(x+9)$ …… ❷

채점 기준	배점
❶ 삼각형의 넓이를 인수분해하기	1점
❷ 삼각형의 높이 구하기	3점

20 답 (1) $\frac{7}{12}$, $\frac{2}{3}$, $\frac{3}{4}$, $\frac{5}{6}$, $\frac{11}{12}$ (2) $\frac{3}{2}$

(1) $\frac{\sqrt{5}}{4}=\frac{3\sqrt{5}}{12}=\frac{\sqrt{45}}{12}$

$\frac{2\sqrt{2}}{3}=\frac{8\sqrt{2}}{12}=\frac{\sqrt{128}}{12}$ …… ❶

이때 $\sqrt{49}=7$, $\sqrt{64}=8$, $\sqrt{81}=9$, $\sqrt{100}=10$, $\sqrt{121}=11$이므로 $\frac{\sqrt{5}}{4}$와 $\frac{2\sqrt{2}}{3}$ 사이의 분모가 12인 분수를 기약분수로 나타내면 $\frac{7}{12}$, $\frac{8}{12}=\frac{2}{3}$, $\frac{9}{12}=\frac{3}{4}$, $\frac{10}{12}=\frac{5}{6}$, $\frac{11}{12}$ …… ❷

(2) (1)에서 구한 기약분수 중 분모가 12인 분수는 $\frac{7}{12}$, $\frac{11}{12}$이므로

$\frac{7}{12}+\frac{11}{12}=\frac{18}{12}=\frac{3}{2}$ …… ❸

채점 기준	배점
❶ 주어진 두 분수의 분모를 통분하여 나타내기	2점
❷ 두 수 사이의 분모가 12인 분수를 찾아 기약분수로 나타내기	2점
❸ 분모가 12인 기약분수의 합 구하기	2점

21 답 $\frac{2\sqrt{3}-3\sqrt{2}}{24}$

$x=\frac{2}{\sqrt{3}+\sqrt{2}}=\frac{2(\sqrt{3}-\sqrt{2})}{(\sqrt{3}+\sqrt{2})(\sqrt{3}-\sqrt{2})}=2(\sqrt{3}-\sqrt{2})$

$y=\frac{2}{\sqrt{3}-\sqrt{2}}=\frac{2(\sqrt{3}+\sqrt{2})}{(\sqrt{3}-\sqrt{2})(\sqrt{3}+\sqrt{2})}=2(\sqrt{3}+\sqrt{2})$ ...... ❶

$x+y=2(\sqrt{3}-\sqrt{2})+2(\sqrt{3}+\sqrt{2})=4\sqrt{3}$

$x-y=2(\sqrt{3}-\sqrt{2})-2(\sqrt{3}+\sqrt{2})=-4\sqrt{2}$

$\therefore \frac{1}{x+y}+\frac{1}{x-y}=\frac{1}{4\sqrt{3}}-\frac{1}{4\sqrt{2}}=\frac{\sqrt{3}}{12}-\frac{\sqrt{2}}{8}$

$=\frac{2\sqrt{3}-3\sqrt{2}}{24}$ ...... ❷

채점 기준	배점
❶ x, y를 각각 유리화하기	4점
❷ $\frac{1}{x+y}+\frac{1}{x-y}$의 값 구하기	2점

22 답 $10x^2-x-2$

$A=(x+1)(2x-1)=2x^2+x-1$ ...... ❶

$B=(2x-1)(4x+1)=8x^2-2x-1$ ...... ❷

$\therefore A+B=(2x^2+x-1)+(8x^2-2x-1)$

$=10x^2-x-2$ ...... ❸

채점 기준	배점
❶ A 구하기	2점
❷ B 구하기	2점
❸ $A+B$ 구하기	3점

23 답 $(a-1)(a+6)$

$x^2+4xy+4y^2+x+2y-12$

$=(x^2+4xy+4y^2)+(x+2y)-12$

$=(x+2y)^2+(x+2y)-12$

$=(x+2y-3)(x+2y+4)$ ...... ❶

이때 $x+2y=(a+4\sqrt{3})+2(1-2\sqrt{3})=a+2$이므로 ...... ❷

(주어진 식)$=(x+2y-3)(x+2y+4)$

$=(a+2-3)(a+2+4)$

$=(a-1)(a+6)$ ...... ❸

채점 기준	배점
❶ 주어진 식을 x, y에 대한 식으로 인수분해하기	3점
❷ $x+2y$를 a에 대한 식으로 나타내기	2점
❸ 주어진 식을 a에 대한 식으로 인수분해하기	2점

중간고사 대비 실전 모의고사 4회

115쪽~118쪽

01 ③	02 ⑤	03 ③	04 ①	05 ②
06 ③	07 ④	08 ⑤	09 ④	10 ④
11 ④	12 ⑤	13 ④	14 ①	15 ④
16 ②	17 ⑤	18 ③	19 12	

20 (1) $-\sqrt{18}$, $-\sqrt{(-3)^2}$, $\sqrt{3}$, $(-\sqrt{2})^2$, $\frac{3}{\sqrt{2}}$ (2) $\frac{9\sqrt{2}}{2}$

21 $52x^2-40xy-2y^2$ 22 87

23 (1) $(x+3)(x-2)(x^2+x-8)$ (2) $2x+1$

01 답 ③

③ 음수의 제곱근은 없다.

02 답 ⑤

$-\sqrt{(-2)^2}\times(-\sqrt{5})^2+\sqrt{225}=(-2)\times5+15=5$

03 답 ③

① $a=\sqrt{7}-2=\sqrt{7}-\sqrt{4}>0$이므로 $-a<0$

$\sqrt{(-a)^2}=-(-a)=a=\sqrt{7}-2$

② $b=1>0$이므로 $-b<0$

$\sqrt{(-b)^2}=-(-b)=b=1$

③ $a+4=(\sqrt{7}-2)+4=\sqrt{7}+2$

④ $a+b=(\sqrt{7}-2)+1=\sqrt{7}-1>0$이므로

$\sqrt{(a+b)^2}=a+b=\sqrt{7}-1$

⑤ $a-b=(\sqrt{7}-2)-1=\sqrt{7}-3=\sqrt{7}-\sqrt{9}<0$이므로

$\sqrt{(a-b)^2}=-(a-b)=-(\sqrt{7}-3)=-\sqrt{7}+3$

따라서 가장 큰 수는 ③이다.

04 답 ①

$3<\sqrt{4a-3}<5$의 양변을 제곱하면 $9<4a-3<25$

$12<4a<28$ $\therefore 3<a<7$

따라서 구하는 모든 자연수 a는 4, 5, 6이고 그 합은

$4+5+6=15$

05 답 ②

$\sqrt{16}=4$, $\sqrt{\frac{1}{4}}=\frac{1}{2}$, $-\sqrt{0.01}=-0.1$, $0.8\dot{3}=\frac{5}{6}$이므로 무리수는 $-\frac{\sqrt{5}}{2}$, π, $\sqrt{3}-1$의 3개이다.

06 답 ③

$\overline{BD}=\overline{BP}=\sqrt{1^2+1^2}=\sqrt{2}$

따라서 점 P에 대응하는 수는 $2-\sqrt{2}$이다.

07 답 ④

$\sqrt{18}\left(\frac{1}{3}-\sqrt{6}\right)-\frac{6}{\sqrt{2}}(\sqrt{6}-2)=3\sqrt{2}\left(\frac{1}{3}-\sqrt{6}\right)-3\sqrt{2}(\sqrt{6}-2)$

$=\sqrt{2}-6\sqrt{3}-6\sqrt{3}+6\sqrt{2}$

$=7\sqrt{2}-12\sqrt{3}$

이므로 $a=7$, $b=-12$

$\therefore a+2b=7+2\times(-12)=-17$

08 답 ⑤

⑤ $\sqrt{0.313}=\sqrt{\frac{31.3}{10^2}}=\frac{\sqrt{31.3}}{10}=\frac{5.595}{10}=0.5595$

따라서 옳지 않은 것은 ⑤이다.

09 답 ④

① $(3+\sqrt{2})-5=\sqrt{2}-2=\sqrt{2}-\sqrt{4}<0$ $\therefore 3+\sqrt{2}<5$

② $\frac{1}{2}=\sqrt{0.25}<\sqrt{0.64}$ $\therefore \frac{1}{2}<\sqrt{0.64}$

③ $\sqrt{144}>\sqrt{140}$에서 $-\sqrt{144}<-\sqrt{140}$ $\therefore -12<-\sqrt{140}$

④ $(\sqrt{3}-2)-(\sqrt{3}-\sqrt{5})=-2+\sqrt{5}=-\sqrt{4}+\sqrt{5}>0$

$\therefore \sqrt{3}-2>\sqrt{3}-\sqrt{5}$

⑤ $\sqrt{(-5)^2}=5$, $\sqrt{4^2}=4$이므로 $\sqrt{(-5)^2}>\sqrt{4^2}$

따라서 옳은 것은 ④이다.

10 답 ④

$(x+a)(2x-3)=2x^2+(-3+2a)x-3a$

$-3+2a=-3a$에서 $5a=3$ $\therefore a=\frac{3}{5}$

11 답 ④

$\frac{3+2\sqrt{2}}{3-2\sqrt{2}}=\frac{(3+2\sqrt{2})^2}{(3-2\sqrt{2})(3+2\sqrt{2})}=\frac{9+12\sqrt{2}+8}{9-8}=17+12\sqrt{2}$

이므로 $a=17$, $b=12$

$\therefore a+b=17+12=29$

12 답 ⑤

$x^2+xy+y^2=(x-y)^2+3xy=3^2+3\times4=21$

13 답 ④

$9x^2-12x+a=(3x)^2-2\times3x\times2+2^2=(3x-2)^2$

이므로 $a=4$, $b=-2$

$\therefore a+b=4+(-2)=2$

14 답 ①

$(x+2a)(x-8)+4=x^2+2(a-4)x-16a+4$가 완전제곱식이 되려면 $-16a+4=(a-4)^2$이어야 한다.

$a^2-8a+16+16a-4=0$, $a^2+8a+12=0$

$(a+6)(a+2)=0$ $\therefore a=-6$ 또는 $a=-2$

따라서 모든 a의 값의 합은 $-6+(-2)=-8$

15 답 ④

$x^2+2xy+2y-1=2(x+1)y+x^2-1$

$=2(x+1)y+(x+1)(x-1)$

$=(x+1)(2y+x-1)$

따라서 두 일차식의 합은

$(x+1)+(2y+x-1)=2x+2y$

16 답 ②

① □$=6$ ② □$=25$ ③ □$=2$ ④ □$=4$ ⑤ □$=2$

따라서 가장 큰 것은 ②이다.

17 답 ⑤

$2x^2+9x-35=(2x-5)(x+7)$

직사각형의 가로의 길이가 $x+a$이므로 $a=7$이고, 이 직사각형의 세로의 길이는 $2x-5$이다.

18 답 ③

$\frac{2002^2+2\times2002\times1998+1998^2}{2002^2-1998^2}$

$=\frac{(2002+1998)^2}{(2002+1998)(2002-1998)}=\frac{2002+1998}{2002-1998}=\frac{4000}{4}$

$=1000$

19 답 12

$\sqrt{2}\times\sqrt{a}\times\sqrt{5}\times\sqrt{45}\times\sqrt{a}=\sqrt{2\times a\times3^2\times5^2\times a}$

$=15a\sqrt{2}=180\sqrt{2}$ …… ❶

이므로 $15a=180$ $\therefore a=12$ …… ❷

채점 기준	배점
❶ 주어진 식의 좌변을 간단히 하기	3점
❷ a의 값 구하기	1점

20 답 (1) $-\sqrt{18}$, $-\sqrt{(-3)^2}$, $\sqrt{3}$, $(-\sqrt{2})^2$, $\frac{3}{\sqrt{2}}$ (2) $\frac{9\sqrt{2}}{2}$

(1) $-\sqrt{(-3)^2}=-3$, $-\sqrt{18}=-3\sqrt{2}$, $\sqrt{3}$, $\frac{3}{\sqrt{2}}=\frac{3\sqrt{2}}{2}$,

$(-\sqrt{2})^2=2$이므로 크기 순으로 나열하면

$-\sqrt{18}$, $-\sqrt{(-3)^2}$, $\sqrt{3}$, $(-\sqrt{2})^2$, $\frac{3}{\sqrt{2}}$ …… ❶

(2) $a=\frac{3\sqrt{2}}{2}$, $b=-3\sqrt{2}$이므로 …… ❷

$a-b=\frac{3\sqrt{2}}{2}-(-3\sqrt{2})=\frac{9\sqrt{2}}{2}$ …… ❸

채점 기준	배점
❶ 주어진 수를 크기가 작은 순서대로 나열하기	3점
❷ a, b의 값 각각 구하기	2점
❸ $a-b$의 값 구하기	1점

21 답 $52x^2-40xy-2y^2$

(직육면체의 겉넓이)

$=2\{(2x-3y)(3x+y)+(2x-3y)(4x-y)$

$+(3x+y)(4x-y)\}$ …… ❶

$=2\{(6x^2-7xy-3y^2)+(8x^2-14xy+3y^2)$

$+(12x^2+xy-y^2)\}$

$=2(26x^2-20xy-y^2)=52x^2-40xy-2y^2$ …… ❷

채점 기준	배점
❶ 직육면체의 겉넓이를 식으로 나타내기	3점
❷ 겉넓이 구하기	3점

22 답 87

$\sqrt{75n}=\sqrt{5^2\times3\times n}$이 자연수가 되려면

$n=3\times a^2$ (a는 자연수) 꼴이어야 한다. …… ❶

$10<3a^2<50$에서 $\frac{10}{3}<a^2<\frac{50}{3}$

즉, a^2이 될 수 있는 수는 4, 9, 16이므로 $n=12$, 27, 48 …… ❷

따라서 구하는 모든 자연수 n의 값의 합은

$12+27+48=87$ …… ❸

채점 기준	배점
❶ $\sqrt{75n}$이 자연수가 되기 위한 n의 조건 구하기	2점
❷ n의 값 구하기	3점
❸ 자연수 n의 값의 합 구하기	2점

23 답 (1) $(x+3)(x-2)(x^2+x-8)$ (2) $2x+1$

(1) $(x-1)(x+2)(x-3)(x+4)+24$

$=(x^2+x-2)(x^2+x-12)+24$

$A=x^2+x$라 하면

(주어진 식)$=(A-2)(A-12)+24$

$=A^2-14A+24+24$

$=A^2-14A+48=(A-6)(A-8)$

$=(x^2+x-6)(x^2+x-8)$

$=(x+3)(x-2)(x^2+x-8)$ …… ❶

(2) (1)에서 구한 다항식의 인수 중 일차식은 $x+3$, $x-2$이므로 그 합은 $(x+3)+(x-2)=2x+1$ …… ❷

채점 기준	배점
❶ 주어진 식 인수분해하기	4점
❷ 일차식인 인수들의 합 구하기	3점

중간고사 대비 실전 모의고사 5회

119쪽~122쪽

01 ③ **02** ③ **03** ② **04** ② **05** ⑤
06 ⑤ **07** ⑤ **08** ② **09** ⑤ **10** ④
11 ② **12** ③ **13** ① **14** ③ **15** ①
16 ③ **17** ② **18** ① **19** $6+\sqrt{2}$ **20** 7개
21 $(x+4)(x-1)$ **22** 5
23 (1) $(5n-2)(n-4)$ (2) $n=5$, 소수 : 23

01 답 ③

25의 제곱근은 ±5, 제곱근 25는 5이다.

02 답 ③

③ $\sqrt{2^2+3^2}=\sqrt{13}\neq5$

따라서 옳지 않은 것은 ③이다.

03 답 ②

$a-b>0$, $ab<0$에서 $a>0$, $b<0$이므로 $-3a<0$, $-b>0$

$\therefore (\sqrt{a})^2-\sqrt{4b^2}-\sqrt{(-3a)^2}+\sqrt{(-b)^2}$

$=a-(-2b)-\{-(-3a)\}+(-b)$

$=a+2b-3a-b$

$=-2a+b$

04 답 ②

$\sqrt{120x}=\sqrt{2^3\times3\times5\times x}$가 자연수가 되려면

$x=2\times3\times5\times(\text{자연수})^2$ 꼴이어야 하므로

x는 $2\times3\times5$, $2^3\times3\times5$, $2\times3^3\times5$, $2\times3\times5^3$, …

$\sqrt{\dfrac{270}{x}}=\sqrt{\dfrac{2\times3^3\times5}{x}}$가 자연수가 되려면

x는 $2\times3\times5$, $2\times3^3\times5$

따라서 가장 작은 자연수 x는 $x=2\times3\times5=30$

05 답 ⑤

① $1<\sqrt{2}<2$에서 $2<1+\sqrt{2}<3$

③ $\sqrt{9}<\sqrt{10}<\sqrt{16}$에서 $3<\sqrt{10}<4$

④ $1<\sqrt{3}<2$에서 $-2<-\sqrt{3}<-1$ $\quad\therefore 1<3-\sqrt{3}<2$

⑤ $1<\sqrt{2}<2$에서 $-2<-\sqrt{2}<-1$ $\quad\therefore 2<4-\sqrt{2}<3$

2와 3 사이의 수 $1+\sqrt{2}$, $4-\sqrt{2}$의 대소를 비교하면

$1+\sqrt{2}-(4-\sqrt{2})=-3+2\sqrt{2}=-\sqrt{9}+\sqrt{8}<0$

$\therefore 1+\sqrt{2}<4-\sqrt{2}$

따라서 $3-\sqrt{3}<1+\sqrt{2}<4-\sqrt{2}<3<\sqrt{10}$이므로 왼쪽으로부터 세 번째에 위치하는 수는 $4-\sqrt{2}$이다.

06 답 ⑤

$\sqrt{108}=\sqrt{2^2\times3^3}=(\sqrt{2})^2\times(\sqrt{3})^3=a^3b^2$

07 답 ⑤

① $\sqrt{8}\times\sqrt{6}=\sqrt{48}=4\sqrt{3}$

② $\sqrt{3}+3\sqrt{3}=4\sqrt{3}$

③ $\dfrac{12\sqrt{2}}{\sqrt{6}}=\dfrac{12\sqrt{2}\times\sqrt{6}}{\sqrt{6}\times\sqrt{6}}=\dfrac{12\sqrt{12}}{6}=4\sqrt{3}$

④ $4\sqrt{15}\div\sqrt{5}=4\sqrt{3}$

⑤ $\sqrt{54}-\sqrt{12}=3\sqrt{6}-2\sqrt{3}$

08 답 ②

$\sqrt{12}\left(\dfrac{1}{\sqrt{2}}-\dfrac{1}{\sqrt{3}}\right)+\sqrt{3}\left(\dfrac{2\sqrt{2}}{3}-\dfrac{3}{\sqrt{3}}\right)$

$=\sqrt{6}-\sqrt{4}+\dfrac{2\sqrt{6}}{3}-3$

$=\sqrt{6}-2+\dfrac{2\sqrt{6}}{3}-3$

$=\dfrac{5\sqrt{6}}{3}-5$

이므로 $a=\dfrac{5}{3}$, $b=-5$

$\therefore ab=\dfrac{5}{3}\times(-5)=-\dfrac{25}{3}$

09 답 ⑤

⑤ $\sqrt{0.0022}=\sqrt{\dfrac{22}{100^2}}=\dfrac{\sqrt{22}}{100}=\dfrac{4.690}{100}=0.0469$

따라서 옳지 않은 것은 ⑤이다.

10 답 ④

$x=\dfrac{1}{\sqrt{3}+\sqrt{2}}=\dfrac{\sqrt{3}-\sqrt{2}}{(\sqrt{3}+\sqrt{2})(\sqrt{3}-\sqrt{2})}=\sqrt{3}-\sqrt{2}$

① $\dfrac{1}{x}=\dfrac{1}{\sqrt{3}-\sqrt{2}}=\dfrac{\sqrt{3}+\sqrt{2}}{(\sqrt{3}-\sqrt{2})(\sqrt{3}+\sqrt{2})}=\sqrt{3}+\sqrt{2}$

② $x+\dfrac{1}{x}=(\sqrt{3}-\sqrt{2})+(\sqrt{3}+\sqrt{2})=2\sqrt{3}$

③ $x^2=(\sqrt{3}-\sqrt{2})^2=5-2\sqrt{6}$

④ $(x-\sqrt{3})^2=(\sqrt{3}-\sqrt{2}-\sqrt{3})^2=(-\sqrt{2})^2=2$

⑤ $x+\sqrt{2}=(\sqrt{3}-\sqrt{2})+\sqrt{2}=\sqrt{3}$

따라서 유리수인 것은 ④이다.

11 답 ②

$x\neq0$이므로 $x^2-5x+1=0$의 양변을 x로 나누면

$x-5+\dfrac{1}{x}=0 \qquad \therefore x+\dfrac{1}{x}=5$

$\therefore x^2+\dfrac{1}{x^2}=\left(x+\dfrac{1}{x}\right)^2-2=5^2-2=23$

12 답 ③

$4x^2+20xy+Ay^2=(2x)^2+2\times2x\times5y+(5y)^2$

$=(2x+5y)^2$

이므로 $A=5^2=25$

$x^2+Bx+\dfrac{25}{4}=x^2+2\times x\times\dfrac{5}{2}+\left(\dfrac{5}{2}\right)^2$

$=\left(x+\dfrac{5}{2}\right)^2$

이므로 $B=5$

$\therefore A+B=25+5=30$

13 답 ①

$-3<x<1$이므로 $x-1<0$, $x+3>0$

$\therefore \sqrt{x^2-2x+1}-\sqrt{x^2+6x+9}=\sqrt{(x-1)^2}-\sqrt{(x+3)^2}$
$=-(x-1)-(x+3)$
$=-x+1-x-3$
$=-2x-2$

14 답 ③

$(x+4)(2x-1)+7=2x^2+7x+3=(x+3)(2x+1)$

15 답 ①

$2x^2-18=2(x^2-9)=2(x+3)(x-3)$

$6x^2-17x-3=(x-3)(6x+1)$

따라서 두 다항식의 공통인 인수는 $x-3$이다.

16 답 ③

$2x^2+kx-15=(x-3)(2x+a)=2x^2+(a-6)x-3a$

이므로 $k=a-6$, $-15=-3a$

$\therefore a=5$, $k=-1$

17 답 ②

수경이는 상수항을 바르게 보았으므로

$(x-5)(x+6)=x^2+x-30$에서 처음 이차식의 상수항은 -30이다.

재선이는 일차항의 계수를 바르게 보았으므로

$(x-2)(x+9)=x^2+7x-18$에서 처음 이차식의 일차항의 계수는 7이다.

따라서 처음 이차식은 $x^2+7x-30$이므로

바르게 인수분해하면

$x^2+7x-30=(x-3)(x+10)$

18 답 ①

(도형 A의 넓이)$=(x+3)(x+3)-1$
$=x^2+6x+8$
$=(x+2)(x+4)$

이때 두 도형 A, B의 넓이가 서로 같고 도형 B의 세로의 길이가 $x+2$이므로 직사각형 B의 가로의 길이는 $x+4$이다.

19 답 $6+\sqrt{2}$

$xy=4$이므로

$x\sqrt{\frac{9y}{x}}+y\sqrt{\frac{x}{2y}}=\sqrt{x^2\times\frac{9y}{x}}+\sqrt{y^2\times\frac{x}{2y}}$

$=\sqrt{9xy}+\sqrt{\frac{xy}{2}}$ …… ❶

$=\sqrt{9\times4}+\sqrt{\frac{4}{2}}$

$=6+\sqrt{2}$ …… ❷

채점 기준	배점
❶ 근호 밖의 수를 근호 안으로 넣어서 정리하기	2점
❷ $x\sqrt{\frac{9y}{x}}+y\sqrt{\frac{x}{2y}}$ 의 값 구하기	2점

20 답 7개

$\sqrt{9}<\sqrt{11}<\sqrt{16}$에서 $3<\sqrt{11}<4$이므로 $-4<-\sqrt{11}<-3$

$\therefore -2<2-\sqrt{11}<-1$ …… ❶

$\sqrt{4}<\sqrt{7}<\sqrt{9}$에서 $2<\sqrt{7}<3$이므로 $5<3+\sqrt{7}<6$ …… ❷

따라서 두 실수 $2-\sqrt{11}$과 $3+\sqrt{7}$ 사이에 있는 정수는 -1, 0, 1, 2, 3, 4, 5의 7개이다. …… ❸

채점 기준	배점
❶ $2-\sqrt{11}$의 범위 구하기	2점
❷ $3+\sqrt{7}$의 범위 구하기	2점
❸ 두 수 사이에 있는 정수의 개수 구하기	2점

21 답 $(x+4)(x-1)$

$Ax^2+Bx+C=(3x-1)(x-1)$
$=3x^2-4x+1$

이므로 $A=3$, $B=-4$, $C=1$ …… ❶

$\therefore Cx^2+Ax+B=x^2+3x-4$
$=(x+4)(x-1)$ …… ❷

채점 기준	배점
❶ A, B, C의 값 각각 구하기	3점
❷ Cx^2+Ax+B 인수분해하기	3점

22 답 5

$\frac{1}{f(x)}=\frac{1}{\sqrt{x}+\sqrt{x+1}}$

$=\frac{\sqrt{x}-\sqrt{x+1}}{(\sqrt{x}+\sqrt{x+1})(\sqrt{x}-\sqrt{x+1})}$

$=\frac{\sqrt{x}-\sqrt{x+1}}{x-(x+1)}$

$=\sqrt{x+1}-\sqrt{x}$ …… ❶

$\therefore \frac{1}{f(1)}+\frac{1}{f(2)}+\frac{1}{f(3)}+\frac{1}{f(4)}+\cdots+\frac{1}{f(35)}$

$=(\sqrt{2}-1)+(\sqrt{3}-\sqrt{2})+(\sqrt{4}-\sqrt{3})+(\sqrt{5}-\sqrt{4})+\cdots+(\sqrt{36}-\sqrt{35})$

$=-1+\sqrt{36}=-1+6=5$ …… ❷

채점 기준	배점
❶ $\frac{1}{f(x)}$ 의 분모를 유리화하기	4점
❷ 주어진 식의 값 구하기	3점

23 답 (1) $(5n-2)(n-4)$ (2) $n=5$, 소수 : 23

(1) $5n^2-22n+8=(5n-2)(n-4)$ …… ❶

(2) 소수는 1과 자기 자신만을 약수로 가지므로 $5n^2-22n+8$이 소수가 되려면 $5n-2=1$ 또는 $n-4=1$이어야 한다. …… ❷

$5n-2=1$일 때, $n=\frac{3}{5}$

$n-4=1$일 때, $n=5$

이때 n은 자연수이므로 $n=5$ …… ❸

따라서 구하는 소수는

$(5\times5-2)\times(5-4)=23$ …… ❹

채점 기준	배점
❶ $5n^2-22n+8$을 인수분해하기	2점
❷ 소수가 되는 조건 찾기	2점
❸ n의 값 구하기	2점
❹ 소수 구하기	1점

특급기출

기출예상문제집

중학 수학 3-1 중간고사

정답 및 풀이